新城疫病毒 NA-1 株、TL-1 株
主要蛋白基因的分子生物学研究

内蒙古民族大学

· 王学理　著 ·

中国农业科学技术出版社

图书在版编目（CIP）数据

新城疫病毒 NA-1 株、TL-1 株主要蛋白基因的分子生物学研究 / 王学理著．—北京：中国农业科学技术出版社，2012. 12
ISBN 978 - 7 - 5116 - 1129 - 1

Ⅰ．①新…　Ⅱ．①王…　Ⅲ．①新城疫病毒 - 分子生物学 - 研究
Ⅳ．①S852. 65

中国版本图书馆 CIP 数据核字（2012）第 270197 号

责任编辑　朱　绯
责任校对　贾晓红　范　潇

出 版 者　中国农业科学技术出版社
北京市中关村南大街 12 号　邮编：100081
电　　话　(010) 82106626 (编辑室)　(010) 82109702 (发行部)
(010) 82109709 (读者服务部)
传　　真　(010) 82109707
网　　址　http://www. castp. cn
经 销 者　各地新华书店
印 刷 者　北京富泰印刷有限责任公司
开　　本　787 mm ×1 092 mm　1/16
印　　张　9. 75
字　　数　200 千字
版　　次　2012 年 12 月第 1 版　2013 年 6 月第 2 次印刷
定　　价　28. 00 元

目　　录

第一篇　文献综述

第二篇　研究内容

第一篇

文　献　综　述

第一部分　鹅副黏病毒病的研究进展

鹅副黏病毒病是近年来在全国大部分地区流行的一种急性病毒性传染病。本病发病率和死亡率较高，使养禽业蒙受了较大的损失。目前，有关本病的研究报道很少，国外至今尚未见报道，人们对其还缺乏足够的认识。国内几家研究机构对此病临床症状、病理变化、病毒的组织嗜性、生物学特性、分子生物学性状等方面进行了深入的研究，但对病毒的具体分类地位尚未达到共识，对病原的起源和致病机理仍不清楚，现就该病的研究进展作一概述。

1　临床症状、病理变化及病毒的组织嗜性

1.1　临床症状

病鹅初期大多表现精神不振，采食、饮水减少，有时勉强采食或饮水又随即甩头吐出；拉白色稀粪或水样腹泻，部分病鹅时常甩头，并发出“咕咕”的咳嗽声。病情加重后，病鹅双腿无力，蹲伏地上，不愿行走。后期病鹅极度衰弱，浑身打颤，眼睛流泪，眼眶及周围羽毛被泪水湿润，有时鼻孔流出清亮水样液体，头颈颤抖，呼吸困难。最终常见病鹅相互拥挤在一起，远离其他尚能行动的鹅，体重迅速下降，并渐渐衰竭而死，重症病鹅及病死鹅泄殖腔周围羽毛常沾污大量白色粪便。该病发病率为40%～100%，平均为60%左右，死亡率为30%～100%，平均为40%左右，其中15日龄以内雏鹅的发病率可高达100%，该病的流行没有明显的季节性，几乎一年四季均可发生。

1.2　病理变化

1.2.1　病理解剖学病变

病鹅各组织器官广泛出现病变，其中消化器官和免疫器官的病变尤为严重，病鹅皮肤淤血。食道黏膜特别是下端有散在的芝麻大小、灰白色或淡黄色结痂，易剥离，剥离后可见斑或溃疡；腺胃、肌胃充血、出血；十二指肠、空肠、回肠黏膜有散在或弥漫性、淡黄色或灰白色纤维素性结痂，结肠黏膜有弥漫性、淡黄

色或灰白色、芝麻大至小蚕豆大的纤维素性结痂，剥离后呈现出血面或溃疡面，盲肠扁桃体肿大，明显出血；盲肠黏膜出血和纤维素性结痂；直肠黏膜和泄殖腔黏膜有弥漫性、大小不一、淡黄色或灰白色纤维性结痂。胰腺、脾脏表现严重的坏死病变，在表面和切面上可见大量大小不等的白色坏死灶，脾脏的坏死灶常呈点状，胰腺的坏死灶呈点状、条状或块状，个别病例整个胰腺严重坏死，形成白垩样外观。其他脏器病变较轻，肝脏轻度淤血肿大；胸腺、哈氏腺偶见出血；大脑、小脑有时充血、水肿；肾脏肿大、色淡，输尿管扩张，充满白色尿酸盐。

1.2.2 病理组织学变化

病死鹅肝细胞、肾小管上皮细胞、心肌细胞等表现一般的颗粒变性或水泡变性，气管黏膜上皮细胞坏死脱落、纤毛消失；腺胃、肠道、胰腺、胸腺、脾脏、法氏囊、脑的组织学变化具有特征性。

腺胃：黏膜上皮坏死脱落，固有层严重水肿，有时可见炎性细胞；黏膜下浅层和深层腺体上皮变性坏死，浅层腺体的破坏尤为严重，有的结构大部分损坏，甚至完全崩解消失；腺体之间结缔组织内血管扩张充血，并常见炎性细胞浸润。

肠道：病鹅肠道黏膜广泛发生凝固性坏死，部分病例坏死发生在肠腺以上绒毛部分，坏死绒毛的轮廓仍可见，但结构严重破坏；部分病例在肠黏膜局部绒毛及肠腺彻底坏死、崩解、形成一片红染物质，坏死物中混有大量细胞碎片、纤维素、胞核及红细胞，肠腺结构亦严重破坏；大部分病例，病变深入到黏膜下层和肌层，黏膜下层常见严重的充血、出血。肠道淋巴组织内淋巴细胞变性坏死，数量显著减少。

胰腺：腺泡结构大部分损坏，常由数个腺泡形成大小不一的坏死灶。

淋巴器官：病鹅淋巴器官均见淋巴组织严重破坏。

法氏囊：滤泡髓质区淋巴细胞大量坏死溶解，皮质区变薄且淋巴细胞数量有所减少。

脾脏：淋巴组织严重变性坏死和空泡化，淋巴细胞显著减少，白髓结构大部分消失，并可见均匀红染的血浆渗出物。

胸腺、盲肠：扁桃体内淋巴细胞变性坏死，数量显著减少。

脑：脑膜和实质血管扩张充血，实质内有些部位可见小的出血灶，部分血管的内皮细胞因变性肿胀而向管腔内突出，并与基膜分离，血管周围淋巴间隙显著扩张；神经细胞变性，严重者胞核溶解消失；有些病例可见神经胶质细胞呈弥漫性或局灶性增生。

1.3　病毒的组织嗜性

MC-IP 技术集单抗的特异性和免疫酶技术的敏感性于一体，既能检出病毒抗原，又能观察相应组织细胞的病理变化，非常适用于病毒致病机理的研究。万洪全等还通过 MC-IP 技术发现，从鹅副黏病毒病患鹅的呼吸系统、消化系统和免疫系统的多种组织器官中均能检测到病毒抗原，其中尤以气管、胸腺、脾脏、腺胃、肠道、法氏囊的检出率较高。在胸腺、脾脏、法氏囊等淋巴器官中，病毒抗原多见于淋巴细胞及网状细胞内；在腺胃及肠道，病毒抗原则主要分布于黏膜及黏膜下腺体的上皮细胞。这说明鹅源禽副黏病毒是一种泛嗜性病毒，胃肠黏膜上皮组织和淋巴组织可能是其主要侵嗜部位。试验中还发现，部分对照鹅的直肠及法氏囊亦检测到病毒抗原，这可能和对照鹅隐性感染新城疫病毒有关。对照鹅的直肠和法氏囊虽然能检测到病毒抗原，但是并不伴有明显的组织损伤。最值得注意的是，患鹅的脑和心脏虽然可见明显的组织学变化，但均未检测到病毒抗原，是病毒含量太少而不能检出，还是鹅源禽副黏病毒对这两个器官没有侵嗜性，有待进一步研究证实。

2　生物学特性的研究

2.1　病毒鉴定

丁壮等取患鹅、鸡胚尿囊液经磷钨酸负染后电镜观察，可看到电镜下呈现典型的副黏病毒形态，大量大小不一的病毒粒子多数呈圆形，表面有密集的纤突结构，病毒粒子大小在 50～200nm 之间。吴力力等选择 BY（分离自成年鹅）及 HJ（分离自雏鹅）两株鹅源禽副黏病毒作为代表株，对包括两栖类、爬行类、禽类及哺乳类在内的 13 种动物的细胞作血凝试验，探讨鹅源禽副黏病毒的血凝谱，并以鸡新城疫病毒 NDV La Sota 株作对照，比较二者的血凝结果。结果表明，两毒株对两栖类、爬行类及哺乳类动物红细胞的 HA 效价与 La Sota 株相近，为 2^6～2^{10}，但是解凝速度比 La Sota 株慢；对鸭、鹅红细胞的 HA 效价为 2^3～2^6，低于 La Sota 毒株（2^{11}），且解凝速度比 La Sota 株快。这些结果表明鹅源禽副黏病毒的血凝谱与鸡新城疫病毒相近，但血凝特性有所不同。对此现象目前还无法作出满意的解释，其原因有待进一步研究。陈金顶等对 GPMV/QY97-1 株鹅源禽副黏病毒进行了 HA、HI 试验及血清型的鉴定，试验表明 GPMV/QY97-1 株鹅源禽副黏病毒能够凝集鸡的红细胞，其 HA 效价为 1：256，GPMV/QY97-1 株阳性血清对 GPMV/QY97-1 株及 NDV La Sota 株的血凝活性有抑制作用，HI 效价分别为 1：512 和 1：256。NDV 阳性血清对 GPMV/QY97-1 株及 NDV La Sota 株的血凝活性有抑制作用，HI 效价分别为 1：256 和 1：512。从 HI 试验中可观察到，NDV 阳性血清对 NDV La Sota 株的 HI 效价比对 GPMV/QY97-1 株的 HI 效价高，而 GPMV/QY97-1 株阳性血清对 GPMV/QY97-1 株的 HI 效价比对 NDV 的 HI 效价高。这表明 GPMV/QY97-1 株与 NDV 虽然都具有血凝素，但结构或活性上存在着差异。血清型的鉴定得出，GPMV/QY97-1 株血凝活性能被 APMV-1 阳性血清所抑制，HI 为 1：640，而不能被 APMV-2、APMV-3、APMV-4、APMV-6、APMV-9 阳性血清所抑制，被 APMV-8 阳性血清抑制的 HI 效价为 1：20。APMV-1 阳性血清对 NDV La Sota 株的 HI 效价为 1：1 280。以上结果可以初步判定 GPMV/QY97-1 株属于 I 型禽副黏病毒。在对不同日龄和不同接种途径鹅的致病性试验中，GPMV/QY97-1 株对 1、14、28、48 日龄的鹅均有致病性，经点眼、滴鼻、口服、肌注、皮下注射不同途径都能感染，并且临床症状与自然感染病例相似。另外，该病毒对鸡也有强致病性。而传统的观点认为，虽然 I 型禽副黏病毒不同毒株之间毒力有很大差异，但它们一般不感染鹅，即使感染也不会引起发病死亡。上述结果与传统的观点相悖，陈金顶等推测这种现象的产生可能有如下原因：长期以来在鸡群中普遍使用 NDV 疫苗，使得环境中相应的免疫压力增强，导致 I 型禽副黏病毒发生变异；我国家禽饲养量大、品种多，尤其部分地区水禽（鸭、鹅）与陆禽（鸡）混养的现象普遍存在，而南方又是候鸟迁徙之地，这种环境有可能促使 NDV 在毒力及宿主源性方面发生变异。

2.2 病毒毒力研究

刘华雷等采用目前国际上比较科学和应用较多的方法，对 $HG_{97}C_5$、$YG_{97}F_{11}$、$YG_{98-2}C_4$ 3 个毒株用鸡胚和鹅胚进行了病毒的毒力测定。这 3 个毒株致死鸡胚的平均死亡时间（MDT）分别为 56.7、52.0、53.2h，相当于鸡 NDV 的强毒（<60h）。1 日龄 SPF 雏鸡脑内接种致病指数（ICPI）分别为 1.64、1.69、1.70，亦相当于鸡 NDV 强毒（>1.60），6 周龄非免疫雏鸡静脉接种致病指数（IVPI）分别为 2.62、2.60、2.60，相当于鸡 NDV 强毒（>1）。结果表明这 3 株鹅源禽副黏病毒对鸡具有较强的致病力，尽管目前国内还没有出现鸡场暴发鹅副黏病毒病的报道，但试验证明鸡可自然感染，这对我国养禽业的健康发展可能是一个巨大的潜在性的隐患。刘华雷等还曾对用新城疫免疫过的 15 只 6 周龄来航雏鸡进行 IVPI 的测定，其中 NDV 的 HI 滴度平均达 6lg2 左右。根据有关资料表明，在 HI 抗体为 6lg2 时，可使鸡在 NDV 强毒攻击时不出现明显的临诊症状，但以上试验结果表明根本不能抵抗鹅源禽副黏病毒的感染，3 个毒株对 15 只鸡均有 100% 的发病率和死亡率，IVPI 测定结果分别为 2.60、2.40、2.54，这表明鹅源禽副黏病毒与鸡新城疫病毒在抗原免疫原性上存在差异。

禽副黏病毒对不同宿主致病力变化很大，因为副黏病毒在复制时对致病力起主要作用的前体糖蛋白 F_0 需要裂解成 F_1 和 F_2，以使子代病毒颗粒具有感染性，这种翻译后的裂解是由宿主细胞蛋白酶调理的。上述所测定的指标都是在鸡体上进行的，尚不能真正反应鹅源禽副黏病毒对鹅的致病力，因此，继而在鹅上模仿研究 NDV 的方法进行了一系列致病性试验，测定结果表明其对鹅的致病性指标与在鸡上测定的指标具有一定的相关性。$HG_{97}C_5$、$YG_{97}F_{11}$、$YG_{98-2}C_4$ 所测定的 ICPI 分别为 1.52、1.64、1.66，与在鸡上测定结果非常接近，IVPI 分别为 1.26、1.65、1.68，虽然与鸡的测定结果存在一定的差异，但亦可作为强毒的参考指标，MDT 分别为 68.6、67.4、70.2，这与鸡上所测定的指标也有一定差异（相当于中毒 60～90h）。鸡 NDV 的测定指标的判定范围只能作为衡量鹅源禽副黏病毒对鹅的致病力的参考。对于鹅源禽副黏病毒对鹅致病力参数的判定指标，尚需进行大量试验。通过以上试验可以初步确定，这 3 株鹅源禽副黏病毒对鹅和鸡均应属于强毒株。

2.3　AGID 试验

将以 GPMV/QY97-1 株感染的鸡胚尿囊液制成的 AGID 抗原，与 NDV 阳性血清、禽流感病毒（AIV）阳性血清和小鹅瘟病毒阳性血清进行 AGID 试验，同时设立 GPMV/QY97-1 株阳性血清及各病毒阴性血清对照。试验结果为 GPMV/QY97-1 株与 NDV 阳性血清、GPMV/QY97-1 株阳性血清之间均有沉淀线出现，但与小鹅瘟病毒阳性血清、AIV 阳性血清及各病毒阴性血清之间均不形成沉淀线。

3　分子生物学性状

禽副黏病毒（APMV）属于副黏病毒科，副黏病毒亚科，腮腺炎病毒属，现已确定有 9 个血清型，即 APMV1～9。新城疫病毒（NDV）属于 APMV-1，只有一个血清型。NDV 对不同宿主致病性差别很大，鸡最为敏感，野鸡（雉）次之，火鸡、珍珠鸡，鹌鹑、鸽等禽类也能感染发病。新城疫病毒是一种有囊膜的单股负链 RNA 病毒。新城疫病毒基因组 RNA 全长约 15×10^3kb，编码两种囊膜糖蛋白（即 HN 蛋白和 F 蛋白）和 4 种结构蛋白（即 M 蛋白、NP 蛋白、P 蛋白和 L

蛋白）。Chambers 等通过 NDV 基因组 cDNA 的分子克隆确定了各结构蛋白基因在基因组上的排列顺序为 3′ – NP – P – M – F – HN – L – 5′。构成病毒囊膜表面纤突的两种结构蛋白血凝素 – 神经氨酸（HN）和融合蛋白（F）在新城疫的发病过程中起着很重要的作用。其中 F 蛋白是使病毒脂蛋白囊膜与宿主细胞表面包膜融合的主要因子，是病毒毒力的主要决定因素。F 蛋白首先以惰性前体 F_0 的形成合成，在病毒增殖过程中，经宿主细胞蛋白酶水解产生由二硫键连接的 F_1 – F_2 两个片断（NH_2 – F_2 – S – S – F_1 – COOH）后，表现出融合活性，从而使病毒具有感染性。裂解位点区位于 112 ~ 117 位氨基酸，其氨基酸组成是决定裂解能力的关键：强毒株裂解区域氨基酸的组成为^{112}R/K – R – Q – K/R – R – F^{117}。即由 Q 隔开的两对碱性氨基酸组成，所以强毒株的裂解位点易于被宿主蛋白水解酶所识别和裂解。而弱毒株则为^{112}G/E – K/R – Q – G/E – R – L^{117}，不易被宿主蛋白水解酶识别，因此，弱毒株在大多数细胞中不发生裂解，而以非活性前体 F_0 蛋白的形式传递到子代，感染活性降低或丧失。因此，F 基因裂解位点区的氨基酸组成是 NDV 致病力强弱的基础。根据 F 基因序列同源性的差异，对 NDV 的系统发育进行分析，可以把 NDV 分为 I ~ IX 共 9 个基因型。在分子水平揭示 NDV 的流行特征，而 HN 糖蛋白具有血凝素和神经氨酸酶两种活性，在新城疫的发病过程中起着识别细胞受体的作用，并可破坏受体活性。近年来，许多学者通过融合囊泡形成的研究发现 HN 蛋白除介导吸附外，还具有促融合的功能。HN 对毒力也具有一定的影响，强毒株 HN 不需要裂解而中等毒株 HN 基因的终止密码可能由于突变而消失，形成一个能编码 55 个额外氨基酸的大编码框；翻译的 HN_0 需要宿主的蛋白酶裂解才能具有融合活性。鉴于以上 F 基因和 HN 基因的功能和作用，国内众多研究机构对其进行了深入的研究。

邹键等对分离的鹅源禽副黏病毒 SF02 采用 RT-PCR 方法，扩增 F 基因后测序，得到全长的 F 基因。该基因的开放阅读框架总长为 1 662bp，编码 553 个氨基酸，其裂解位点的序列为^{112}R – R – Q – K – R – F^{117}，与新城疫病毒强毒株的特征相符。对其核苷酸和氨基酸作同源性分析，并与国内新城疫病毒标准强毒株 $F_{48}E_9$ 相比较，表明该毒株在 F 基因上已发生了较大的变异，而与近年来在我国台湾和部分西欧国家流行的禽副黏病毒有很高的亲缘关系，通过对 SF02 毒株 HN 基因的克隆，HN 基因的开放阅读框架总长为 1 734bp，编码 577 个氨基酸，与 NL-96 毒株具有较近的同源性，为 86%；而与中国标准强毒株 $F_{48}E_9$ 及 La Sota 疫苗株同源性较远。

鹅源禽副黏病毒分离株 YG97 经 10 日龄鸡胚增殖后纯化，提取病毒基因组 RNA，采用 RT-RCR 一次性扩增出与预期设计的 1.7 kb 大小相符的特异性条带，将扩增产物提纯后克隆入 $PGEM^R$-T 载体，经转化、筛选及酶切鉴定后，初步获得了含鹅源禽副黏病毒 F 基因的阳性克隆，并进行了序列测定，序列分析表明，扩增的 F 基因片段的长度为 1 695bp，共编码 553 个氨基酸，F 蛋白裂解位点的氨基酸顺序为 $^{112}R-R-Q-K-R-F^{117}$，与 NDV 的强毒株特征相符，同时也与鹅源禽副黏病毒分离株致病性试验结果相符。同源性分析表明：与国内标准强毒株标准 $F_{48}E_9$ 的核苷酸同源性为 86%，与传统的疫苗株 La Sota 仅有 84% 的同源性，与国内外发表的其他部分 NDV 毒株的核苷酸同源性在 84% ~89% 之间，说明 NDV 在国内经过多年的流行之后，在 F 基因的核苷酸序列上已经发生了较大的变化。通过对鹅源禽副黏病毒 F 基因氨基酸序列的分析，根据 NDV 基因分型的方法，发现鹅源禽副黏病毒具有基因 VII 型 NDV 的典型特征：在 101 位和 121 位分别为 K（赖氨酸）、V（缬氨酸）两种特征性氨基酸，与严维巍等报道的一株鸡副黏病毒的基因型相同。李玉峰等获得的一株单抗，能同时和鹅源禽副黏病毒以及基因 VII 型的鸡副黏病毒发生反应，说明两者在抗原性上具有极大的相似性。通过对 HN 基因的研究发现，YG97 株鹅源禽副黏病毒 HN 基因片段的长度为 1 981bp，共编码 571 个氨基酸，同源性分析表明 YG97 与 La Sota 毒株核苷酸同源性为 79%，氨基酸的同源性为 87%，与我国台湾 1995 年分离株 Taiwan/95 核苷酸和氨基酸的同源性分别为 93%、96%，说明 YG97 与 Taiwan/95 亲缘关系较近、具有较高的相似性。与国内外发表的其他部分 NDV 毒株的核苷酸同源性在 80% ~84%，氨基酸的同源性在 87% ~91%，同源性分析表明 YG97 相对于经典的 NDV 在 HN 基因上发生了较大的变异。

综上所述，国内的几家研究机构大多认为鹅源禽副黏病毒病原为禽副黏病毒 I 型，属于强毒株，基因分型为 VII 型，但对病原的起源和致病机理仍未清楚。

参考文献

[1] 万洪全，吴力力，王宝安，等. 雏鹅实验性副黏病毒病的临诊症状及病理变化研究 [J]. 畜牧兽医学报，2002，33（1）：89.

[2] 丁壮，王承宇，向华，等. 鹅副黏病毒分离株生物学特性的研究 [J]. 中国预防兽医学报，2002，24（5）：390 -392.

[3] 钱忠明，周继宏，朱国强，等. 鹅副黏病毒病流行病学和血清学研究 [J]. 中国家禽，1999，21（10）：6 -8.

[4] 邵向群，李瑛，张永生，等. 鹅副黏病毒病调查及防治效果观察 [J]. 中国兽医杂志，2000，26（11）：26.

[5] 万洪全，姜连连，吴力力，等．鹅副黏病毒的组织嗜性［J］．中国兽医学报，2001，21（6）：549－550.

[6] 吴力力，万洪金，许益民，等．鹅副黏病毒血凝谱的初步研究［J］．中国禽业导刊，1998，15（6）：12.

[7] 陈金顶，任涛，廖明，等．鹅源禽副黏病毒 GPMV/QY97－1 株的生物学特性［J］．中国兽医学报，2000，20（2）：128－130.

[8] 卡尔尼克．禽病学［M］．第 9 版．高福，刘文军主译．北京：北京农业大学出版社，1991. 427－444.

[9] Kontrimavichus L M, Akulov A V. Experimental Newcastle disease in goslings [J]. Vet Bull, 1974, 44 (1) : 28.

[10] Kosovac A Veselinovic S. Biological properties of a Newcastle disease virus isolated from geese [J]. Poult Abstract, 1988, 14 (1) : 28.

[11] Imadi M A AL, Tanyi J. The susceptibility of domestic waterfowls of Newcastle disease virus and their role in its spread [J]. Acta Vet Acad Sci, 1982, 30 (1/3): 31－34.

[12] Hanson R P, Spalatin J, Jacobsom G S. The viscerotropic pathotype of newcastle disease virus [J]. Avi Dis, 1973, (17): 354－361.

[13] Auan W H, Lancaster J E, Toth B. Newcastle disease vaccines－their production and use [A]. FAO Production and Health Series [C]. NO. 10. FAO Rome, Italy, 1978. 245－251.

[14] Graham P H. 禽病原分离鉴定实验室手册［M］．第3版．唐桂运，武华译．北京：北京农业大学出版社，1993. 148－149.

[15] 廖延雄．兽医微生物实验诊断手册［M］．北京：中国农业出版社，1991. 741－744.

[16] 郭玉璞．家禽传染病诊断与防治［M］．北京：中国农业大学出版社，1994. 4－5.

[17] 刘华雷，王永坤，周继宏，等．鹅副黏病毒毒力特性的研究［J］．江苏农业研究，2000，21（2）：15－20.

[18] 梅锡朝．防治鸡新城疫应重视的几个问题［J］．养禽与禽病防治，1998，(1)：28－29.

[19] 殷震，刘景华．动物病毒学［M］．北京：科学出版社，1985. 743－750.

[20] Calnek B W, John B H, Lany R M D, *et al.* Disease of poultry [M]. Tenth edition. 1997. 541－562.

[21] 贺东生，秦智锋，刘福安．新城疫病毒系统发育分析及强弱毒株的鉴别诊断［J］．动物医学进展，2000，21（2）：27－31.

[22] Seal B S，King D J，Bennett J D. Characterization of Newcastle disease virus isolates by reverse transcription PCR coupled to direct nucleotide sequencing and development of sequence database for pathotype prediction and molecular epide miological analysis [J]. Clin Micobiol，1995，33（10）：2624－2630.

[23] Collins M S，Bashiruddin J B，Alexander D J. Deduced a mino acids sequences at the fusion protein cleavage site of Newcastle disease viruses showing variation in antigenicity and pathogenicity [J]. Arch Virol，1993，128：363－370.

[24] Scheid A，Choppin P W. Isolation and Purification of the envelope proteins of Newcastle discase virus [J]. Journal of Virology，1973，（11）：263－271.

[25] Sakaguchi T，Toyoda T，Gotoh B. Newcastle disease virus evolution I：Multiple Lineages defined by sequence variability of the hemagglutinin-neuraminidase gene [J]. Virology，1989，（169）：260－272.

[26] 邹键，单松华，姚龙涛，等．鹅副黏病毒 SF02 F 基因的序列分析及 SF02 的多重 RT-PCR 鉴别［J］．生物化学与生物物理学报，2002，34（4）：439－444.

[27] 赵文华，朱建波，姚龙涛，等．鹅副黏病毒 HN 基因的克隆与序列分析［J］．中国兽医科技，2002，32（2）：10－13.

[28] 刘华雷，王永坤，严维巍，等．鹅副黏病毒 F 蛋白基因的克隆和序列分析［J］．江苏农业研究，2000，21（3）：46－49.

[29] Cheng Y Y，Shieh H K，Lin Y L，*et al.* Newcastle disease virus isolated from recent outbreaks in Taiwan phylogenetically related to virus（genotype VII）from recent outbreaks in Western Europe [J]. Avian Disease，1999，43：125－130.

[30] 严维巍，王永坤，田慧芳，等．一株鸡副黏病毒的分子特性研究［J］．扬州大学学报（自然科学版），2000，3（1）：27－31.

第二部分　新城疫病毒分子生物学研究进展

新城疫（Newcastle Disease，ND）是由新城疫病毒引起的（Newcastle Disease Virus，NDV）一种能导致大多数禽类消化道、胃肠道和中枢神经系统损伤为主要特征的、急性高度接触性传染病。1926 年该病首次被发现于印度尼西亚的爪哇，1927 年 Doyle 在英国的新城（Newcastle）首次分离报道并将其命名为新城疫病毒，引起的疾病称为新城疫。我国于 1948 年分离到 NDV，但据载 1935 年曾有过“鸡瘟”流行，可能是由 NDV 引起。由于新城疫是世界范围分布的禽类重要病原之一，并给世界养禽业造成巨大的威胁，世界动物卫生组织（Office International Des Epizooties，OIE）将其与高致病性禽流感一起列为危害养禽业的重要疾病。该病传染性强，传播速度快，能引起多种禽类感染发病并造成严重的经济损失，历来为各国政府所重视。近年来对 NDV 的研究取得了一定的进展，现对有关 NDV 分子生物学的研究进展做一综述。

1　NDV 的分类及基本生物学性状

1.1　NDV 的分类

NDV 属于副黏病毒科、副黏病毒亚科，是不分节段单分子负链 RNA 病毒目（Mononegavirales）成员之一。按照国际病毒分类委员会（ICVI）1991 发表在《病毒学文献》（Arch Viral）上的第五次报告的分类方法，将副黏病毒科划为 3 个属，分别为副黏病毒属（Paramyxovirus）、麻疹病毒属（Morbollivirus）和肺病毒属（Pneumovirus）。NDV 和禽副黏病毒 2 ~ 9 型及腮腺炎病毒同属于副黏病毒属，但它又兼具血凝素（HA）和神经氨酸酶（NA）双重活性，基因组不编码 C 蛋白等特征。因此，1993 年国际病毒分类委员会（ICTV）将其与禽副黏病毒 2 ~ 9 型、腮腺炎病毒和猴副流感病毒（SV5）等单独列为一个新属，即腮腺炎病毒属（Rubulavirus），而将整个副黏病毒科分为副黏病毒亚科和肺病毒亚科。近年研究发现：在病毒的 mRNA 的起始位点上，NDV La Sota 毒株是由 4 个亚单位六聚物形成2、3、4和6 4个位置，而腮腺炎病毒属其他成员则只有1、2和6 3个位置；腮腺炎病毒属中的其他病毒的P基因的mRNA编辑均是从V到P，而NDV的mRNA编辑则是从P到V；NDV与腮腺炎病毒属中的HPIV2在免疫学上不相关。Tsurudome等研究发现，抗HPIV2的NP、P、M、F和HN蛋白的128株单抗与NDV不反应，而其中一些单抗却与腮腺炎病毒属中的SV5，SV41等反应；NDV的NP蛋白可与副黏病毒属中的仙台病毒（Sendai Virus，SeV）的RNA在缺少P蛋白的情况下结合成核衣壳样结构，但与腮腺炎病毒属中的HPIV2则不能；NDV La Sota毒株的基因组核苷酸总数只有是6的倍数时才能有效复制（即所谓的“6碱基原则”），这与SeV相似但却与SV5不同；腮腺炎病毒属中的其他病毒在结构上均包含一个小的亲水基因，即SH基因，而NDV没有。另外，副黏病毒科中NDV是唯一的一个宿主不是哺乳动物而是鸟类的成员。Mark等通过遗传进化分析阐明NDV位于禽特异性副黏病毒唯一的簇上，证实NDV与其他腮腺炎病毒属成员不同。基于以上原因，de Leeuw和Peeters等建议将NDV列为副黏病毒科中单独的一个属中的成员，现称为Avulavirus病毒属。该属成员除NDV外，还有新归进的血清3b型禽副黏病毒（Avian Paramyxovirus，Serotype 3b，APMV-3b）和血清6型禽副黏病毒（Avian Paramyxovirus，Serotype 6，AMPV-6）。

1.2　NDV的基本生物学性状

1.2.1　NDV的形态学及生物学活性

NDV颗粒呈多形性，有囊膜的病毒粒子，直径约为100～250nm，一般呈圆形，但常因囊膜破损而形态不规则，也可见横断面直径100nm左右的不同长度的细丝（图1－1）。病毒囊膜表面覆盖有8nm长的纤突，病毒粒子内部为一直径约17nm的卷曲的核衣壳。NDV具有血凝性、神经氨酸酶活性、细胞融合活性和溶血等特征。所有NDV毒株都可凝集人、小鼠、豚鼠、两栖类、爬行类和禽类的红细胞，但凝集牛、山羊、绵羊、猪和马红细胞的能力则随毒株或血清型变化而变化；神经氨酸酶（NA）可将病毒逐渐从红细胞洗脱下来，此外它还作用于受体位点，促使病毒与细胞膜的融合，细胞膜常因与病毒之间的膜融合而导致红细胞溶解，产生溶血。此外，NDV还具有诱导干扰素生成的作用。最近的研究发现，NDV有抗肿瘤免疫、引起细胞凋亡的特性，这使NDV在抗肿瘤发生及衰老机理等方面的研究上很受重视。新城疫病毒很不稳定，用乙醚处理时病毒粒子彻底破坏，释放形状不规则的凝絮状物，直径约为35～65nm。在自然界中，总的来说NDV对理化因素的抵抗力相当强。在55℃经45min或在直射阳光下经

30min 灭活。但在4℃经几周，在 -20℃经几个月，在 -70℃经几年感染力不受影响。

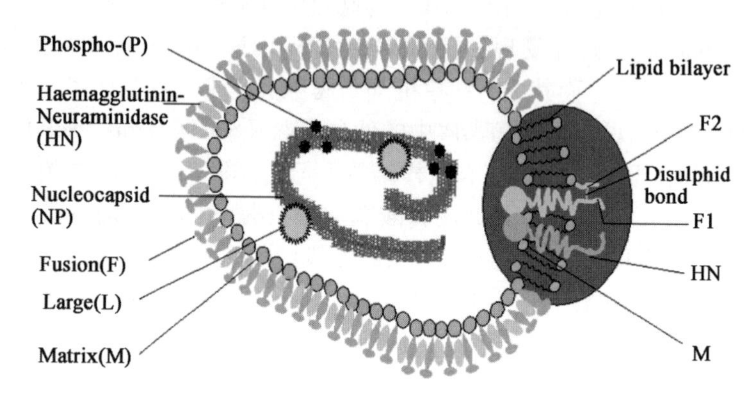

图 1-1　NDV 粒子结构示意图（引自 Yusoff K 等）

1.2.2　NDV 的致病性

NDV 病毒有广泛的宿主范围，迄今已知能自然或人工感染的禽类超过 250 种，而且还有更多的易感动物没有发现。鸡最易感，人偶尔也可以感染。不同毒力的 NDV 毒株，致病性差异较大。根据 NDV 的致病性不同，可将其分为 4 种病变型：亲内脏和神经速发型 NDV 导致禽类 100% 死亡；中发型 NDV 可使禽类引起呼吸道和神经症状，可导致中等死亡率；缓发型 NDV 为仅能导致温和的呼吸道疾病以及无症状的肠型株。根据 NDV 毒力的强弱可将其分为 3 种类型，即速发型（强毒株）、中发型（中等毒力株）和缓发型（弱毒株），而目前国际上统一采用最小致死鸡胚平均死亡时间（MDT）、1 日龄鸡雏脑内接种致病指数（ICPI）和静脉致病指数（IVPI）3 种指数综合判定来区分低毒力缓发型、中发型和高毒力速发型 NDV 及内脏速发型和神经速发型 NDV。MDT（强毒株 30~60h、中等毒力 60~90h、弱毒株 >90h）；ICPI（强毒株 >1.6、中等毒力 0.8~1.5、弱毒力 <0.5）；IVPI（强毒株接近3，弱毒株接近0）。速发型病毒株多属于野外流行的强毒株及国际上用于人工感染的标准毒株；中发型病毒株和缓发型病毒株多为用做疫苗的病毒株。

2 NDV 的结构基因与功能

2.1 NDV 基因组组成

NDV 做为一种流行于禽类的典型副黏病毒，含有一条单股负链 RNA 基因组，全长 15 186个核苷酸（nucleotide，nt），但近年研究发现，包括鹅源和鸡源毒株在内的一些 NDV 毒株的基因组核苷酸总数并不是 15 186个，而至少为 15 192个 nt。NDV 基因组为 6 的倍数，而且这种 6 碱基对 NDV 的复制非常重要。

基因组为 15 192 个 nt 中多出的 6 个碱基目前发现均位于 NDV 基因组中 NP 基因 5′端非编码区第 1 647 ~ 1 648nt。这 6 个碱基有何生物学意义目前尚不得而知。不过，通过用部分 NDV 毒株对鹅进行致病性实验发现，所用的基因组为 15 192nt 的毒株在对鹅的致病性上均比基因组为 15 186nt 的 NDV 毒株要强，这提示 NDV 的基因组核苷酸长度可能与毒力有关。NDV 相对分子质量在 5.2×10^6 至 5.6×10^6 之间，NDV 的基因组结构模式为 3′-NP-P-M-F-HN-L-5′，依次编码 6 种结构蛋白：核衣壳蛋白（Nucleocapsid protein，NP）、磷蛋白（Phosphor protein，P）、基质蛋白（Matrix protein，M）、融合蛋白（Fusion protein，F）、血凝素—神经氨酸酶蛋白（Heamagglutinin-Neuraminidase protein，HN）和大分子蛋白（Large protein，L）。此外，P 基因转录过程中在 484 位特定的编辑位点（AAAAAGG↓G）插入一或两个额外的非模板鸟嘌呤核苷酸（G 碱基）发生 RNA 编辑现象而产生具有相同 N 末端、不同 C 末端的 V 和 W 蛋白。在感染细胞中，P，V 和 W 蛋白以相对的比例（约 7∶3∶1）存在。

基因组 3′端为 55nt 长的引导序列（Leader sequence），5′端为 114 nt 或 56nt 长的尾随序列（Trailer sequence）。引导序列及尾随序列为病毒基因组重要的调控区，在病毒 RNA 的复制及转录过程中起重要的调节作用。NDV 6 个结构基因之间由不同长度（1 ~ 47nt）的基因间隔区分开，基因间隔区的作用可能是参与上一个基因 mRNA 转录的终止及下一个基因的转录开始。NDV 基因组 RNA 有 98% 以上被转录成以上 6 种结构蛋白的 mRNA。各基因间有一个 3′-GAA 保守序列。NDV mRNA 的转录是以 A 开始的，在各组 mRNA 之前均有一个保守的起始信号 3′-UGCCCAUCUU-5′，且每一基因末端均含有转录终止信号序列，即 3′-AUUCUUUUUU-5′序列和与 mRNA 互补的 polyA。

NDV RNA 不具有感染性，也未发现有遗传重组。基因组本身不能做为 mRNA，不带译制病毒蛋白质的信息，因此必须通过病毒自己的 RNA 聚合酶转录一股互补链做为 mRNA。指纹图谱分析表明沉降系数为 50S 的 NDV mRNAs 分别指导沉降系数 35S、22 ~28S、18S 3 种 mRNA 的转录和正链 RNA 的合成。35S RNA 为单一的 mRNA 片段，编码 L 蛋白，相对分子质量约 220ku；18S mRNA 中含有基因组所有剩余的特异 mRNA 片段，分别编码 NP、P、M、F、HN 5 种蛋白。Northern 杂交证明，18S 和 35S mRNA 包含了所有的编码区域，而 28S RNA 包含了 18S RNA 的编码区域，可能是后者的共价连接产物。22S mRNA 不含特异性片段，但转录产物与 18S 相似，代表多顺反子信息。

2.2 NDV 基因组编码蛋白的结构与功能

NDV 基因组编码 6 种结构蛋白，两种非结构蛋白，其中 NP、P 和 L 蛋白与病毒基因组构成核衣壳，HN、F 和 M 存在于囊膜，并且 HN 和 F 蛋白是病毒重要的致病相关和宿主保护性抗原。

2.2.1 NDV NP 蛋白结构与功能

NP 基因长 1 746nt 或 1 747nt，编码 489 个氨基酸，NP 蛋白相对分子质量为 56ku。它包裹基因组 RNA 形成一个螺旋的核衣壳，在转录和复制过程中充当模板，NP 蛋白对病毒 RNA 有保护作用，并且可能是病毒转录与复制的切换因子。研究表明一些 NP 单体组成一个指环样结构的粒子，并且很多这样的粒子组装形成一个全长的核衣壳结构。NP 蛋白 N 末端 2/3 与 RNA 直接结合，中央部位约 100 个氨基酸比较保守，其中有两个高度保守区，可能与 NP 的活性有关。C 末端位于核蛋白外侧，与 L 蛋白及 P 蛋白相互作用，胰蛋白酶处理后，可以从核衣壳上解离下来。

NP 蛋白在大肠杆菌和杆状病毒中都已得到表达，表达的重组 NP 蛋白能自我组装成与自然情况下核衣壳结构很相似的环形或“人”字形结构。不过，在 NP 蛋白的 C 末端插入 29 个氨基酸残基的多肽和 His 标签序列会阻止该“人”字形结构的形成，但对环状样粒子的形成无影响。而且，外源多肽会暴露在环状样粒子结构的表面。近年通过突变方法研究发现，NP 蛋白 N 末端的 375 个氨基酸残基对“人”字形结构的正确折叠是必需的。

NP 蛋白上负责与 RNA 反应的有关区域可能在蛋白的中心部位。NP 蛋白 mRNA 的 3′端非编码区在有毒力与无毒力株之间表现出很大的差异，因此推测该部分序列可能与 NDV 的毒力有关。

2.2.2 NDV P 蛋白结构与功能

P 基因 ORF 长 1 451nt，编码 395 个氨基酸，P 蛋白相对分子量约 42ku。P 蛋白在病毒粒子中含量较高，位于核衣壳内，是 RNA 依赖的 RNA 聚合酶的两个亚单位之一，它与L蛋白形成的复合物具有完整的酶活性。P蛋白也是NP蛋白的分子伴侣，它可以阻止NP蛋白对非病毒RNA及病毒mRNA的“非法”衣壳化。

P蛋白的丝氨酸和苏氨酸含量较高，可以作为磷酸化的位点，但只含有286位一个半胱氨酸，在形成以二硫键相连的三聚体的寡聚结构方面起重要作用。P蛋白的C端有32个氨基酸（316～347位氨基酸）和N端59个氨基酸形成超螺旋结构，是L-P，P-P和P-NP之间相互作用的主要区域。P基因在转录过程中通过在484位保守的编辑位点（UUUUUCC↓C）插入一个或两个非病毒序列的G碱基造成编码框改变而分别产生V和W蛋白，即发生所谓的“RNA编辑”现象。P、V和W蛋白具有共同的N末端但C末端不同。V蛋白以在其C末端具有半胱氨酸残基富集区与P蛋白的N末端融合为特征。同时，V蛋白包含一个高度保守的基序组成的锌指结合蛋白。半胱氨酸残基富集区与锌指结合蛋白可能参与病毒的复制和致病性，产生致病性的抗原决定簇可能位于P蛋白的半胱氨酸残基富集区。目前很多研究表明，V蛋白具有抑制α/β/γ干扰素（IFN-α/β/γ）的作用，是IFN的颉颃蛋白。近年来利用反向遗传操作技术通过构建各种V基因突变毒株，证实V蛋白具有抑制IFN反应的能力，研究表明V蛋白也是NDV重要的毒力因子，与NDV的致病性密切相关，同时也发现P蛋白是否磷酸化、磷酸化位置和程度等对病毒整个生命周期产生重要的影响。

2.2.3　NDV M蛋白结构与功能

M基因长度为1 241nt，编码364个氨基酸，相对分子质量约为40ku。转录起始信号为ACGGGTAGAA，翻译起始信号ATG位于35～37核苷酸处，终止信号TAA位于1 127～1 129核苷酸处。M蛋白是非糖蛋白，它位于囊膜内表面，一部分镶嵌在囊膜内，另一部分与核衣壳相邻，共同构成囊膜的支架。M蛋白至少有两个功能区，一个是蛋白质在脂质双层上的嵌合部位；另一个区域与病毒核心中的核衣壳结构相互作用有关。M蛋白有多种功能，其一是通过与细胞膜、病毒糖蛋白的胞质区以及核衣壳的相互作用而参与病毒的装配过程，因此对形成具有感染性的病毒粒子至关重要，对于M蛋白发生突变的NDV毒株，可因为不能将F蛋白有效地组装入病毒粒子而失去其感染性；其二是具有抑制宿主细胞RNA转录和蛋白质合成的作用，因此M基因与病毒的致病性相关。NDV感染早期细胞核内就有M蛋白存在，并在核内和细胞核物质结合，影响正常的基因复制和表达。M蛋白在细胞核中的定位不需要NDV其他蛋白质的参与。另外，M蛋白还有一个特征是含有8对碱性氨基酸残基，即Arg-Arg，Lys-Lys，Lys-Arg，Arg-Lys，其中5对位于多肽的羧基端，这些成对的碱性氨基酸的功能目前尚不清楚，但这样的残基对该多肽与病毒核心的结合可能比较重要。通过对其基本结构的序列分析表明：M 蛋白没有广泛的疏水区域来使其横跨脂质双层，最长的中性或疏水序列只有 12 个氨基酸之多，该序列开始于第 55 位残基。因此，这与 M 蛋白定位在病毒囊膜的内表面这一结构是相符合的。研究也表明 M 蛋白的序列与其他副黏病毒的 M 蛋白同源性较小，与仙台病毒 M 蛋白只有 17% 同源性，与水泡性口炎病毒 M 蛋白同源性也较小，只是在 N 端的 111 ~127 位残基处有 17 个残基同源性较高（64%）。而水泡性口炎病毒的该区域与病毒和脂质双层的结合有关，与 RNA 的合成调节关系似乎不大。

M 蛋白与病毒样颗粒（Virus-like particles，VLP）的形成有关，目前有研究认为 NDV M 蛋白的单独表达即可形成病毒样颗粒，并可通过出芽的方式释放，M 蛋白是 NDV-VLP 出芽的主要驱动力。VLP 疫苗是近年来新出现的一种基因工程亚单位疫苗形式，其优点包括不含病毒复制所必须的遗传物质，安全性好；可以模拟病毒的天然结构而使构象依赖型抗原表位得以正确呈现，有很强的免疫原性，能像真实病毒粒子一样与细胞表面受体结合而进入细胞；在不影响 VLP 结构的基础上可以根据需要插入或删除某些氨基酸序列，对其进行人工改造；可以实现多价或/和多种病毒抗原的同时免疫，免疫效率高等。VLP 疫苗的制备原理是在体外同时高效表达含有保护性抗原表位的某种病毒的若干结构蛋白，这些蛋白能自动装配成在形态上类似于真正病毒的空心颗粒。VLP 内部没有核酸，故其本身不能复制，但 VLP 在立体结构上却与天然病毒相同或类似（尤其是构象依赖性抗原表位）。VLP 目前已广泛用于免疫缺陷病毒、乙型肝炎病毒、戊型肝炎病毒、轮状病毒、乳头瘤病毒等病毒疫苗的开发和免疫效力的研究。VLP 这种形式的亚单位疫苗可以避免直接应用如人免疫缺陷病毒和人乳头瘤病毒这样的活病毒疫苗所产生的潜在危险性，为此相比之下就有更高的安全性。所以 VLP 在免疫上有广阔的应用前景。更重要的是，在不影响 VLP 结构的基础上插入外源蛋白还可作为治疗疾病的优良载体，可以将大分子物质运送到细胞内，通过检测 VLP 免疫后体液免疫和细胞免疫的水平和消长情况，对其作为转移载体和嵌合疫苗研究的可行性等方面进行探索。因此在应用上，VLP 作为一种新型疫苗不仅克服了传统疫苗的不足，而且也弥补了基因工程疫苗的缺憾，VLP 能诱导很强的体液免疫又能产生较好的细胞免疫应答，是目前最有发展前景的预防兼治疗传染病、肿瘤以及过敏性疾病的候选疫苗。VLP 作为载体可与体外转录的病毒 RNA 组装成有感染性的感染性克隆，并保证其在细胞中的增殖，也为优良的基因治疗转移载体的开发提供了新的契机。另外 VLP 固有的天然构象为组建以 VLP 为抗原的 ELISA 试剂盒，快速敏感可靠地诊断病毒感染提供了可行性。

目前，VLP 疫苗主要通过基因工程手段从酵母或感染重组杆状病毒的昆虫细胞中制备，这在技术上仍有一定难度，人工 VLP 主要通过化学合成的手段获得。两者对操作者有较高的要求和较复杂的试验操作条件。另外，VLP 在存储、运输和使用等方面也存在着不便。如果能进一步降低生产技术难度和成本，VLP 将有可能得到广泛的实际应用。另外，作为一种预防性疫苗还有许多问题有待考虑：安全、稳定、有效、经济和免疫方便是首要考虑的问题（有的 VLP 需要在佐剂的作用下才能够发挥作用或者是提高免疫效力）；VLP 基础上的预防性疫苗多有型特异性，因此临床实验应考虑采用包括几种型特异性蛋白的 VLP 的多价疫苗，但多价疫苗中各组分的配伍及量效关系将是一个复杂的问题；虽然动物试验中 VLP 疫苗显示出良好的免疫效力，而且已有的人类实验也证明 VLP 疫苗在临床上没有毒副作用，但其最佳的免疫途径、剂量以及保护作用的确切评价尚无定论。因此证明 VLP 疫苗在人类临床上达到安全有效且优于目前已有的方法，则尚需进一步的研究。

2.2.4　NDV F 蛋白结构与功能

F 基因长 1 792nt，编码 553 个氨基酸，分子量约 55ku。F 基因是 NDV 结构基因中研究得最多的基因。其转录的起始信号是 ACGGGTAGAA，PolyA 是 AAGAAAAAA，终止序列为 TA（T）AG，在核苷酸序列的 1 783 ~ 1 786位。F 蛋白的 mRNA 翻译起始点 ATG 位于 47 ~ 49 位核苷酸处，终止信号位于 1 706 ~ 1 708 位核苷酸处。F 蛋白是 NDV 感染细胞所必需的。病毒囊膜与靶细胞膜融合，进而使病毒穿入细胞浆脱去核衣壳进行复制，而这一融合过程是由 F 蛋白来完成的。NDV F 蛋白是 I 型糖蛋白，它先以含 553 个氨基酸残基的前体蛋白 F_0 的形式合成，F_0 被裂解为 F_1 和 F_2 后才能发挥活性作用。F_0 蛋白构成顺序为 NH_2-F_2-S-S-F_1-COOH，其中 F_1 分子量为 55ku，F_2 分子量为 12.5ku。F_0 氨基端有信号序列（signal sequence，SS），临近羧基端有一个疏水的跨膜区（transmembrane domain，TM）和一个大约 25 ~ 30 氨基酸的胞质区（cytoplasmic domain，CT）。F_0 蛋白上有 4 个七肽重复序列（heptad repeat，HR），第一个为 HR2 靠近跨膜区的外部结构域，这种序列与转录因子中的亮氨酸拉链基序相似。HR1 位于羧基端融合多肽（fusion peptide，FP）上，另一个亮氨酸拉链基序（HR3）在 F 蛋白内不形成螺旋晶体结构，HR4 位于 NDV F 蛋白 F_2 区（图 1 - 2）。

氨基酸序列分析表明，F_0 蛋白含 3 个大约由 25 个疏水氨基酸序列组成的区域，第一个疏水区位于 N 末端信号肽序列内（1 ~ 32 位氨基酸），第二个疏水区位于 F_0 裂解产生的 F_1 多肽的 N 末端（117 ~ 142 位氨基酸），该序列能启动病毒与宿主细胞融合；第三个疏水区靠近 F_1 的 C 末端（500 ~ 525 位氨基酸）的跨膜

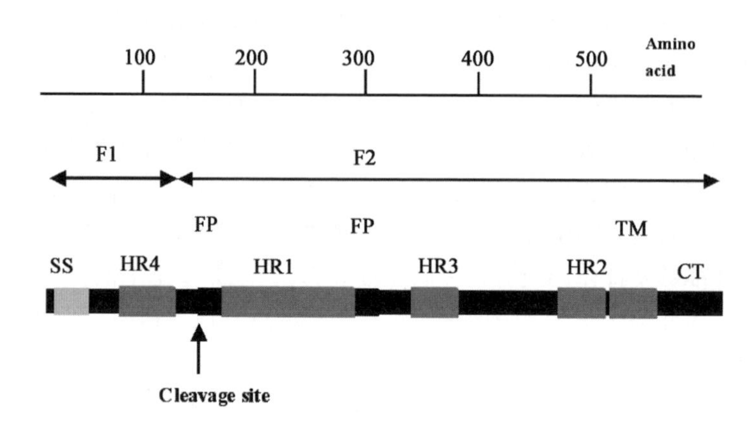

图 1-2 NDV F 蛋白主要序列的重要结构域模式图

区，它能使该蛋白嵌入病毒囊膜中。在三个疏水区中，第一个疏水区的氨基酸高度可变，某些毒株间差异率可高达 45%；而后两个疏水区则高度保守，同源性高达 91.2% ~99.8%。F 蛋白裂解点位于 112 ~117 位氨基酸处，其氨基酸序列及裂解能力是决定病毒毒力的关键。此外，F 蛋白还具有以下共性：（1）不同 NDV 的 F 蛋白都有相同的长度，均为 553 个氨基酸残基；（2）具有 6 个潜在的糖基化位点，其中 5 个位于膜外区（85、191、366、447 及 471），另外 1 个位于膜内区（541 位氨基酸）。通过辅助点突变分析表明只有 85、191、366 和 471 位 4 个位点被糖基化，且这些位点影响 F 蛋白的折叠和活性。去除第 85 位氨基酸后，显著降低了 F 蛋白的裂解、稳定性、表达量、分子折叠及融合功能；缺失 191 位氨基酸后，F 蛋白中度表达、但几乎没有融合能力；缺失 366 和 471 位氨基酸后，F 蛋白表达水平和野生型蛋白差异不大，但融合能力减弱；位于胞质区的 541 位不能被寡糖转移酶接近，故不被糖基化；（3）F 蛋白存在保守的半胱氨酸残基，半胱氨酸残基一般分别位于第 27、76、199、338、347、362、370、394、399、401、424、514 和 523 位。其中位于 27、76、199、347、401 和 514 位的半胱氨酸残基对 F_1、F_2 两个亚单位的连接比较重要。靠近 C 端的半胱氨酸残基的保守性对 F 蛋白的结构框架的维持具有一定意义。多数半胱氨酸残基集中在 338 ~424 位之间的现象类似其他副黏病毒的 F 蛋白，另有两个半胱氨酸残基位于跨膜区，不参与二硫键的构成，而是一个脂肪酸的酸化点。

F 蛋白对致病力有重要影响，尤其是 F 蛋白裂解位点的氨基酸组成和序列在 NDV 致病过程中发挥着重要作用。NDV 的致病性与 F_0 蛋白裂解位点氨基酸序列及各种细胞蛋白酶对 NDV 的 F 蛋白裂解能力密切相关。NDV 在感染的细胞内复制，病毒粒子产生无活性前体蛋白（F_0），在宿主细胞蛋白酶作用下，F_0 前体裂解成两个由二硫键相连的多肽 F_1 和 F_2，使子代病毒有感染性。F 蛋白能否被裂解取决于 F 蛋白的裂解位点区（112～117）处氨基酸组成和宿主细胞的特性。F_0 裂解位点碱性氨基酸残基的多少与病毒的毒力相关，由于强、弱毒株裂解位点的差异，使其对酶裂解的敏感性不同。目前许多研究发现，NDV 强毒株的 F 蛋白氨基酸裂解位点为^{112}R/K-R-Q-K/R-R-F^{117}，Phe 在 117 位，这种序列的存在导致能在多种宿主细胞内被裂解，因此对多种细胞有感染性从而全身感染。而缓发型 NDV 的氨基酸序列无这种基序，仅在相应区域由单一的碱性氨基酸残基组成，并散在于其他氨基酸之间。在序列的 112 和 115 的中性氨基酸取代了强毒株中的碱性氨基酸，序列为^{112}G/E-K/R-Q-G/E-R-L^{117}，Leu 在 117 位，使得弱毒株 F 蛋白只能在少数特殊类型的细胞中裂解，对少数细胞具有感染力，使得缓发型 NDV 仅限于在宿主黏膜表面复制，临床表现为局部感染（消化道和呼吸道）。F 蛋白裂解位点的氨基酸残基改变影响病毒的毒力和细胞的融合。Fujii 等将强毒株 F_0 蛋白的第 113、115、116 位碱性氨基酸中的任意一个突变，都能使 F 蛋白的裂解能力大大下降（分别下降为野生型蛋白的 7%、6% 和 11%）；第 112 位碱性氨基酸残基对 F 蛋白的裂解能力影响最大，该位点突变后，F 蛋白的裂解能力下降至野生型蛋白的 42%；117 位氨基酸也与 F_0 蛋白活性有关，强弱毒株的 F_0 蛋白皆在 117 位裂解，将 117 位残基 F 突变为 L，结果 F 蛋白的裂解程度下降为野生型蛋白的 49%。Panda A 等将 Beaudette C（BC）毒株 F 蛋白裂解位点序列 R-R-Q-K-R 突变为 La Sota 毒株 F 蛋白裂解位点序列 G-R-Q-G-R，结果突变的 La Sota 毒株在不需要外在蛋白酶的作用下对细胞具有感染性，增加了重组 NDV 毒株的致病性，但达不到速发型 NDV 的毒力水平。但如果 NDV 直接在鸡脑内复制，F 蛋白裂解位点起重要作用，但可能还有其他毒力因素影响病毒的外围复制、病毒血症或进入中枢神经系统，从而证实 F_0 蛋白裂解能力并不是 NDV 毒力的唯一决定因素。

F 蛋白不仅在 NDV 致病性上发挥重要作用，还是重要的保护性抗原。Abenes 等报道 F 蛋白有 4 个抗原表位。Toyoda 等人发现分别位于第 72、161、343 的氨基酸残基对于 F 蛋白的抗原性具有决定作用，72 位点（Asp：天门冬氨酸 D）位于 F_2 亲水区，F_1 和 F_2 之间的二硫键上的半胱氨酸残基有利于这一位点向 F_1N 末端接近，形成与抑制融合相关的抗原表位。161 位点（Thr：苏氨酸 T）位于 F_1N 末端，所在的区域亲水性较低。343 位点（Leu：亮氨酸 L）位于 F1 亚单位 C 末端高度保守的半胱氨酸富集区，在病毒的抗原性及结构和功能上起着重要的作用，是 F 蛋白主要抗原决定簇。

F 蛋白的功能蛋白是由 3 条 F 蛋白单体契合而成的，可以分为头部、颈部和柄部 3 个区，侧面呈倒置的锥形，从顶部呈正三角形。有一个轴向孔道贯穿头部、颈部和柄部，在头颈部还有 3 个径向孔道，分别由 3 条单体形成，并与轴向孔道相通。F 蛋白单体的头部由两个 β 折叠区组成。颈部和柄部的主要结构是 3 条由 HR1 形成的超螺旋构成的中轴，中轴外面是 HR4 形成的螺旋结构。颈部除中轴外，还包括一个 β 折叠区和一个由 4 个短的 α 螺旋组成的螺旋区，HR4 也在此部位形成了一个超螺旋。在晶体衍射结构分析中发现，NDV F 蛋白的肽链有几个重要的区域“丢失”，目前对这些区域的位置还不十分清楚，这使 F 蛋白结构和功能的研究更加复杂。其中一个区域是跨膜区和胞质区，晶体衍射仅能找到 455 位之前的氨基酸，而 499 位之后的跨膜区和胞质区对于 F 蛋白的分泌性能具有决定作用，甚至可以影响 F 蛋白的裂解。有学者认为可能是因为用来研究的蛋白是单独表达的，当与 HN 蛋白共表达时，用抗体检测发现 F 蛋白的结构发生了变化，提示 HN 蛋白可能对 F 蛋白的构象形成有一定的影响。第二个“丢失”的区域是从 106 到 170 位氨基酸，这段序列包括 F 蛋白裂解位点、融合肽和 HR1 的氨基端部分。第三个是从 455 到 499 位氨基酸，包括 HR2 区。Chen 等认为这两段蛋白有两个可能的位置分布，即 HR1 氨基端和融合肽可能通过径向孔道插入三聚体的内部（由 105 位氨基酸刚好在径向孔道入口处推断），而 HR2 则以松散的螺旋结构分布在三聚体柄部中轴的外围。

2.2.5 NDV HN 蛋白结构与功能

HN 基因长约 2 031nt，约占基因组的 13.5%，含一个开放阅读框，由于预测开放阅读框架长度和终止密码子的差异，HN 蛋白翻译的多肽链长短不一，根据其编码区的多肽长度可将其分为 3 种亚型，长度分别为 1 713 nt（如 AUS/32、MIY/51、HER/33、ITA/45、CHI/85 和 IBA/85 等）、1 731nt（如 B1/47、LAS/46、BEA/45、TEX/48 等）、1 848nt（如 D26/76、QUE/66、ULS/67 等），分别编码 571、577、616 个氨基酸。其中阅读框较短的基因是由阅读框较长的 HN_0 基因其 C 端发生变异而产生的。这些变异与 NDV 不同株的致病性相平行，完全无毒力的毒株以 HN_0，即 HN 的前体形式存在，而随着毒力的加强，则 HN 多肽逐渐变小，尤其是 AUS/32，毒力最强，与其他毒株比较显然在 185 位点处缺失了一个编码酪氨酸（Try）的密码子。HN 蛋白即血凝素—神经氨酸酶，是 NDV 除 F 蛋白外的另一种较大糖蛋白。成熟的 HN 是一种四聚体寡聚蛋白，亚单位之间通过二硫键相联形成二聚体，两个二聚体非共价结合形成四聚体。HN 蛋白具有血球凝集（HA）和神经氨酸酶（NA）两种活性，血凝素成分负责病毒吸附到易感细胞含唾液酸的受体，这是病毒感染细胞的第一步；神经氨酸酶则有分解膜结合或糖结合的唾液酸的能力，在病毒生命周期中起增加病毒粒子迁移性的作用，包括破坏细胞受体和从感染细胞表面释放病毒粒子。HN 还可作用于受体位点，使 F 蛋白充分接近而发生病毒与细胞膜的融合，并且这种促进 F 蛋白融合作用的启动功能具有种属特异性。在 HN 蛋白中，与神经氨酸结合的区段为 Asp-Arg-Lys-Ser-Cys-Ser，位于 HN 蛋白靠近中间的第 234 ~ 329 氨基酸间，而血球凝集位点靠近 C 端。

HN 蛋白以 N 端插入病毒囊膜，在 C 端具有宿主细胞受体结合位点。不同菌株 HN 蛋白的胞外域都是大约由 525 个氨基酸组成，常含有 12 到 13 个半胱氨酸残基，其中 12 个完全保守，在靠近 N 端处有 6 个潜在的糖基化位点，其中 4 个较为保守（（118 ~ 120 位，341 ~ 343 位，433 ~ 435 位，481 ~ 483 位）。糖基化作用对于 HN 转运到细胞表面无作用，但对神经氨酸酶活性则是必需的。主要疏水区在 N 端，表明 HN 蛋白是以 N 端与病毒外膜相连接的，对多肽 N 端的极性氨基酸的亲水性分析表明其缺乏裂解信号。

Crennell S 等报道了副黏病毒亚型 HN 蛋白的简单二聚体衍射结构，对其结构预测表明 HN 的三级结构与流感病毒 NA 蛋白相似。整个成熟蛋白是由 4 个 β 螺旋单体组成的 4 聚体，成熟蛋白分为 4 部分：一个短的细胞浆内嗜水性尾部，疏水性膜穿入部分，细胞外躯干部分和头部。每个单体含有一个球形的头部和一个细茎：球形头部为 124 ~ 570 氨基酸残基区域，包含蛋白的全部抗体识别位点以及受体结合位点和神经氨酸酶（NA）活性位点，为其主要功能区，细茎为氨基端，具有很强的疏水性，使蛋白固定在病毒囊膜的双层脂膜内，位于膜内的 1 ~ 26 位氨基酸区为亲水性膜内区，第 27 ~ 48 个疏水性氨基酸残基为跨膜区，而第 49 ~ 75 位氨基酸残基位于膜外、与 C 端氨基酸残基构成了一个大的亲水性含糖区域。第 96 ~ 103 ~ 110 位氨基酸残基组成的亮氨酸拉链与 F 蛋白 HR 区结构相似，该区域可能与 HN 蛋白的促融合活性有关。NDV HN 蛋白单体由第 123 位点的半胱氨酸形成的二硫键结合成二聚体。HN 蛋白的第 123 位为非保守氨基酸残基，因毒株的不同该位半胱氨酸残基被不同氨基酸所取代。若该位被 Trp 或 Tyr 替代，则不能形成二聚体，是否形成二聚体不会影响蛋白的功能及抗原结构，说明它可能只起到稳定构象的作用。而蛋白跨膜区内 3 个保守的亮氨酸（L）残基（30、37、44）突变后，不能形成稳定的四聚体，由此认为跨膜区对 HN 蛋白的四聚体结构发挥重要作用，四级结构的消失或不稳定必然带来 HN 蛋白生物学活性的相应降低。HN 蛋白细胞外区有 12 个完全保守的半胱氨酸（Cys）残基，分别位于 172、186、196、238、247、251、344、455、461、465、531 和 542 处，这些 Cys 残基对 HN 蛋白的成熟起着重要作用。结构依赖性抗原位点的出现是衡量糖蛋白成熟的标志，以免疫印迹、免疫沉淀、免疫荧光和蔗糖梯度沉淀等方法对以上各个 Cys 残基突变的蛋白进行定性分析表明，不同的 Cys 残基突变可阻断 HN 蛋白成熟的不同阶段。Cys172 或 196 突变阻断 23 抗原位点的出现：Cys344、455、461 或 465 突变除抗原位点 4 外，阻断所有其他抗原位点的形成；而 Cys186、238、247、251、531 或 542 突变，阻断所有位点的出现。12 个保守半胱氨酸突变为丝氨酸时对 HN 蛋白活性（如 HA、NA 和促融合活性等）有明显影响。

HN 蛋白分子结构呈 β 螺旋折叠，内有四股呈反向平行的 6 个 β 折叠区。相对应的区域为：β1，175 ~ 228 氨基酸残基处，含有抗原位点 23 的氨基酸残基（193、194、201）；β2，237 ~ 288 氨基酸残基处，含有抗原位点 3 的氨基酸残基（263、287）；β3，316 ~ 396 氨基酸残基处，含有抗原位点 3（321）、位点 1（345）、位点 4（332、333、353）和位点 14（347、350、353）的氨基酸残基；β4，401 ~ 443 氨基酸残基处；β5，472 ~ 515 氨基酸残基处，含有抗原位点 2（513、514）和位点 12（494）的氨基酸残基；β6，在 521 至 C 末端的氨基酸残基区域内，含有抗原位点 2（521、569）的氨基酸残基。这些区域，特别是 7 个相互交叠的抗原位点都高度保守。McGinnes 等通过脉冲标记追踪试验，证实在感染的 COS 和鸡胚细胞中，新生 HN 蛋白需在粗面内质网内折叠成熟并出现抗原位点，这一过程需要消耗 ATP。在成熟的 HN 蛋白 7 个抗原位点中（即位点 1、2、3、4、23、12 和 14）中，蛋白的折叠先从 β3 开始，折叠过程至少分两步，第一步形成抗原位点 4，第二步形成抗原位点 1；β2 的折叠与上述的第二步同时进行，因此位点 3 与位点 1 同时出现；接着为 β6 折叠，形成位点 2；最后为 β1 折叠，形成位点 23。抗原位点 14 的出现随感染的细胞类型而异，在鸡胚细胞中，伴随位点 2 出现；而在 COS 细胞中，伴随或正好在位点 1、3 之后出现。由此可见，抗原位点的出现依赖于 HN 蛋白分子空间结构的形成。目前已经将结构依赖性抗原位点的出现，作为衡量糖蛋白成熟的标准，首先这是因为所有位点随结构的成熟同时出现；其次，位点在折叠蛋白的局部区域内相对独立；最后，在糖蛋白分子成熟时，位点随一系列折叠过程呈有序出现。

目前 HN 基因决定 NDV 的毒力和组织嗜性的分子机制已成为研究的热点。最近研究证明 NDV 的毒力是多因素的，NDV 的 F 蛋白裂解能力不是唯一的毒力决定因素，HN 蛋白在 NDV 感染时也发挥重要作用。HN 蛋白与 F 蛋白相似，同样也有两个 7 价重复序列区（亮氨酸拉链结构），一个位于跨膜区，一个位于近膜区，均属保守区域。Sergel 等研究发现，如果去掉了 NDV HN 蛋白的第 91 ~ 99 残基，HN 蛋白与 F 蛋白的融合作用消失，说明 HN 蛋白的 7 价重复区的个别氨基酸对 HN 蛋白参与融合作用至关重要。现已证实同源 F 蛋白与 HN 蛋白能相互作用、产生活性，而异源 F 蛋白与 HN 蛋白不能相互影响产生融合活性。

2.2.6　NDV L 蛋白结构与功能

NDV 的 L 基因长 6 703nt 或 6 764nt，但都编码 2 204 个氨基酸，分子量为 220ku，其编码基因的长度几乎占整个病毒基因组的一半。L 蛋白在病毒粒子中含量很低，位于核衣壳内，是病毒 RNA 聚合酶的两个亚单位之一，它与 P 蛋白形成的复合物具有完整的 RNA 聚合酶活性。病毒 RNA 聚合酶识别被核衣壳蛋白紧紧包裹的 RNA 模板。P 和 L 结合，使 NP 发生结构上的改变，在 RNA 聚合酶阅读其模板时有利于核衣壳螺旋的伸展，为酶的作用提供足够的空间。参与 RNA 转录和复制的大部分酶的活性都存在于 L 上，如病毒 RNA 多聚酶、mRNA 加帽酶、甲基转移酶、poly（A）多聚酶和磷酸激酶等。序列分析表明，大部分 RNA 的合成和修复活性在 L 蛋白 N 端第 2 和第 3 个氨基酸上定位，这一区段具有高度保守性。而 C 端的保守性相对较小，可能与病毒的特异性有关。

3　NDV 基因分型

ND 在世界上曾经有过三次大流行，每一次均给各国的经济发展造成重创。ND 在全球流行呈地方性感染，尤其是在发展中国家，村庄饲养的鸡群被认为是 NDV 的主要储藏器。由于世界各国养禽规模、饲养方式的不同及生物安全措施不当或在饲养的过程中多次接种疫苗以及疫苗免疫程序不合理等免疫压力的影响，造成 NDV 免疫逃避株的不断出现，致使 NDV 毒株与疫苗毒株之间的遗传关系发生较大的变化。近年来，NDV 对鹅也表现出了高致病性，从我国的华南到东北地区均有鹅感染 NDV 的报道，且传播迅速，为害极其严重。NDV 的这种跨种传播已引起相关管理及研究机构的高度重视。解析 NDV 种内、种间各毒株及与疫苗株间的关系将有助于鉴定和描述 NDV 病毒的特征以及会为追溯病毒的来源提供坚实的科学理论依据。目前已有报道利用单克隆抗体技术、限制性内切酶分析以及 NDV 的 F、HN 和 M 基因的部分序列和全序列构建的系统进化树进行 NDV 分子进化研究。

1983 年英国学者 Russell 等以 Ulster 2C 弱毒株为抗原研制出针对 NDV 不同多肽成分的 9 株单抗，随后各国学者广泛开展了针对不同 NDV 毒株单抗的研制，如 1989 年 Della porta 等用 NDV-V4 株建立了一组单抗，它们不仅能够区分 NDV 的自然感染和人工免疫，同时还能区分其他副黏病毒可能出现的交叉反应。英国学者 Alexander 曾用一组单抗区分出了一株流行于鸽的 NDV 变异株。1997 年，

Alexander 等又用一组单抗对 1 500 多株 NDV 分离株进行了抗原性异同的鉴定，试验中他们使用 9 种单抗将 1 526 株 NDV 分为 14 组，同种类型的病毒在生物学特性、发病时间及地理分布上表现出一定的相关性，且同种类型的毒株对鸡的毒力相似。增加所用的单抗种类至 26 种，则可将其中的 818 个毒株分为 39 型，有些型中只包含有一种毒株，生物学特性相似的毒株与单抗的反应类型也相似，有些单抗能够特异性地与引起散发的 NDV 中和。1998 年 Collins 等用一组抗 F 蛋白单抗对 12 株 NDV 进行了分组研究，并将它们分为五个组。虽然依据单抗与 NDV 中和反应的情况并不能简单、明确地进行 NDV 分型，但这确实对阐明病毒的生物学特性和抗原性之间的某些关系起了重要作用。

1996 年瑞典学者 Ballagi-Pordany 等通过 RT PCR 方法扩增了 75% 的 NDV F 基因（在 334 ~ 1 682位核苷酸之间）后用 3 种限制性核酸内切酶（*Hin*f Ⅰ、*Bst*O Ⅰ、*Rsa* Ⅰ）对其进行酶切分析，绘制出了 1932—1989 年间分离的 200 个 NDV 毒株的限制性片段物理图谱。根据限制性酶切位点分析，将 NDV 毒株划分为 6 类，并建立了疫苗株独特的指纹图谱。第Ⅰ类是弱毒株，主要来自于水禽，也有一些来自鸡；第Ⅱ类包括弱毒株和中等毒力的毒株，是早于 1960 年的北美分离株；第Ⅲ类是远东的早期分离株；第Ⅳ类是 20 世纪 20 年代末第一次世界性大流行的较早的欧洲分离株及其变异株；第Ⅴ类起源于进口的鹦鹉，70 年代初感染鸡后开始流行。第Ⅵ类是 60 年代末中东地区的毒株和后来从亚洲和欧洲分离到的毒株。引起第三次 ND 大流行的鸽副黏病毒Ⅰ型毒株应属于第Ⅵ类中的一个特殊的亚类，此种分类法进一步证实了单抗分类法中各类 NDV 毒株的差异。限制性酶切位点分析法对于诊断大量 NDV 分离株并分组是一种有用的方法，但对于分子流行病学调查中需要阐明的有关不同毒株间的细微差别还是证据不太充足的，而这些细微差别对于建立遗传进化关系是十分重要的。

近年来，随着分子生物学技术的成熟，根据 NDV 基因的核苷酸和氨基酸顺序对 NDV 分离株进行分类逐渐成为 NDV 分子流行病学研究的热点。Toyoda 等首先根据 NDV F 或 HN 全基因两种核苷酸序列分别对 20 世纪 60 年代前流行于世界各地的 NDV 分离毒株绘制进化树，结果将分离的 11 个毒株分为 A、B、C 3 组，这说明 F 和 HN 基因的变异具有很强的正相关性。随后，Seal 根据 NDV M 全基因序列，F 基因酶切位点附近核苷酸片段 254nt 以及 M 基因的细胞核定位信号编码区 232nt 核苷酸片段绘制进化树，对美国 ND 分子流行病学作了很好的调查。Yang 等在 1997 年根据 HN 基因头部保守区的 382nt 核苷酸片段对 1884—1995 年分离于我国台湾流行的 14 株 NDV 分离株进行系统发育进化分析，证明 1995 年分离株明显由 1984 年进化而来，而且揭示这些毒株与日本和马来西亚分离毒株很相关。1998 年匈牙利学者 Lomniczi 等根据 F 基因 47 ~ 435 间的 389 个核苷酸序列对 1992—1996 年流行于西欧国家的 51 株 NDV 分离株进行了分析，发现以此绘制的进化树与酶切位点分布所反映的毒株间遗传关系一致。从而建立了对 NDV 分离株进行遗传学和生物学鉴别的简单方法。并进一步将 NDV 划为 7 个基因型，分别解释了其来源和流行病学特征，发现每一类型的毒株具有相同的流行病学特性，也可能具有共同的起源。同时也发现，1992—1996 年流行于德国、比利时、西班牙和意大利的 NDV 分离株为基因Ⅶ型，该基因型同时用限制性酶切方法也得到证实。与其同时流行的还有老基因型Ⅵ的毒株，来自于丹麦、瑞典、瑞士和澳大利亚的分离株及 20 世纪 60 年代发生在中东和希腊以及 80 年代早期匈牙利的分离株同属于这一基因型。另外，据分析该基因Ⅶ型毒株有可能起源于远东，因为它们与 80 年代晚期从印度尼西亚分离到的 NDV 毒株有较高的同源性。Herczeg 等在分析了 90 年代以来南非一些国家及欧洲等地 34 个分离株，鉴定出两个新的基因型，即Ⅶb 和Ⅷ，并将原来的基因Ⅶ命名为基因Ⅶa。34 株 NDV 有 28 株属于Ⅶb，与近年来南部非洲及南欧的 ND 暴发有关。另 6 株为基因Ⅷ，与南部非洲 ND 的暴发有关。

近 20 年以来发生于亚洲、中东、非洲及欧洲等地的 ND 被认为构成了 ND 的第四次大流行，主要以基因Ⅶ型为主，同时还有基因Ⅵ型和Ⅷ型的存在。在国内严维巍等于 2000 年首次报道了基因Ⅶ型 NDV 在中国大陆的存在。曹殿军等根据 NDV F 基因编码区 1 ~ 374 位核苷酸序列分析，绘制了 NDV 系统发育树，将 68 株 NDV 分为 9 个基因型（30 株为国内分离株）。其中，Ⅰ ~ Ⅳ是早已存在的基因型；Ⅶ、Ⅷ、Ⅸ为新发现的基因型，特别是基因Ⅸ是我国特有的基因型。通过进化树分析得出，基因Ⅶ型 NDV 是引起我国新城疫发生的主要病原。吴艳涛等比较了 26 个从华东和新疆地区分离的 NDV 毒株和 28 个参考毒株的 F 基因 47 ~ 420nt 核苷酸序列的同源性，并绘制了遗传发育树，发现我国 ND 的流行具有自身的规律性，我国现阶段 NDV 的流行株以基因Ⅶ为主（53.8%），但也有基因Ⅵ（34.61%）和Ⅸ（11.5%）型毒株，基因Ⅸ型毒株为我国特有的基因型。我国的基因Ⅶ型不是以国外报道的基因Ⅶa 型、基因Ⅶb 型为主的基因型，而是新的基因亚型。基因Ⅵ型毒株也以新发现的Ⅵf 和Ⅵg 为主，而不是以国外报道的Ⅵa 和Ⅵb 型为主。尹燕博等在 2002 年通过对国内 NDV 流行分离株的遗传变异分析，表明国内曾经流行和正在流行的 NDV 共有 5 个基因型，近几年来正在流行的 NDV 有 4 个基因型。其中有 30 株分离株为Ⅶ型，是主要的流行毒株；有 3 株分离株为Ⅵ型；有 7 株分离株为Ⅱ型；有 1 株分离株为 III 型；至于 $F_{48}E_9$，与所有分离的 NDV 均有较大差异，暂列为Ⅸ型。王学理等通过对从吉林省分离的鹅源新城疫 NA-1 株分析，发现 NA-1 株 F 基因具有基因Ⅶ型 NDV 的典型特征，与鹅源新城疫 SF02 株、YG97 株以及鸡源分离株 NL-NDV、CHI/85、Taiwan95 等毒株亲缘关系较近，用 HN 基因绘制的遗传进化树和 F 基因的相一致。田夫林等对 1997—2001 年分离的 10 株代表性 NDV 毒株的 F 基因进行了序列测定和系统发育树分析，发现有 8 个毒株与广东鹅 1997 年分离株高度同源，属于强毒株。不同地区（北京、山东、南京）、不同年代（1997 年、1999 年、2000 年、2001 年）、不同宿主（蛋鸡、肉鸡、企鹅）分离株高度同源，说明这些毒株是近几年来 NDV 的主要流行株。试验中发现，分离年代越近其同源率越高，仅有微小的变异。

从以上可以看出，NDV 每一次流行都会有新的基因型出现，目前全世界范围内 NDV 的演化有着一定的共性，某些国家又有着自己独特的基因型或基因亚型。在我国，NDV 已能感染水禽，且具有高致病性，说明 NDV 的种间传播似乎有扩大的趋势。欧、美等发达国家主要以销毁强毒感染群的方法来扑灭 ND，而我国则一直采用以疫苗接种为主、隔离消毒为辅的措施来控制 ND，因疫苗接种并不能完全消除病禽体内的 NDV，这就难免造成同一时期多基因型毒株在我国禽类中的流行。

总之，近年来国内外对 NDV 的分子生物学研究总体上取得了一定的研究成果，对病毒的生物学特性和功能基因组研究等均是将来值得不断探索的领域，相信在不久的将来对 NDV 的研究特别是分子生物学方面的研究一定会取得更多的研究成果，进而为防制和最终消灭该病奠定基础。

参考文献

[1] OIE. 哺乳动物、禽和蜜蜂 A 和 B 类疾病诊断试验和疫苗标准手册，（中华人民共和国农业部畜牧兽医局译）[M]. 第三版. 北京：中国农业科技出版社，1996：136－146.

[2] Rima B K, Alexander D J, Billeter M A, *et al*. Paramyxoviridae. Murphy F A, Fauquet C M, Bishop D H L. Virus taxonomy, Classification and Nomeclature of Virus [J]. Vienna: Sixth Report of the International Communittee on Taxonomy of Viruses. 1995, 268－274.

[3] De Leeuw O, Peeters B J. Complete nucleotide sequence of Newcastle disease virus: evidence for the existence of a new genus within the subfamily Paramyxovirinae [J]. *J Gen Virol*, 1999, 80 (1): 131－136.

[4] Steward M, Vipond L B, Millar N S, *et al*. RNA editing in Newcastle disease virus [J]. J Gen Virol, 1993, 74 (12): 2539 -2547.

[5] Tsurudome M, Nshio M, Komada H, *et al*. Extensive antigenic diversity among human parainfluenza type 2 virus isolates and immunological relationships among paramyxoviruses revealed by monoclonal antibodies [J]. Virology, 1989, 171 (1): 38 -48.

[6] Errington W, Emmerson P T. Assembly of recombinant NDV nucleocapsid protein into nucleocapsid-like structure is inhibited by the phosphoprotein [J]. J Gen Virol, 1997, 78 (9): 2335 -2339.

[7] Peeters B P , OE Leeuw O S, Gaus koch, *et al*. Rescue of Newcastle disease virus from cloned cDNA: Evidence that cleavability of the fusion protein is a major determinant for virulence [J]. J Virol, 1999, 73 (6): 5001 -5009.

[8] Huang Z H, Krishnamurthy S, Panda A. Newcastle disease virus V protein is associated with viral pathogenesis and functions as an alpha interferon antagonist [J]. J Virol, 2003, 77 (16): 8676 -8685.

[9] M A Mayo. A summary of taxonomic changes recently approved by ICTV [J]. Arch Virol, 2002, 147 (8): 1655 -1663.

[10] 白莲花，钱振超. 新城疫鸡瘟激活的巨噬细胞抗肿瘤转移作用的研究 [J]. 上海免疫学杂志，1994，14 (6): 334 -336.

[11] 白莲花，于春，鲍秋莉，等. 新城疫鸡瘟病毒诱导人黏附性单个核细胞产生一氧化氮与细胞毒性 [J]. 上海免疫学杂志，1998，18 (3): 160 -161.

[12] Krishnamurthy S, Samal S K. Nucleotide sequences of the trailer: nucleocapsid protein gene and intergenic regions of NDV strain Beaudette C and completion of the entire genome sequence [J]. J Gen Virol, 1998, 79 (10): 2419 -2424.

[13] Phillips R J, Samson A C, Emmerson P T. Nucleotide sequence of the 5′-terminus of Newcastle disease virus and assembly of the complete genomic sequence: agreement with the "rule of six" [J]. Arch Virol, 1998, 143 (10): 1993 -2002.

[14] Oberdoerfer A R, Mundt E, Mebatsion T, *et al*. Generation of recombinant lentogenic newcastle disease virus from cDNA [J]. J Gen Virol, 1999, 80 (11): 2987 - 2995.

[15] 黄勇，万洪全，刘红旗，等. 鹅源新城疫病毒 ZJ1 株全基因组的序列测定

[J]. 病毒学报，2003，19（4）：348 – 354.

[16] Peeters B P，Gruijthuijsen Y K，de Leeuw O S，*et al*. Genome replication of Newcastle disease virus：involvement of the rule-of six [J]. Arch Virol，2000，145（9）：1829 – 1845.

[17] Calain P，Roux L. The rule of six，a basic feature for efficient replication of Sendai virus defective interfering RNA [J]. J Virol，1993，67（8）：4822 – 4830.

[18] Kolakofsky D，Pelet T，Garcin D，*et al*. Paramyxovirus RNA synthesis and the requirement for hexamer genome length：the rule of six revisited [J]. J Virol，1998，72（2）：891 – 899.

[19] 刘文博，万洪全，吴艳涛，等. 新城疫标准强毒感染鹅实验 [J]. 中国家禽，2001，23（19）：10 – 11.

[20] Man-Seong P，Megan L S，Munoz-Jordan J，*et al*. Newcastle disease virus（NDV）-based assay demonstrates Interferon-antagonist activity for the NDV V protein and the Nipah virus V，W and C proteins [J]. J Virol，2003，77（2）：1501 – 1511.

[21] Alexander D J. Avian paramyxoviridae-recent developments [J]. Veterinary Microbiology，1990，23（1 – 4）：103 – 114.

[22] Yusoff K，Tan W. Newcastle disease virus：macromolecules and opportunities [J]. Avian pathology，2001，30（1）：439 – 455.

[23] Myers T M，Smallwood S，Moyer S A. Identification of nucleocapsid protein residues required for sendai virus nucleocapsid formation and genome replication [J]. J Gen Virol，1999，80（6）：1383 – 1391.

[24] Kho C L，Tan W S，Yusoff K. Production of the nucleocapsid protein of NDV in Escherichia coli and its assembly into ring-and nucleocapsid-like particles [J]. J Microbiol，2001，39（1）：293 – 299.

[25] Rabu A，Tan W S，Kho C L，*et al*. Chimeric Newcastle disease virus nucleocapsid with parts of viral hemagglutinin-neuraminidase and fusion proteins [J]. Arch Virol，2002，147（1）：211 – 217.

[26] Kho C L，Tan W S，Tey B T，*et al*. NDV nucleocapsid protein：self-assembly and length-determination domains [J]. J Gen Virol，2003，84（8）：2163 – 2168.

[27] McGinnes L，McQuain C，Morrison T . The P protein and non-structural 38 and

29 kDa proteins of Newcastle disease virus are derived from the same opening frame [J]. Virology, 1988, 164 (1): 256 -264.

[28] Hamaguchi M, Yoshida T, Nishikawa K, *et al*. Transcriptive complex of Newcastle disease virus: I. Both L and P proteins are required to constitute an active complex [J]. Virology, 1983, 128 (1): 105 -117.

[29] Bhella D, Ralph A, Murphy L B, *et al*. Significant differences in nucleocapsid morphology within the Paramyxoviridae [J]. J Gen Virol, 2002, 83 (8): 1831 -1839.

[30] Mebtasion T, Verstegen S, de Vaan L T C, *et al*. A recombinant Newcastle disease virus with low-level V protein expression is immunogenic and lacks pathogenecity for chicken embryos [J]. J Virol, 2001, 75 (1): 420 -428.

[31] Park M S, Adoffo G S, Cros J F. Newcastle disease virus V protein is a determinant of host range restriction [J]. J Virol, 2003, 77 (17): 9522 -9532.

[32] Neumann G. EAD response agreement--what does it mean for vets [J]. Aust Vet J, 2002, 80 (7): 398 -400.

[33] Yoshida T, Nagai Y, Maeno K, *et al*. Studies on the role of M protein in assembly using a strains mutant of HVJ (Sendai virus) [J]. J Virol, 1979, 29 (1): 139 -154.

[34] McGinnes L W, Morrison T G. The nucleotide sequence of the gene encoding the Newcastle disease virus membrane protein and comparisons of membrane protein sequences [J]. Virology, 1987, 156 (2): 221 -228.

[35] Collins M S, Bashiruddin J B, Alexander D J. Deduced amino acid sequences at the fusion protein cleavage site of NDV showing variation in antigenicity and pathogenicity [J]. Arch Virol, 1993, 128 (3-4): 363 -370.

[36] Peeples M E. Differential detergent treatment allows immunofluorescent localization of the Newcastle disease virus matrix protein within the nucleus of infected cells [J]. Viology, 1988, 162 (1): 255 -259.

[37] Peeples M E, Wang C, Gupta K C, *et al*. Nuclear entry and nucleolar localization of the Newcastle disease virus (NDV) matrix protein occur early in infection and do not require other NDV proteins [J]. J Virol, 1992, 66 (5): 3263 -3269.

[38] Ogden J, R Pal, R Wager. Mapping regins of the matrix protein of vesicular stomatitis virus that bind riboneucleocapsides, liposomes and monocloned antibod-

ies [J]. J Virol, 1986, 57 (1): 81 -90.

[39] Hernandez L D, Hoffman L R, Wolfsberg T G, *et al.* Virus-cell and cell-cell fusion. Annual Review cellul [J]. Devel Biol, 1996, 12 (1): 627 -661.

[40] ChamNbers P, Millar N S, Platt S G, *et al.* Nucleotide sequence of the gene encoding the matrix protein of Newcastle disease virus [J]. Nucleic Acids Research, 1986, 14 (22): 9051 -9061.

[41] Croizier L, Jousset F X, Veyrunes J C, *et al.* Protein requirements for assembly of virus-like particles of Junonia coenia densovirus in insect cell [J]. J Gen Virol, 2000, 81 (6): 1605 -1613.

[42] Judit J V, Max L N, Stephan M S, *et al.* Reovirus viron-like particles obtained by recoating infectious subvirion particles with baculovirus-expressed σ3 protein: an approach for analying σ3 functions during virus entry [J]. J Virol, 1999, 73 (4): 2963 -2973.

[43] Timothy L T, Rushika P, Richard J K, *et al.* In vitro assembly do Sindbis Virus core-like particles from cross-linked dimers of truncated and mutant caspid proteins [J]. J Virol, 2001, 75 (6): 2810 -2817.

[44] Theresa L, Jose M G. Formation of wide-tipe and chimeric Influenza virus-like particles following simultaneous expression of only four structural protein [J]. J Virol, 2001, 75 (13): 6154 -6165.

[45] Wagner E, Engelhardt Othmar G, Weber F, *et al.* Formation of virus-like particles from cloned cDNAs of Thogotaq virus [J]. J Gen Virol, 2000, 81 (12): 2849 -2853.

[46] 闻晓波. 新城疫病毒样颗粒的构建及其出芽机制的研究 [D]. 北京：中国农业科学院，2006.

[47] Salih O, Omar A R, Ali A M, *et al.* Nucleotide sequence analysis of the F protein gene of a Malaysian velogenic Newcastle disease virus strain AF2240 [J]. J Mole Bio, Biochem&Biophy, 2000, 4 (1): 51 -57.

[48] Kurilla M G, Stone H O, Keene J D. RNA Sequence and transcriptional properties of the 3′ end of the Newcastle disease virus genome [J]. Virology, 1985, 145 (2): 203 -212.

[49] Letellier C, Burny A, Meulemans G. Construction of a pigeonpox virus recombiant: Expression of the Newcastle disease virus fusion glycoprotein and protection of chickens against NDV challenge [J]. Arch virol, 1993, 118 (1):

43 -56.

[50] Abenes G, Kida H, Anagawa R. Antigenic mapping and functional analysis of the F protein of Newcastle disease virus using monoclonal antibodies [J]. Arch Virol, 1986, 90 (1-2): 97 -110.

[51] Buckland R, Wild F. Leucine zipper motif extends [J]. Nature, 1989, 338 (6216): 527 -602.

[52] Chambers P, Pringle C R, Easton A J, *et al*. Heptad repeat sequences are located adjacent to Hydrophobic regions in several types of virus fusion glycoproteins [J]. J Gen Virology, 1990, 71 (12): 3075 -3080.

[53] Ghosh J K, Ovadia M, Shai Y. A leucine zipper motif in the ectodomain of Sendai virus fusion protein assembles in solution and in membranes and specifically binds biologically active peptides and the virus [J]. Biochemistry, 1997, 36 (6): 15451 -15462.

[54] Lambert D M, Barney S, Lambert A L, *et al*. Peptides from conserved regions of paramyxovirns fusion (F) proteins are potent inhibitors of viral fusion [J]. Proc Natl Acad Sci USA, 1996, 93 (5): 2186 -2191.

[55] Weissenhorn W, Dessen A, Calder L J, *et al*. Structural basis for membrane fusion by enveloped viruses [J]. Mol Member Biol, 1999, 16 (1): 3 -9.

[56] Collins M S, Strong I, Alexander D J. Evaluation of the molecular basis of pathogenicity of the variant Newcastle disease viruses termed "pigeon PMV-1 viruses" [J]. Arch Virol, 1994, 134 (3 -4): 403 -411.

[57] McGinnes L, Sergel Theresa, Reitter Julie, *et al*. Carbohydrate Modifications of the NDV Fusion Protein Heptad Repeat Domains Influence Maturation and Fusion Activity [J]. Virology, 2001, 283 (2): 332 -342.

[58] Peisajovich S G, Samuel O, Shai Y. Paramyxovirus F_1 protein has two fusion pepitides: implications for the mechanism of membrane fusion [J]. J Mol Biol, 2000, 296 (5): 1353 -1365.

[59] McGinnes L, Sergel T, Morrison T. Mutations in the transmembrane domain of the HN protein of Newcastle disease virus affect the structure and activity of the protein [J]. Virology, 1993, 196 (1): 101 -110.

[60] Fujii Y, Sakaguchi T, Kiyotani K, *et al*. Comparison of substrate specificities against the fusion glycoprotein of virulent Newcastle disease virus between a chick embryo fibroblast processing protease and mammalian subtilisin like proteases

[J]. Microbiol Immunol, 1999, 43 (2): 133-140.

[61] Huang Z, Elankumaran S, Panda A, *et al*. Role of fusion protein cleavage site in the virulence of Newcastle disease virus [J]. Microb Pathog, 2004, 36 (1): 1-10.

[62] 王志玉，王战勇，于修平. 糖化作用对新城疫病毒 HN 糖蛋白功能的影响 [J]. 病毒学报，2002，18 (2): 155-161.

[63] Toyoda T M, Hamaguchi M, Nagai Y. Detection of polycistronic transcrips in assembly using a strains mutant of HVJ (Sendai virus) [J]. Virology, 1979, 92 (1): 169-154.

[64] Toyoda T, Gotoh B, Sakaguchi T, *et al*. Identification of amino acid reievant three antigennic determinants on the fusion protein of NDV that are involved in fusion inhibition and neutralization [J]. Virology, 1988, 62 (5): 4427-4430.

[65] Morrison T G. Structure and function of a paramyxovirus fusion protein [J]. Biochim Biophys Acta, 2003, 1614 (1): 73-84.

[66] McGinnes L W, Gravel K, Morrison T G. Newcastle disease virus HN protein alters the conformation of the F protein at cell surfaces [J]. J Virol, 2002, 76 (24): 12622-12633.

[67] Chen L, Gorman J J, McKimm Breschkin J, *et al*. The structure of the fusion glycoprotein of Newcastle disease virus suggests a novel paradigm for the molecular mechanism of membrane fusion [J]. Structure, 2001, 9 (3): 255-266.

[68] Yu M, Wang E, Liu Y, *et al*. Six-helix bundle assembly and characterization of heptad repeat regions from the F protein of Newcastle disease virus [J]. J Gen Virol, 2002, 83 (3): 623-629.

[69] Kapczynski D R, Tumpey T M. Development of a virosome vaccine for Newcastle disease virus [J]. Avian Dis, 2003, 47 (3): 578-587.

[70] Millar N S, Chambers P, Emmerson P T. Nucleotide sequence analysis of the hemagglutinin-neuraminidase gene of Newcastle disease virus [J]. J Gen Virol, 1986, 67 (9): 1917-1927.

[71] 王学理，丁壮，左玉柱，等. 鹅源禽副黏病毒 NA-1 株 HN 蛋白基因的克隆与序列分析 [J]. 中国预防兽医学报，2005，27 (1): 18-21.

[72] Sakaguchi T, Toyoda T, Gotoh B, *et al*. Newcastle disease virus evolution I. Multiple lineages defined by sequence variability of the hemagglutinin-neuraminidase gene [J]. Virology, 1989, 169 (2): 260-272.

[73] Collins P L, Mottet G. Homooligomerization of the hemagglutinin-neuraminidase glycoprotein of human parainfluenza virus type 3 occurs before the acquisition of correct intramolecular disulfide bonds and mature immunoreactivity [J]. J Virol, 1991, 65 (5): 2362 -2371.

[74] Mahon P J, Deng R, Mirza A M, *et al.* Cooperative neuraminidase activity in a paramyxovirus [J]. Virology, 1995, 213 (1): 241 -244.

[75] Morrison T, Portner. Structure, function, and intracellular processing of the glycoproteins of paramyxovirdae [M]. In D. Kingsbury (ed.), The paramyxoviruses [M]. New York: 1991, 347 -382.

[76] 曹殿军，刘明，王莉林，等. 新城疫病毒 F48E9 株病毒糖蛋白的功能分析 [J]. 中国兽医学报，1996，16 (6): 534 -539.

[77] Nagai Y, Shimokata K, Yoshida T, *et al.* The spread of a pathogenic and an pathogenic strain of Newcastle disease virus in the chick embryo as depending on the protease sensitivity of the virus glycoproteins [J]. J Gen Virol, 1979, 45 (11): 263 -272.

[78] 丁壮，金宁一，殷震. 新城疫病毒 HN 蛋白及其基因的分子生物学 [J]. 中国兽医科技，1999，29 (8): 17 -21.

[79] McGinnes L W, Morrison T G. Conformationally Sensitive Antigenic Determinants on the HN Glycoprotein of Newcastle Disease Virus Form with Different Kinetics [J]. Virology, 1994, 199 (2): 255 -264.

[80] Crennell S, Takimoto T, Portner A, *et al.* Crystal structure of the multifunctional paramyxovirus hemagglutinin-neuraminidase [J]. Nature structural biology, 2000, (11) 7: 1068 -1074.

[81] Thompson S D, Laver W G, Murti K G, *et al.* Isolation of a biologically active soluble form of the hemagglutinin-neuraminidase protein of Sendai virus [J]. J Virol, 1988, 62 (12): 4653 -4660.

[82] Takimoto T, Taylor G L, Crennell S J, *et al.* Crystallization of Newcastle disease virus hemagglutinin-neuraminidase glycoprotein [J]. Virology, 2000, 270 (1): 208 -214.

[83] Stone Hulslander J, Morrison T G. Mutational analysis of heptad repeats in the membrane proximal region of Newcastle disease virus HN protein [J]. J Virol, 1999, 73 (5): 3630 -3637.

[84] 罗琴芳，杨红卫，蒋慧. NDV HN 蛋白的结构与功能 [J]. 塔里木农垦大学

学报，2002，14（4）：37－42.

[85] Mcginnes L W，Morrison T G. The role of the individual cysteine residues in the formation of the mature，antigenic HN protein of Newcastle disease virus [J]. Virology，1994，200（2）：470－483.

[86] Connaris H，Takimoto T，Russell R，*et al*. Probing the Sialic acid binding site of the hemagglutinin-neuraminidase of Newcastle disease virus：idetification of key amininon acids involved in cell binding，catalysis and fusion [J]. J Virol，2002，76（4）：1816－2824.

[87] James J Pitt，Elizabeth Da Silva，Jeffrey J Gorman. Determination of the disulfide bond arrangement of newcastle disease virus hemagglutinin-neuraminidase [J]. J Bio Chemi，2000，275（9）：6469－6478.

[88] Colman P M，Tulloch P A，Baker A T，*et al*. Three-dimensional structures of influenza virus neuraminidase-antibody complexes [J]. Philos Trans R Soc Lond B Biol Sci，1989，323（1217）：511－518.

[89] 李太元，殷震，金宁一，等. 新城疫病毒 $F_{48}E_8$ 株 HN 基因在杆状病毒系统中表达 [J]. 中国生物制品学杂志，2002，15（6）：334－336.

[90] Seal B S，King D J，Sellers H S. The avian response to Newcastle disease virus [J]. Dev Comp Immunol，2000，24（2－3）：257－268.

[91] Iorio R M，Glickman R L，Sheehan J P. Inhibition of fusion by neutralizing monoclonal antibodies to the hemagglutinin neuraminidase glycoprotein of Newcastle disease virus [J]. J Gen Virol，1992，73（5）：1167－1176.

[92] Nishio M，Tsurodome M，Kawano M，*et al*. Interaction between the nucleocapsid protein（NP）and phosphoprotein（P）of human parainfluenza virus type 2：one of the two NP binding sites on P is essential for granule formation [J]. J Gen Virol，1996，77（10）：2457－2463.

[93] Banerjee A K. The transcription complex of vesicular stomatitis virus [J]. Cell，1987，48（3）：363－364.

[94] Hunt D M，Mehta R，Hutchinson K L，*et al*. The L protein of vesicular stomatitis virus modulates the response of the polyadenylic acid polymerase to S-adenosylhomocysteine [J]. J Gen Virol，1988，69（10）：2555－2561.

[95] Liu X F，Tan H Q，Xi X X，*et al*. Pathotypical and genotypical characterization of strains of Newcastle Disease virus isolated from outbreaks in chicken and goose in some regions of China during 1985－2001 [J]. Arch Virol，2003，148

(7): 1387 - 1403.

[96] Aldous E W, Alexander D J. Detection and differentiation of Newcastle disease virus (avian paramyxovirus type 1) [J]. Avian Pathol, 2001, 30 (2): 117 - 128.

[97] 吴艳涛, 倪雪霞, 万洪全, 等. 我国不同地区动物来源新城疫病毒的分了流行病学究 [J]. 病毒学报, 2002, 18 (3): 264 - 269.

[98] 曹殿军, 郭鑫, 梁荣, 等. 我国部分地区 NDV 的分了流行病学研究 [J]. 中国预防兽医学报, 2001, 23 (1): 29 - 32.

[99] 秦智锋, 贺东生, 吴红专, 等. 华南地区三株新城疫地方强毒株的序列测定及其系统发育分析 [J]. 畜牧曾医学报, 2003, 34 (1): 67 - 71.

[100] 田夫林, 陈静, 马惠玲, 等. 10 株新城疫分离株 F 基因的克隆及遗传变异分析 [J]. 中国预防兽医学报, 2004, 26 (1): 28 - 31.

[101] 刘文斌, 崔尚金, 李秀云, 等. 新城疫分离株 APMV 1/ chicken/China/JL-11/ 02 的致病性研究 [J]. 中国兽医杂志, 2005, 41 (5): 8 - 9.

[102] 赵宝华, 万晓星. 关于鹅副黏病毒病的诊治报告 [J]. 中国动物保健, 2003, 5 (9): 45 - 46.

[103] 崔治中. 我国家禽新城疫流行现状 [J]. 中国家禽, 2002, 24 (4): 4 - 6.

[104] 刘光磊, 王宝维. 我国鹅副黏病毒病的研究进展 [J]. 山东家禽, 2003, 25 (4): 39 - 41.

[105] 陈金顶, 廖明, 辛朝安. 鹅 I 型禽副黏病毒 GPMV/ QY97-1 株 HN 基因的克隆和序列分析 [J]. 病毒学报, 2003, 19 (4): 355 - 359.

[106] 王学理, 武迎红, 龚团莲, 等. 鹅副黏病毒病的研究进展 [J]. 吉林畜牧兽医, 2005, 27 (5): 14 - 19.

[107] 万洪全, 吴力力, 王宝安, 等. 雏鹅实验性副黏病毒病的临诊症状及病理变化研究 [J]. 畜牧兽医学报, 2002, 33 (1): 89 - 92.

[108] 丁壮, 王承宇, 向华, 等. 鹅副黏病毒分离株生物学特性的研究 [J]. 中国预防兽医学报, 2002, 24 (5): 390 - 392.

[109] 邵向群, 李瑛, 张永生, 等. 鹅副黏病毒病调查及防治效果观察 [J]. 中国兽医杂志, 2000, 26 (11): 26.

[110] 万洪全, 姜连连, 吴力力, 等. 鹅副黏病毒的组织嗜性. 中国兽医学报, 2001, 21 (6): 549 - 550.

[111] 邹键, 单松华, 姚龙涛, 等. 鹅副黏病毒 SF02 F 基因的序列分析及 SF02

的多重 RT-PCR 鉴别 [J]. 生物化学与生物物理学报，2002，34 (4)：439－444.

[112] 赵文华，朱建波，姚龙涛，等. 鹅副黏病毒 HN 基因的克隆与序列分 [J]. 中国兽医科技，2002，32 (2)：10－13.

[113] 刘华雷，王永坤，严维巍，等. 鹅副黏病毒 F 蛋白基因的克隆和序列分析 [J]. 江苏农业研究，2000，21 (3)：46－49.

[114] 严维巍，王永坤，田慧芳，等. 一株鸡副黏病毒的分子特性研究 [J]. 扬州大学学报（自然科学版），2000，3 (1)：27－31.

[115] 王学理，武迎红，丁壮. 鹅源禽副黏病毒 NA-1 株生物学特性的研究 [J]. 吉林农业大学学报，2006，28 (1)：93－97.

[116] Seal B S, King D J, Bennett J D, *et al*. Characterization of Newcastle disease virus isolates by reverse transcription PCR coupled to direct nucleotide sequencing and development of sequence database for pathotype prediction and molecular epidemiological analysis [J]. J Clin Microbiol, 1995, 33 (10): 2624－2630.

[117] Seal B S, King D J, Locke D P, *et a*1. Phylogenetic relationships among highly virulent Newcastle disease virus isolates obtained from exotic birds and poultry from 1989 to 1996 [J]. J C1in Microbiol, 1998, 36 (4): 1141－1145.

[118] Lomniczi B, Wehmann E, Herczeg J, *et al*. Newcastle disease outbreaks in recent years in western Europe were caused by an old (VI) and a novel genotype (VII) [J]. Arch Virol, 1998, 143 (1): 49－64.

[119] Russell P H, Alexander D J. Antigenic variation of Newcastle disease virus strains detected by monoclonal antibodies [J]. Arch Virol, 1983, 75 (4): 243－253.

[120] Delta Porta A J, Spencer T. Newcastle disease [J]. Aust Vet J, 1989, 66 (12): 424－426.

[121] Alexander D J, *et al*. Newcastle disease outbreak in pheasants in Great Britain in May 1996 [J]. Vet Rec, 1997, 140 (1): 20－22.

[122] Ishida M, *et al*. Characterization of reference strains of Newcastle disease virus (NDV) and NDV like isolates by monoclonal antibodies to HN subunits [J]. Arch Virol, 1985, 85 (1－2): 109－121.

[123] Lana D P, *et al*. Characterization of a battery of monoclonal antibodies for differentiation of Newcastle disease virus and pigeon paramyxovirus-I strains [J].

Avian Dis, 1988, 32 (2): 273 -281.

[124] Long L. Monoclonal antibodies to hemagglutinin-neuraminidase and fusion glycoproteins of Newcastle disease virus: relationship between glycosylation and reactivity [J]. J Virol, 1986, 57 (3): 1198 -1202.

[125] Srinivasappa G B, *et al*. Isolation of a monoclonal antibody with specificity for commonly employed vaccine strains of Newcastle disease virus [J]. Avian Disease, 1986, 30 (3): 562 -567.

[126] Ballagi Pordany A, *et al*. Identification and grouping of Newcastle disease virus strains by restriction site analysis of a region from the F gene [J]. Arch Virol, 1996, 141 (2): 243 -261.

[127] Toyoda T, Sakaguchi T, Hirota H, *et al*. Newcastle disease virus evolution II. Lack of gene recombination in generating virulent and avirulent strains [J]. Virology, 1989, 169 (2): 273 -282.

[128] Seal B S. Analysis of matrix protein gene nucleotide sequence diverity among Newcastle disease virus isolates demonstrates that recent disease outbreaks are caused by virus of psittacine origin [J]. Virus Genes, 1996, 11 (1): 217 -224.

[129] Seal B S, King D J, Bennet J S. Characterization of NDV isolates by reverse transcriptive PCR coupled of sequence database for pathotype prediction and molecular epidemiogical analysis [J]. J Clin Microbiol, 1995, 33 (10): 2634 -2640.

[130] Yang C Y, Chang P C, Hwang J M, *et al*. Nucleotide sequence and phylogenetic analysis of Newcastle disease virus isolates from recent outbreaks in Taiwan [J]. Avian Disease, 1997, 41 (1): 365 -373.

[131] Herczeg J E, Wehmann R R, Bragg P M, *et a*1. Two novel genetic groups (Ⅶb and Ⅷ esponsible for recent Newcastle disease outbreaks in Southern Africa, one, Ⅶb) of which reached Southern Europe [J]. Arch Virol, 1999, 144 (11): 2087 -2099.

[132] 尹燕博，龚振华，孙承英，等. 35 株不同来源的新城疫病毒（NDV）分离株 F-糖蛋白基因序列测定和基因型研究［C］. 中国畜牧兽医学会禽病学分会第十一次学术研讨会论文集. 成都：2002，26 -30.

[133] 王学理，武迎红，陈丽艳，等. 鹅源禽副黏病毒 NA-1 株 HN 蛋白的遗传变异研究［J］. 中国预防兽医学报，2006，28（5）：530 -534.

第三部分　反向遗传操作在新城疫病毒中的应用

新城疫（Newcastle disease，ND）是由新城疫病毒（Newcastle disease virus，NDV）引起多种禽类发生高度死亡的一种急性传染病。新城疫病毒（NDV）属于副黏病毒科禽腮腺炎病毒属，是负链 RNA，全长为 15 186 nt 或 15 192 nt。包含 6 个基因，基因的排列方式为 3′ - NP - P - M - F - HN - L - 5′，分别编码 6 个蛋白质（核衣壳蛋白、磷蛋白、膜蛋白、融合蛋白、血凝素蛋白 - 神经氨酸酶蛋白和大分子蛋白）。在 P 基因的转录过程中会出现 RNA 的编辑现象，因而可能会产生额外的蛋白质（V 蛋白及 W 蛋白）。NDV 从致病性分为缓发型、中发型和速发型 3 种。速发型 NDV 经常导致鸡群毁灭，给养禽业造成巨大的损失。目前弱毒苗和灭活苗都存在严重的不足，此外，这两种疫苗的应用往往造成临床上不能区分免疫鸡群和自然感染鸡群。

反向遗传操作技术（ Reverse genetics）与经典的从表型改变到进行基因特征研究的思路相反，是指通过构建 RNA 病毒的感染性分子克隆，在病毒 cDNA 分子水平上对其进行体外人工操作，也被称为“病毒拯救（ The Rescue of Virus）”。具体是指在获得生物体基因组全部序列的基础上，通过对靶基因进行必要的加工和修饰，如定点突变、基因插入或缺失、基因置换等，再按组成顺序构建含生物体必需元件的修饰基因组，让其装配出具有生命活性的个体，以此来研究生物体基因组的结构与功能，以及这些修饰可能对生物体的表型、性状有何种影响等方面的内容。由于可以产生经过人工操作基因后的病毒，因此在病毒的生活周期、基因功能、致病机理、疫苗构建和病毒载体等方面而具有良好的应用前景。目前已经获得了许多负链 RNA 病毒感染性分子克隆，如狂犬病病毒、水泡性口炎病毒、麻疹病毒、仙台病毒、埃博拉病毒、呼吸道合胞体病毒、人副黏病毒 1 型、2 型和 3 型、牛副黏病毒 3 型、传染性猴病毒 5 型、犬瘟热病毒和新城疫病毒等。新城疫病毒的拯救成功，开辟了新城疫病毒研究的新视野，吸引了众多科研人员的关注，使对新城疫等病更好的预防和控制变为可能，现将 NDV 病毒在反向遗传操作方面的研究进展综述如下。

1　NDV 分子感染性克隆的构建

Peeters 等首次采用稳定表达 T7RNA 聚合酶的重组禽痘病毒感染 CEF 细胞、QM5 细胞构建了 NDV La Sota 株的感染性分了克隆。

荷兰科学家 Romer Oberdorfer 等同年利用反向遗传操作技术构建了 NDV Clone 30 株的感染性分子克隆。将 NDV cDNA 置于噬菌体 T7 聚合酶启动子之下，并且为了保证 cDNA 转录 RNA 后可以自我切割，在 cDNA 的下游连接一段 ε-肝炎病毒可以自我切割的核酶序列、与表达 NP、P、L 基因的质粒共同转染到稳定表达 T7 RNA 聚合酶的 BHK21 细胞中，通过将转染上清液接种到鸡胚尿囊腔内来进行增殖所构建的病毒粒子。为了能和亲本病毒相区别，人工引入了两个 Mu I 酶切位点作为遗传标记，通过 PCR 检测就能将构建的病毒和亲本病毒相区分。通过 ICPI 实验，证实构建的病毒具有亲本病毒的特性。

Krishnamurthy 等采用痘苗病毒体系构建了 NDV Beaudette C 株的感染性分了克隆。

Nakaya 等人于 2001 年构建了疫苗株 NDV Hitcnner B1 的感染性分子克隆。构建的流感病毒血凝素重组病毒可以诱导良好的体液免疫效应，能够抵御致死剂量流感病毒对小鼠的攻击。

刘玉良等人采用稳定表达 T7 RNA 聚合酶的 BSR-T7/5 细胞，用 ZJ1 株鹅源新城疫强毒株的 3 个辅助质粒和其全基因组 cDNA 克隆进行共转染经多次摸索均不能拯救出野生型 NDV，而同时换用 NDV La Sota 毒株的 3 个表达载体克隆与 ZJ1 株 NDV cDNA 克隆进行共转染却拯救出有血凝性的 NDV，质粒共转染细胞后在鸡胚上传两代即能检测到病毒，传至第三代时血凝效价上升到与野生型病毒（ZJ1 毒株）一样。目前对其原因尚不知，有待于对此进行更深入的探讨和研究。

2　结构和功能的关系

病毒的结构和功能有着密切、必然的联系。在 NDV cDNA 分子水平上对其进行加工和修饰，可以分析 NDV 致病的毒力蛋白，从而有助于阐明 NDV 的致病机制。利用 NDV 结构蛋白多肽指纹图谱分析表明，所有毒株内部蛋白分子结构都一样，而外部蛋白的氨基酸却存在着差异，并且毒力差异越大，其外部蛋白氨基酸差异越明显。NDV 的毒力主要由 F 蛋白决定，所有 NDV F 蛋白首先被合成具有相同长度（553 个氨基酸残基）的无活性的前体 F_0，单链 F_0 蛋白裂解形成

以二硫键连接的 F_1 和 F_2 多肽组成的具有生物学活性的 F 蛋白。激活 F 蛋白融合活性的先决条件是一个特异的裂解修饰过程，即由宿主细胞的内蛋白酶和 β-羧肽酶的连续作用拆除精氨酸，内蛋白酶在酶切位点切开肽链，存在的氨基酸残基由肽键端解酶、β-羧肽酶拆除。对 NDV 强毒株来说，F_0 可被多种蛋白酶修饰，这一过程可在许多器官组织的不同类型细胞的高尔基体中进行；而弱毒株的 F 蛋白只能被胰酶样酶修饰，故仅限于在上呼吸道和肠道细胞中进行。所有强毒株裂解区的 112 ~ 117 位氨基酸残基为^{112}Lys/Arg -Arg- Gln-Lys/Arg-Arg-Phe^{117}（^{112}K/RRQR（K）RF^{117}），弱毒株的相应区为^{112}Gly-Arg/Lys-Gln-Gly/ Ser-Arg -Leu^{117}（^{112}GR（K）QGRL^{117}）。F_0 两种情况都是在 117 位前裂解开的，裂解区中碱性氨基酸的数量决定 F_0 蛋白的裂解能力，要使 F_0 有效裂解，该区域至少要有一对碱性氨基酸，且碱性氨基酸数目越多对多种蛋白酶的修饰就越敏感，从而促进或增强裂解。强毒株 F 蛋白裂解区具有被 Q 分开的两对碱性氨基酸，因而能在多种细胞中被裂解开，使子代病毒粒子保持高度的膜融合活性和感染性，弱毒株由于缺少成对的碱性氨基酸，其 F_0 不易发生裂解，以非活性前体蛋白的形式组装于子代病毒粒子中，没有膜融合活性，感染性很低。此外，117 位氨基酸残基也与 F 蛋白的活性有关，强毒株在该位点为芳香族苯丙氨酸（F），而弱毒株为脂肪族亮氨酸（L），强毒株中的 F 并不是融合所必需的，但弱毒株 L 却能抑制裂解。

Peeters 等在构建 La Sota 感染性分子克隆时，将 cDNA 的 6 个核苷酸进行修饰，把 La Sota F_0 裂解位点的氨基酸的序列（GGRQORL/ L）变为强毒株 F_0 蛋白裂解位点的氨基酸序列（GGRQORR/ F）。通过 ICPI 检测其致病性，结果是未被修饰的 La Sota 株无毒力（ICPI = 0.00），而经过修饰的 La Sota 株的致病力显著提高（ICPI = 1.28）。de Leeuw O S 等将通过反向遗传技术获得的 5 株 F_0 裂解位点突变株，脑内接种 1 日龄鸡后，所有突变株均由无毒力株变为强毒力株。以上实验结果进一步证明了 F_0 蛋白的裂解能力是决定 NDV 毒力的重要因素，修改 NDV F_0 蛋白裂解位点可以显著改变 NDV 的毒力。

Panda A 等在运用反向遗传技术验证 F 蛋白切割位点作用的基础上，将 La Sota 株 F 蛋白切割位点的氨基酸序列 G-R-Q-G-R 突变为 R-R-Q-K-R，即 Beaudette C 株 F 蛋白切割位点的氨基酸序列。突变毒株 LaSotaV. F. 在感染性的细胞培养中不需要外源性蛋白酶，表明 F 蛋白被细胞内蛋白酶所裂解。通过 ICPI 检测其致病性，结果是未被修饰的 La Sota 株无毒力（ICPI = 0.00），而 La Sota V. F. 株的致病力显著提高（ICPI = 1.12），但 La Sota V. F. 株的 ICPI 值小于 Beaudette C 株 ICPI 值（ICPI = 1.58）。有趣的是，LaSota 和 LaSota V. F. 株的 IVPI 值均为0.00，而 Beaudette C 株 IVPI 值为1.45。同时，在体外病毒的特性也被研究。最终结果表明，F 蛋白裂解效力是至关重要的。

NDV 的 P 基因有自我编辑的功能，可以在其基因一段保守的序列 UUUUUC-CC 添加一个或两个 G，形成移码突变，所以 P 基因的 mRNA 编码 P、V（一位移码突变）、W（两位移码突变）3 种蛋白，这 3 种蛋白拥有相同的末端但其长度和氨基酸组成不同。在野生病毒中，P、V、W 蛋白产生的频率为 68%、29% 和 2%。这 3 种 P 基因产物中，P 蛋白是病毒 RNA 的最基本组成成分，可以和 NP、L 蛋白组成有活性的反转录复合物。目前对于 P 基因编辑产生的 V 和 W 蛋白功能了解很少。Mebatsion 等（2001）采用反向遗传技术，在 C1one30 的感染性分子克隆上构建 3 种突变株：将 NDV P 基因保守序列 UUUUUCCC 突变为 UU-CUUCCC；在 V 区缺失 6 个碱基和在 V 区加入终止密码子，最后得到 P 基因编辑缺损的病毒粒子分别命名为 NDVP1，NDVΔ6 和 NDV-Vstop。NDVΔ6，NDV-Vstop 中的突变可以导致 V 蛋白的产生彻底停止，在 6 日龄鸡胚生长严重受阻，而且在 9～11 日龄鸡胚不能生长。NDVPl 相反，免疫荧光实验结果表明 V 蛋白产生频率低于 2%，V 蛋白的表达下降 20 倍。虽然病毒的产量比亲本毒低 100 倍，但可以在鸡胚上生长。所有的结果表明 V 蛋白起着双重的作用，对病毒的复制是必需的，而且与病毒的毒力有关。

用 NDVP1 接种 18 日龄的鸡胚孵化率可高达 93%，几乎不影响鸡胚的孵化率，而且孵出的小鸡含有高滴度的 NDV 抗体，可以抵抗 NDV 强毒的攻击，对 SPF 鸡保护率为 100%，对含有母源抗体的商品鸡的保护率达到 85%。目前由于 ND 的活苗易造成高死亡率和低孵化率而不适用于卵内免疫，因此可采用反向遗传操作技术降低 V 蛋白的表达而不丧失病毒的免疫原性，来制备安全、高效的 ND 卵内免疫疫苗。

NDV P 基因 mRNA 的 120 位保守的核苷酸 AUG 为 P 基因 RNA 编辑产生的所谓的 X 蛋白的起始密码，Peeters 等将其突变为 GCC 或 GUC，发现拯救出的病毒可存活生长但毒力下降，推测可能以上突变影响了 P 和/或 V 蛋白的功能，并且，利用单抗检测后证明在 NDV 感染的细胞上检测不到 X 辅助蛋白，表明 X 蛋白可能不是由 P 基因编码。

在 NDV 的 HN 基因的功能研究上，Roemer-Oberdoerfer A 等利用反向遗传操作技术，证实 HN 蛋白基因的不同长度与 NDV 的毒力和致病性有着非常重要的关系。Huang Z H 等将重组 NDV 强毒株 rBeaudette 与重组无毒株 rLa Sota 的 HN 基因在 cDNA 克隆上进行交换，利用病毒拯救技术分别产生两种嵌合病毒，将拯救出的病毒进行细胞生长特性试验、神经氨酸酶（NA）试验、血吸附（HAd）试验、融合指数试验及对鸡的致病性等试验，同时以野生型病毒做对照，结果表明：HN 基因对病毒在体外的生长、感染过程中的吸附和 NA 功能，特别是在病毒的毒力和致病性及组织嗜性等方面具有非常重要的作用。de Leeuw O S 等也发现，众多 F 蛋白切割位点一致的 NDV 在毒力方面仍旧存在差异。例如，具有 F 蛋白切割位点[112]R RQRRF[117]的野生强毒株 Herts/33 的 ICPI 为 1. 88，而具有同样切割位点的 NDFLtag 株 ICPI 却为 1. 28，这表明了在毒力方面还有别的因素制约。产生 Herts/33（FL-Herts）的感染性克隆后，通过互换 FL-Herts 和 NDFLtag 的序列能够确定另外的决定毒力的因素。实验结果表明，除了 F 蛋白切割位点外，HN 蛋白也是决定毒力的重要因素。静脉接种后，HN 蛋白在毒力方面的影响是显著的，尤其是 HN 蛋白的茎状区、球状区在决定病毒毒力方面起着一定的作用。Panda A 等对新城疫病毒 HN 蛋白 4 个 N-糖基化（G1、G2、G3、G4）在致病性方面进行了研究。N-糖基化位点 G1-G4 分别位于 119、341、433、481 氨基酸位点处，在中等毒力 NDV Beaudette C 株 cDNA 上以定向诱变的方法逐一对 N-糖基化位点进行消除，通过删除 119 和 341 位氨基酸产生双重突变株 G12。运用反向遗传技术，产生 HN 蛋白突变体的重组病毒。G4 和 G12 突变体病毒和亲代病毒比较，病毒复制非常缓慢，糖基化的缺失不会影响 HN 蛋白的受体识别。G4 和 G12 突变体病毒的神经氨酸酶活性及 G4 突变体病毒融合活性比亲本病毒低，G12 突变体病毒融合活性比亲本病毒活性高，G4 突变体病毒 HN 蛋白的细胞表面表达比亲本病毒低。用单抗检测突变体的抗原反应性，G1、G3、G12 突变体病毒增加了抗原基的形成，G2、G4 突变体病毒减少了抗原基的形成。在毒力方面，所有突变体病毒的毒力均比亲本病毒 Beaudette C 株弱，其中 G4、G12 突变体病毒毒力最弱。因此，新城疫病毒的 HN 蛋白也是重要的病毒毒力决定因素。

3　制备标记疫苗

自 1940 年起世界各国均在使用各种新城疫疫苗来预防 ND，但到目前为止，该病的发生仍未得到满意的控制。弱毒苗和灭活苗都存在严重的不足，此外，这两种疫苗的应用往往造成临床上不能区分免疫鸡群和自然感染鸡群。使用带有遗传标记的基因工程 ND 疫苗，就可以通过 PCR 技术、血清学等方法将疫苗接种的动物和野毒感染的动物相区分。

Peeters 等通过反向遗传操作构建了 NDV 感染性分子克隆，在此基础上改造 HN 基因，构建嵌合病毒。他用一个含有 NDV HN 的胞浆区、跨膜区、基质区和禽 4 型副黏病毒 HN 基因的免疫原性球状区的 HN 基因取代 La Sota 相应的 HN 基因，构建含有嵌合 HN 的 NDV 重组子。致病性试验显示出重组子是无毒力的

(ICPI=0.00)；获得的重组NDV失去血凝活性，但生长活性不受影响。用嵌合NDV接种4周龄的SPF鸡，完全可以保护免疫鸡抵抗强毒的攻击。同时用酵母表达未改造的HN蛋白建立鉴别诊断的血清学方法，可以将重组疫苗免疫的动物和NDV自然感染的动物加以区分。F蛋白产生的抗体比针对HN蛋白产生抗体的中和活性大，说明嵌合NDV主要诱发对F蛋白的抗体，抗F蛋白的抗体具有很好的NDV中和作用，可以完全保护鸡抵抗NDV强毒攻击，因此改造HN不影响疫苗的效果。

基于RNA的转录、复制及包装，新城疫病毒NP蛋白首要的功能是使病毒基因组衣壳化。这个保守的多功能蛋白也能够对雏鸡诱导特异性的抗体。NP蛋白的447~455位间的氨基酸，是一个保守的B细胞优势免疫抗原表位，Mebatsion T等运用反向遗传学成功获得了缺乏NP基因优势免疫抗原表位（IDE）的NDV。尽管删除了包括NP-IDE在内的443~460位间的氨基酸，突变株NDV在SPF胚中增殖能够获得和亲本病毒一样高的滴度。另外，鼠肝炎病毒（MHV）S2糖蛋白的一个B细胞抗原表位插入到NP蛋白中来替代NP-IDE，表达MHV的重组病毒被成功的生成，用重组病毒免疫的雏鸡能够产生鼠肝炎病毒（MHV）S2糖蛋白的特异性抗体。因此，在NP基因的可突变区插入保护性表位构建标记疫苗，有助于在临床上对NDV进行鉴别诊断。

4　构建表达外源基因的重组病毒

NDV可以作为载体用来表达外源基因，因为其与同源的RNA病毒不发生重组、复制时不会和细胞DNA发生整合，具有良好的安全性、稳定性；易增殖，适合大规模生产；弱毒疫苗对人和动物无致病性；免疫接种途径简单；能够使动物机体诱导产生良好的体液免疫、黏膜免疫及局部免疫。因此，NDV可作为载体已引起众多学者的关注。

Krishnamurthy等（2000年）采用表达T7 RNA聚合酶的痘苗病毒感染体系构建了一株来源于Beaudette C株NDV的感染性分子克隆，获得的病毒具有与亲本病毒相同的特性。利用这个系统，将氯霉素乙酰转移酶（CAT）的基因插入到NDV基因组HN和L基因之间，CAT两边包含NDV编码基因的起始和终止信号，在插入CAT基因时，严格的遵守六碱基原则，最后获得表达CAT的重组NDV。在没有检测到任何重组体基因损失的情况下，获得的重组病毒在传代8次后可以稳定表达CAT，但获得的重组病毒表达CAT量很低，产生的蚀斑小，是亲本病毒产生蚀斑直径的一半。复制能力下降，而且高度致弱。Huang Z等于

2001 年对此进行改进，在建立 La Sota 感染性分子克隆的基础上，将 CAT 基因插入到最接近 NDV 基因组 NP 基因开放阅读框架（ORF）的 3′端。获得的重组 NDV 传代 3 次后即可检测到 CAT 活性，12 代后可稳定并且高水平表达 CAT，而且重组 NDV 的复制力和病原性没有显著改变，对天然宿主的致病力也没有改变。这说明 CAT 插入区域的不同会直接影响其表达水平以及重组病毒的复制力和病原性。

Nakaya 等将流感病毒 HA 基因插入到 Hitchner B1 株 NDV P 基因 5′端的终止序列之前的非编码区中，构建出重组病毒 rNDV/B1-HA。试验显示即使在较低的重组病毒感染量的情况下，HA 蛋白也能通过 SPF 鸡胚稳定表达 10 代以上，并且重组病毒已经致弱。动物实验显示重组的 rNDV/ B1-HA 对小鼠没有毒性，小鼠免疫 rNDV/B1-HA 后，能检测到针对流感病毒 HA 的高滴度抗体。在二次免疫后 2 周，用 $100L_{50}$的流感病毒鼻腔内注射攻毒，发现免疫小鼠均能抗致死剂量的流感病毒的攻击。显示这类重组 NDV 可以作为哺乳动物和禽类的安全有效的疫苗株。Jutta Veits 等构建了表达禽流感病毒（Avian influenza viruses，AIV）H5 亚型血凝素的新城疫病毒。在 Clone 30 株 NDV F 基因和 HN 基因间插入高致病性禽流感 A/chicken/Italy/8/98 株（H5N2 型）HA 的 ORF，值得注意的是，两种 HA 转录本在用 NDVH5 感染的细胞中均被检测到。NDVH5m，即在 NDVH5 的基础上 NDV HA ORF 内的转录终止信号通过沉默突变被消除所产生的重组毒株。试验结果表明，与 NDVH5 进行对照，NDVH5m 产生了 2. 7 倍的全长 HA 转录本，表达了较高水平的 HA，同时也使较多的 HA 蛋白进入病毒外膜。1 日龄雏鸡脑内接种后，两种重组病毒均无毒。用 NDVH5m 免疫雏鸡后，再分别用致死剂量的 velogenic 型 NDV 或高致病性 AIV 进行攻毒，发现用 NDVH5m 诱导的 NDV 抗体和 AIV 抗体对雏鸡有很好的保护率，异常的是流感病毒的脱落没有被观测到。此外，用 NDVH5m 免疫接种在血清学上可将禽流感疫苗接种产生的抗体与野毒感染产生的 NP 蛋白抗体相区别。因此，重组体 NDVH5m 可作为一个非常合适的二价疫苗候选毒株。另外，Park 等将 AIV H7 血凝素的外功能区插入到 NDV 中，通过反向遗传技术产生重组新城疫病毒，用重组新城疫病毒免疫雏鸡，免疫后的雏鸡可以完全抵抗 NDV 强毒的攻击，对 H7N7 高致病性 AIV 也有 90% 的保护率。

外源基因插入到基因组 cDNA 克隆的不同位置其表达量可能有所不同，且对重组病毒的复制等影响也不同。Zhao 等将编码人分泌型碱性磷酸酶（SEAP）的报告基因作为外源基因分别插入到 NDV 基因组的 NP-P、M-F、HN-L 基因间隔区和 L 基因之后，构建出 8 个重组病毒（其中 4 个以无毒力 NDV 毒株为基础构建，

4 个以 NDV 强毒株为基础构建)，以检验 NDV 是否可以作为基因治疗及外源基因的表达载体。结果表明，外源基因插入到不同位置均可影响重组病毒的复制，尤其是插入到 NP 与 P 基因之间，病毒复制起始的时间推迟最明显；除 SEAP 基因插入到全长克隆中 L 基因之后外，其他重组病毒在细胞和鸡胚上均可有效地表达 SEAP。这为以 NDV 为疫苗载体，插入一个或多个外源基因，构建多价疫苗提供了更多的插入位点的选择。

Engel-Herbert 等将 GFP 基因插入到 NDV 基因组的 F-HN 基因间隔区构建重组病毒。重组病毒感染细胞后能观察到明显的 GFP 活性，并且 GFP 至少可以在鸡胚稳定表达 5 代以上，而且重组病毒与野生型病毒在鸡胚上的复制曲线及对雏鸡的致病力没有明显的差别。重组病毒脑内接种 1 日龄的雏鸡，ICPI 是 0.0，与亲本的一致，说明 GFP 的插入并没有明显影响其毒力，尸体剖检没有发现任何损伤，而在接种后 1 ~4d 内可以检测到强烈的自发荧光，荧光的强度在感染 5 d 后明显的减弱。令人感兴趣的是通过眼鼻途径接种时，只有在接种后的第 1 天才能在脑内检测到自发荧光，脑内接种、眼鼻接种重组病毒后均可在气管检测到自发荧光；病毒的分离与自发荧光的检测结果相一致，并且 GFP 在器官中的自发荧光要比免疫荧光更敏感。利用 GFP 的自发荧光，可以容易地在器官和组织中发现感染的细胞。使用重组病毒可以更清楚的了解 NDV 在体内的分布和致病性等，从而该试验显示 NDV 可以作为一个有潜力的疫苗载体。

Nakaya Y 等通过反向遗传技术，将猴免疫缺陷症病毒（Simian immunodeficiency virus，SIV）的 Gag 蛋白在 NDV 中进行了表达，发现拯救的重组病毒可诱导针对 Gag 蛋白的特异性细胞免疫反应。进一步研究发现，当用表达 SIV Gag 蛋白免疫原部分的重组 AIV 加强免疫后，则激发更强的免疫反应，表明重组的 NDV 或 AIV 可作为预防爱滋病（AIDS）或其他传染病的后选疫苗。

IBD 活疫苗的应用常会产生变异株，Huang Z H 等将 IBDV 的宿主保护性抗原蛋白 VP2 基因插入到 NDV La Sota 株全长 cDNA 克隆的 3′端，拯救出能有效表达 VP2 蛋白的重组病毒 La Sota/ VP2，该重组病毒在鸡胚上连续传 12 代均可保持遗传性状的稳定及表达 VP2 蛋白，且 VP2 蛋白不整合到重组病毒粒子中；用 La Sota/ VP2 免疫 2 日龄 SPF 鸡 3 周后，用 NDV 高毒力株 Texas GB 及 IBDV 变异株 GS-5 攻击，均可产生 90% 以上的保护，而加强免疫后均能产生完全保护，这对鸡的两种重要传染病新型二联疫苗的研制及对这两种病的预防有着深远的意义。

5　其他作用

通过反向遗传操作，将合适的抗体和膜融合蛋白整合到病毒蛋白上，可利用拯救出的病毒来杀死癌细胞进行基因治疗。许多 RNA 病毒不经过遗传改造本身就有很好的溶瘤细胞活性，如腮腺炎病毒（Mumps virus），NDV，MV，VSV 等，其中 NDV 的抗肿瘤试验已进入 III 期临床阶段，而 MV 的抗肿瘤实验正准备进入 I 期临床阶段。Bian H 等证明通过运用插入有 EGFP 的 NDV 可作为载体，将双特异性融合蛋白 α- HN-IL-2 靶向到 IL-2 受体阳性肿瘤细胞。在活体内用修饰的病毒感染鼠淋巴瘤细胞致使 EGFP 在 IL-2 受体阳性肿瘤细胞中表达。瘤内注射 α-HN-IL-2 重组 NDV 24h 后，运用直接荧光显微技术和免疫组织学方法观察，结果在阳性肿瘤组织中病毒的复制导致高水平 EGFP 的表达，而在 IL-2 受体阴性肿瘤细胞中表达量较低。实时定量 RT-PCR 检测 EGFP mRNA，进一步证实了 EGFP 在 IL-2 受体阳性肿瘤细胞中的表达。EGFP 分布研究表明，在肝脏、脾脏、肾脏及胸腺中的含量很低，98% 分布在 IL-2 受体阳性肿瘤细胞中。

对于 NDV，因其本身具有很好的抗癌功能，再利用反向遗传技术，以 NDV 作为载体将外源基因运送到特定的靶位，这一途径在基因治疗上将大有潜力，相信随着对 NDV 载体研究的不断深入，也将会在癌症治疗等方面呈现出美好的应用前景。

综上所述，国外科研人员在短暂的几年内对 NDV 反向遗传技术的研究已取得了令人瞩目的进展，而我国在此项研究方面刚刚起步，几家科研机构正致力于病毒的拯救中。总之，NDV 反向遗传操作系统在新城疫病毒结构功能研究、新型疫苗的研制、禽类重组疫苗研究、抗肿瘤作用方面均具有广阔的应用前景，是分子生物学研究领域的一个亮点。但是 NDV 的反向遗传学依然存在一些问题，如病毒复制过程中可能会发生 RNA 重组或基因突变，重组病毒的稳定性及生长特性，这仍须进一步加强 NDV 的反向遗传学研究工作。

参考文献

[1] Mayo M A. Virus taxonomy houston [J]. Arch Virol, 2002, 147 (5): 1071 - 1076.

[2] Neumann G, Whitt M A, Kawaoka Y. A decade after the generation of a negative-sense RNA virus from cloned cDNA what have we learned [J]? J Gen Virol,

2002, 83 (11): 2635 -2662.

[3] Schnell M J, M ebatsion T, Conzelman K K. Infectious rabies virus from cloned cDNA [J]. EMBO J, 1994, 13 (18): 4195 -4203.

[4] Lawson N D, Stillman E A, Whirr M A, *et al.* Recombinant Vesicular Stomatitis Virus from DNA [J]. Proc Natl Acad Sci USA, 1995, 92 (10): 4477 -4481.

[5] Radecke F, Spielhofer P, Schneider H, *et al.* Rescue of Measles virus from cloned DNA [J]. EMBO J, 1995, 14 (23): 5773 -5784.

[6] Garcin D, Pelet T, Calain P, *et al.* A highly recombinant system for the recovery of infectious Sendai paramyxovirus from cDNA: Generation of a novel copy-back nodefective interfering virus [J]. EMBO J, 1995, 14 (24): 6087 -6094.

[7] Neumann G, Feldmann H, Watanabe S. Reverse genetics demonstrates that proteolytic processing of the Ebola virus glycoprotein is not essential for replication in cell culture [J]. J Virol, 2002, 76 (1): 406 -410.

[8] Volchkov V E, Volchkova V A, Muehlberger E, *et al.* Recovery of infectious Ebola virus from complementary DNA: RNA editing of the GP gene and viral cytotoxicity [J]. Science, 2001, 291 (5510): 1965 -1969.

[9] Collins P L, Hill M G, Gamargo E, *et al.* Production of infectious human respiratory syncytial virus from cloned cDNA confirms an essential role for the transcription elongation factor from the 5′ proximal open reading frame of the M2 mRNA in gene expression and provides a capability for vaccine development [J]. Proc Natl Acad Sci USA, 1995, 92 (25): 11563 -11567.

[10] Newman J T, Surman S R, Riggs J M, *et al.* Sequence analysis of the Washington/1964 strain of human parainfluenza virus type 1 (HPIV1) and recovery and characterization of wild type recombinant HPIV1 produced by reverse genetics [J]. Virus Genes, 2002, 24 (1): 77 -92.

[11] Kawano M, Kaito M, Kozuka Y, *et al.* Recovery of infectious human parainfluenza type 2 virus from cDNA clones and properties of the defective virus without V-specific cysteine-rich domain [J]. Virology, 2001, 284 (1): 99 -112.

[12] Hoffman M A, Banerjee A K. An infectious clone of human parainfluenza virus type 3 [J]. J Virol, 1997, 71 (6): 4272 -4274.

[13] Durbin A P, Hall S L, Siew J W, *et al.* Recovery of infectious human parainfluenza virus type3 from cDNA [J]. Virology, 1997, 235 (2): 323 -332.

[14] Schmidt A C, Mc Auliffe J M, Huang A, *et al*. Bovine parainfluenza virus type 3 (BPIV3) fusion and hemagglutinin-neuraminidase glycoproteins make an important contribution to the restricted replication of BPIV3 in primates [J]. J Virol, 2000, 74 (19): 8922-8929.

[15] He B, Paterson R G, Ward C D, *et al*. Recovery of infectious SV5 from cloned DNA and expression of a foreign gene [J]. Virology, 1997, 237 (2): 249-260.

[16] Gassen U, Collins F M, Duprex W P, *et al*. Establishment of a rescue system for canine distemper virus [J]. J Virol, 2000, 74 (22): 10737-10744.

[17] Von Messling V, Zimmer G, Herrler G, *et al*. The hemagglutinin of canine distemper virus determines tropism and cytopathogenicity [J]. J Virol, 2001, 75 (14): 6418-6427.

[18] Krishnamurthy S, Huang Z H, Samal S K. Recovery of a virulent strain of Newcastle disease virus from cloned cDNA: Expression of a foreign gene results in growth retardation and attenuation [J]. Virology, 2000, 278 (1): 168-182.

[19] Nakaya T, Cros J, Park M S, *et al*. Recombinant newcastle disease virus as a vaccine vector [J]. Virol, 2001, 75 (23): 11868-11873.

[20] 刘玉良，张艳梅，胡顺林，等. 利用反向遗传操作技术产生 ZJ1 株鹅源新城疫病毒 [J]. 微生物学报，2005，45（10）：780-783.

[21] de Leeuw O S, Hartog L, Koch G., *et al*. Effect of fusion protein cleavage site mutations on virulence of Newcastle disease virus: non-virulent cleavage site mutants revert to virulence after one passage in chicken brain [J]. J Gen Virol, 2003, 84 (2): 475-484.

[22] Kabat E A, Wu T T, Perry H H, *et al*. Sequences of proteins of Immunological Interest [M]. 5th edn. Us Department of Health and Human Services, Public Health Service, NIH. Washington D C, 1991.

[23] Schable K E, Thjebe R, Bensch A, *et al*. Characteristics of the immunoglobulin Vkappa genes, pseudogenes, relics and orphans in the mouse genome [J]. Eur J Immunol, 1999, 29 (7): 2082-2086.

[24] Peeters B P H, Verbruggen P, Nelissen F. The P gene of Newcastle disease virus does not encode an accessory X protein [J]. J Gen Virol, 2004, 85 (8): 2375-2378.

[25] Roemer-Oberdoerfer A, Werner O, Veits J, *et al*. Contribution of the length of the HN protein and the sequence of the F protein cleavage site to Newcastle disease virus pathogenicity [J]. J Gen Virol, 2003, 84 (11): 3121 -3129.

[26] Huang Z H, Aruna P, Subbiah E. The hemagglutinin-neuraminidase protein of Newcastle disease virus determines tropism and virulence [J]. J Virol, 2004, 78 (8): 4176 -4184.

[27] de Leeuw O S, Koch Guus, Hartog Leo, *et al*. Virulence of Newcastle disease virus is determined by the cleavage site of the fusion protein and by both the stem region and globular head of the haemagglutinin-neuraminidase protein [J]. J Gen Virol, 2005, 86 (6): 1759 -1769.

[28] Panda A, Elankumaran S, Krishnamurthy S, *et al*. Loss of N-Linked Glycosylation from the Hemagglutinin-Neuraminidase Protein Alters Virulenceof Newcastle Disease Virus [J]. J Virol, 2004, 78 (10): 4965 -4975.

[29] Peeters B P, de leeuw O S, Verstegen I, *et al*. Generation of a recombinant chimeric Newcastle disease virus vaccine that allows serological differentiation between vaccinated and infected animals [J]. Vaccine, 2001, 19 (13-14): 1616 -1627.

[30] Mebatsion T, Koolen M J M, de Vaan L T C, *et al*. Newcastle Disease Virus (NDV) Marker Vaccine: an Immunodominant Epitope on the Nucleoprotein Gene of NDV Can Be Deleted or Replaced by a Foreign Epitope [J]. J Virol, 2002, 76 (20): 10138 -10146.

[31] Huang Z, Krishnamurthy S, Panda A, *et al*. High level expression of a foreign gene from the most 3′ proximal locus of a recombinant Newcastle disease virus [J]. J Gen Virol, 2001, 82 (7): 1729 -1736.

[32] Jutta Veits, Dorothee Wiesner, Walter Fuchs, *et al*. Newcastle disease virus expressing H5 hemagglutinin gene protects chickens against Newcastle disease and avian influenza [J]. PNAS, 2006, 103 (21): 8197 -8202.

[33] Park M S, Steel J, Garcia-Sastre A, *et al*. Engineered viral vaccine constructs with dual specificity: Avian influenza and Newcastle disease [J]. PNAS, 2006, 103 (21): 8203 -8208.

[34] Zhao H, Peeters B P. Recombinant Newcastle disease virus as a viral vector: effect of genomic location of foreign gene on gene expression and virus replication [J]. J Gen Virol, 2003, 84 (4): 781 -788.

[35] Engel-Herbert Ines, Werner Ortrud, Teifke Jens P, *et al.* Characterization of a recombinant Newcastle disease virus expressing the green fluorescent protein [J]. J Virol Methods, 2003, 108 (1): 19 - 28.

[36] Nakaya Y, Nakaya T, Park M-S. Induction of Cellular Immune Responses to simian immunodeficiency virus gag by two recombinant negative-strand RNA virus vectors [J]. J Virol, 2004, 78 (17): 9366 - 9375.

[37] Huang Z H, Elankumaran S, Yunus A, *et al.* A recombinant Newcastle disease virus (NDV) expressing VP2 protein of infectious bursal disease virus (IBDV) protects against NDV and IBDV [J]. J Virol, 2004, 78 (18): 10054 - 10063.

[38] Shimizu Y, Hasumi K, Okudaira Y, *et al.* Immuntherapy of advanced gynecologic cancer: patients utilizing mumps virus [J]. Cancer Detect Prev, 1998, 22 (6): 487 - 495.

[39] Lorence R M, Katubig B B, Reichard K W, *et al.* Complete regression of human fibrosarcoma xenografts after local Newcastle disease virus therapy [J]. Cancer research, 1994, 54 (23): 6017 - 6021.

[40] Peng K W, Teneyck C, Galanis E, *et al.* Intraperitoneal therapy of Ovarian cancer using an engineered measles virus [J]. Cancer research, 2002, 62 (16): 4656 - 4662.

[41] Balachandran S, Porosnicu M, Barber G N, *et al.* Oncolytic activity of vesicular stomatitis virus is effective against tumors exhibiting aberrant P53, Ras, or myc function and involves the induction of apoptosis [J]. J Virol, 2001, 75 (7): 3474 - 3479.

[42] Russell S J. RNA viruses as virotherapy agents [J]. Cancer Gene Therapy, 2002, 9 (12): 961 - 966.

[43] Bian H, Fournier P, Peeters B, *et al.* Tumor-targeted gene transfer in vivo via recombinant Newcastle disease virus modified by a bispecific fusion protein [J]. Int J Oncol, 2005, 27 (2): 377 - 384.

第二篇

研　究　内　容

第一部分　鹅源禽副黏病毒 NA-1 株生物学特性的研究

鹅副黏病毒病，是一种在鹅群中具有高度传染性的病毒性传染病，在临床症状、病理变化方面与小鹅瘟有某些相似之处。目前国内几家研究机构已分离出几株具有代表性的鹅源禽副黏病毒毒株，不同的毒株致病性都很强。本研究对从吉林省分离的 NA-1 株进行了部分生物学特性的鉴定，以求对探求鹅副黏病毒病的致病机理以及此病的综合性防治具有一定的指导意义。

1　材料与方法

1.1　材　料

1.1.1　病　毒

鹅源禽副黏病毒 NA-1 株，由本课题组分离于自然感染病死的鹅肝组织；新城疫 La Sota 株、$F_{48}E_9$ 株，由吉林大学动物医学学院预防兽医学的研究保存。

1.1.2　血　清

禽副黏病毒Ⅰ型（APMV-1）、Ⅱ型（APMV-2）、Ⅲ型（APMV-3）、Ⅳ型（APMV-4）、Ⅳ型（APMV-6）、Ⅷ型（APMV-8）和Ⅸ型（APMV-9）标准阳性血清，购自中国兽医药品监察所。鹅源禽副黏病毒 NA-1 株阳性血清，由吉林大学动物医学学院预防兽医学的研究制备并保存。小鹅瘟阳性血清、NDV 阳性血清，购自中国兽医药品监察所。

1.1.3　试验动物

11 日龄 SPF 鸡胚购自山东省农业科学院。1 日龄 SPF 雏鸡、6 周龄非免疫雏鸡购自长春市兽药厂。15 日龄未免疫雏鹅和 30 日龄未免疫雏鸡购自吉林省兽医研究所。

1.2 方 法

1.2.1 鹅源禽副黏病毒 NA-1 株的分离

1.2.1.1 病料的处理

无菌挑取病死鹅的心血、肝等病料，接种于鲜血琼脂平板和麦康凯琼脂平板，37℃培养 48h，无细菌生长。无菌采集病死鹅的肝、脾，将病料混合后进行研磨，按 1∶5 的比例用生理盐水稀释制成病料悬液，1 000r/min 离心 20min，取上清液加入青、链霉素，2 000IU/ml，4℃作用 4h 后，－20℃冻存备用。

1.2.1.2 病毒的增殖

上述处理的病料上清液，接种 11 日龄 SPF 鸡胚绒毛尿囊腔，0.1ml/枚，接种鸡胚置于 37℃孵育，每 12h 照蛋一次，弃去 24h 以内死亡的鸡胚，24h 之后死亡的鸡胚立即取出，收集 24～48h 死亡的鸡胚尿囊液和尿囊膜，接着在鸡胚上盲传 3 代，收集尿囊液和尿囊膜，置于－20℃保存，备用。

1.2.2 鹅源禽副黏病毒 NA-1 株的鉴定

1.2.2.1 形态学观察

吸取尿囊液，4 000r/min 离心 20min，取上清液，用磷钨酸染色后，在电镜下观察。

1.2.2.2 病毒的血凝（HA）试验

取盲传 3 代的鸡胚尿囊液进行微量法 HA 试验，试验在 96 孔微量滴定板上进行，各孔加生理盐水 25μl，吸取尿囊液 25μl 加于第 1 孔，混合 3 次后吸 25μl 加于第 2 孔，依次倍比稀释至第 12 孔，弃 25μl。然后每孔各加 1% 鸡红细胞悬液 25μl 和生理盐水 25μl 混匀后，放置室温，经 45min 后观察结果。

1.2.2.3 病毒的血凝抑制（HI）试验

用 NDV 阳性血清和 SPF 鸡制备的 NA-1 株鹅副黏病毒病阳性血清进行微量法 HI 试验。试验在 96 孔微量滴定板上进行，各孔首先加 25μl 生理盐水，吸取 NDV 阳性血清 25μl 加于第 1 孔，混合 3 次后吸 25μl 加于第 2 孔，依次倍比稀释至第 12 孔，弃 25μl，然后每孔各加 4 单位血凝素 25μl 和 1% 鸡红细胞悬液 25μl 混匀后，放置室温，经 45min 后观察结果，用 NA-1 株鹅副黏病毒病阳性血清进行微量法 HI 试验，方法同上，记录观察结果。同时用新城疫 La Sota 株与上述阳性血清进行 HI 试验。

1.2.2.4 病毒的血清型鉴定

参照 Allan 等的报道，将 NA-1 株尿囊液分别与 APMV-1、APMV-2、

APMV-3、APMV-4、APMV-6、APMV-8、APMV-9 阳性血清进行 HI 试验，同时新城疫 La Sota 株、$F_{48}E_9$ 株做对照。

1.2.3　鹅源禽副黏病毒 NA-1 株毒力的鉴定

1.2.3.1　致死鸡胚平均死亡时间（MDT）测定

取盲传 3 代收集的鸡胚尿囊液，用含双抗的灭菌生理盐水作 10 倍连续稀释，取 10^{-7}、10^{-8}、10^{-9} 3 个稀释度，每个稀释度各接种 10 枚 11 日龄 SPF 鸡胚，每胚尿囊腔内注射 0.1ml，置 38℃继续孵育，于接种后 24h 第一次照蛋，弃掉死亡胚，以后每天照蛋，详细记载胚胎死亡时间，连续观察 7d，使所有接种鸡胚死亡的最高稀释倍数即为毒株的最小致死量（MLD）。最小致死量致鸡胚死亡时间的总和除以死亡鸡胚总数，所得商即为 MDT。

1.2.3.2　脑内接种致病指数（ICPI）测定

取盲传 3 代收集的鸡胚尿囊液，用含双抗的灭菌生理盐水作 10 倍稀释，接种 10 只 1 日龄 SPF 雏鸡，每只脑内接种 0.05ml，对照组注射生理盐水，隔离饲养。接种后，记录雏鸡的情况，正常记 0 分，发病记 1 分，死亡记 2 分，连续观察 8d，每天在相应接种的时间观察，详细记录雏鸡的正常、发病和死亡情况。累计总分除以正常、发病、死亡鸡的累计总数所得的商即为 ICPI。

1.2.3.3　静脉接种指数（IVPI）测定

取盲传 3 代收集的鸡胚尿囊液，用含双抗的灭菌生理盐水作 10 倍稀释，接种 10 只 6 周龄未免疫雏鸡，每只静脉接种 0.1ml，对照组注射生理盐水，隔离饲养。接种后每天在与接种时间对应的时间检查雏鸡的健康状况。根据接种鸡的正常（记 0 分），发病（记 1 分），麻痹（记 2 分）和死亡（记 3 分）情况累计总分，连续观察 10d。累计总分除以正常、发病、麻痹、死亡鸡的累计总数所得的商即为 IVPI。

1.2.4　琼脂双向双扩散（AGID）试验

将以盲传 3 代收集的鸡胚尿囊液制成的 AGID 抗原，与 NDV 阳性血清、小鹅瘟阳性血清进行 AGID 试验，同时设立 NA-1 株阳性血清及各病毒阴性血清对照。

1.2.5　鹅源禽副黏病毒 NA-1 株血凝谱的测定

取盲传 3 代的 NA-1 株鸡胚尿囊液及新城疫 La Sota 株（用前经鸡胚传代复壮）按常规方法对牛蛙、鸡、鸭、鹅、小鼠、蛇、豚鼠、猪、山羊、绵羊、狗及人的红细胞进行直接血凝试验（HA），观察凝集解脱情况，并记录 HA 效价。

1.2.6　动物感染试验

购入未经任何疫苗免疫接种的 15 日龄鹅 20 只，随机分成 2 组，作为试验组和对照组，10 只/组。试验组鹅皮下注射盲传 3 代鸡胚尿囊液，1ml/只，对照组鹅皮下注射生理盐水，1ml/只，观察死亡时间及鹅的临床症状，病理变化。同时再购入未经任何疫苗免疫接种的 30 日龄鸡 20 只，随机分成 2 组，作为试验组和对照组，10 只/组。试验组鸡皮下注射盲传 3 代鸡胚尿囊液，1ml/只，对照组鸡皮下注射生理盐水，1ml/只，观察死亡时间及鸡的临床症状和病理变化。

2　结　果

2.1　病毒的分离和鉴定

2.1.1　病毒粒子的电镜观察

在透射电镜下，负染标本中的病毒粒子大多近似球形，直径 120 ~ 240nm，表面有纤突。(图 2 - 1)。

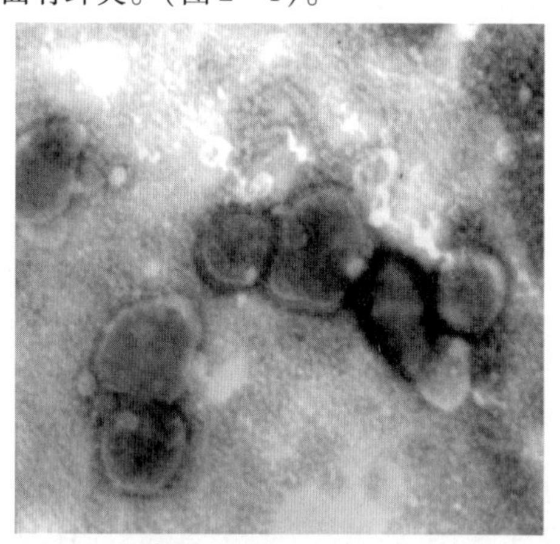

图 2 - 1　鹅源禽副黏病毒 NA - 1 株电镜照片

2.1.2　微量血凝（HA）试验

鹅源禽副黏病毒 NA-1 株能够凝集鸡的红细胞，其 HA 效价为 1 : 512。

2.1.3　微量血凝抑制（HI）试验

鹅源禽副黏病毒 NA-1 株阳性血清对 NA-1 株及 NDV La Sota 株的血凝活性有抑制作用，HI 效价分别为 1 : 1 024和 1 : 512。NDV 阳性血清对鹅源禽副黏病毒 NA-1 株及 NDV La Sota 株的血凝活性有抑制作用，HI 效价分别为 1 : 512 和 1 : 1 024。

2.1.4　血清型鉴定

鹅源禽副黏病毒 NA-1 株血凝活性能被 APMV-1 阳性血清所抑制，HI 效价为 1 : 640，APMV-1 阳性血清对 NDV La Sota 株、$F_{48}E_9$ 的 HI 效价分别为 1 : 1 280、1 : 640（表 2 - 1）。

表 2－1　鹅源禽副黏病毒 NA-1 株血清型鉴定结果

禽副黏病毒阳性血清	不同毒株的 HI 效价		
	NA-1 株	$F_{48}E_9$ 株	La Sota 株
APMV-1	1：640	1：640	1：1 280
APMV-2	0	0	0
APMV-3	0	0	0
APMV-4	0	0	0
APMV-6	0	0	0
APMV-8	1：40	0	0
APMV-9	0	0	0

注：HI 效价在 1：160 以上判定被检病毒为该血清对应的血清型

2.2　MDT 测定结果（表 2－2）

表 2－2　鹅源禽副黏病毒 NA-1 株鹅胚平均致死时间（MDT）试验

毒株	接种时间	最小致死量	接种后时间（d）														MDT（h）
			1		2		3		4		5		6		7		
			上午	下午	上午	下午	上午	下午	上午	下午	上午	下午	上午	下午	上午	下午	
NA-1 株	上午	10^{-7}				1	2	2									
	下午	10^{-7}			1	3	1										59.6

2.3　ICPI 测定结果（表 2－3）

表 2－3　鹅源禽副黏病毒 NA-1 株脑内致病指数（ICPI）试验

毒株	接种鸡状态	接种后时间（d）								总和	权值	总分	ICPI
		1	2	3	4	5	6	7	8				
NA-1 株	正常	9	0	0	0	0	0	0	0	9	0	0	
	发病	1	8	1	0	0	0	0	0	10	1	10	132/80
	死亡	0	2	9	10	10	10	10	10	61	2	122	=1.65
	总和									80	132		

2.4 IVPI 测定结果（表2－4）

表2－4 鹅源禽副黏病毒 NA-1 株静脉致病指数（IVPI）试验

毒株	接种鸡状态	接种后时间（d）										总和	权值	总分	IVPI
		1	2	3	4	5	6	7	8	9	10				
NA-1 株	正常	5	2	0	0	0	0	0	0	0	0	7	0	0	
	发病	0	0	0	0	0	0	0	0	0	0	0	1	0	
	麻痹	2	1	1	1	0	0	0	0	0	0	5	2	10	
	死亡	3	7	9	9	10	10	10	10	10	10	88	3	274	274/100
	总和	10	10	10	10	10	10	10	10	10	10	100			=2.74

根据文献报道，NDV 的强毒株 MDT 小于 60h，ICPI 在 1.5～2.0 之间，IVPI 在 2.0～3.0 之间；NDV 的中毒力毒株 MDT 在 60～90h 之间，ICPI 在 0.8～1.5 之间，IVPI＜1.45；NDV 的弱毒株 MDT 大于 90h，ICPI＜0.8，IVPI 为 0。按照此标准来判定，NA-1 株（MDT 为 59.6h、ICPI 为 1.65、IVPI 为 2.74）为强毒株。

2.5 AGID 测定结果

NA-1 株与 NDV 阳性血清、NA-1 株阳性血清之间均有沉淀线出现，但与小鹅瘟病毒阳性血清及各病毒阴性血清之间均不形成沉淀线。

2.6 NA-1 株血凝谱的测定结果

结果表明，NA-1 株能凝集牛蛙、蛇、鸡、鸭、鹅、小鼠、豚鼠、狗、山羊、绵羊、猪及人等 12 种动物的红细胞，与 La Sota 株没有差异，对哺乳类动物红细胞的 HA 效价（2^7～2^{10}）与 La Sota 株（2^8～2^{11}）相近，对鸭、鹅红细胞的 HA 效价（2^5、2^6）则显著低于 La Sota 株（2^{11}）（表2－5）。

表2－5 鹅源禽副黏病毒 NA-1 株血凝谱的测定结果

毒株	红细胞											
	牛蛙	蛇	小鼠	豚鼠	猪	狗	鸡	鸭	鹅	山羊	绵羊	人
NA-1	2^7	2^8	2^7	2^8	2^9	2^{10}	2^9	2^5	2^6	2^8	2^8	2^9
LaSota	2^9	2^{10}	2^9	2^{11}	2^9	2^{10}	2^{10}	2^{11}	2^{11}	2^8	2^9	2^9

2.7 动物感染试验

试验组中的鸡和鹅均在 10 日内发生死亡，由此可知该病毒是一株不仅对鹅具有较高的致病性，而且对雏鸡也有很高致病性的副黏病毒。该副黏病毒感染鸡的发病症状及剖检病变与自然感染及人工感染鹅的症状和病变有相似之处，即特征性肠道病变：肠道黏膜结痂，呈麸糠样，黄白色痂块，痂块下有溃疡。从鸡新城疫的病变来看，主要症状为呼吸道及水样腹泻，而主要病变是腺胃乳头、肌胃及泄殖腔有出血点，因此 NA-1 株鹅源禽副黏病毒感染鸡后除症状相似外，其眼观病理变化与鸡新城疫感染鸡有较大的差异。（图 2－2、图 2－3、图 2－4、图 2－5、图 2－6、图 2－7、图 2－8、图 2－9）

图 2－2　鹅源禽副黏病毒 NA－1 株攻 30 日龄雏鸡，造成腺胃黏膜轻度脱落并伴有溃疡

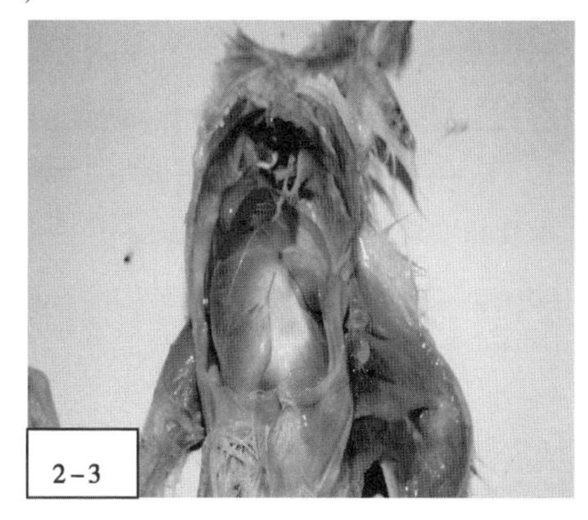

图 2－3　鹅源禽副黏病毒 NA－1 株攻 30 日龄雏鸡，肝脏表面有灰白色纤维素样物质附着

图 2－4　鹅源禽副黏病毒 NA－1 株攻 30 日龄雏鸡，小肠内充满大量麸糠样物质

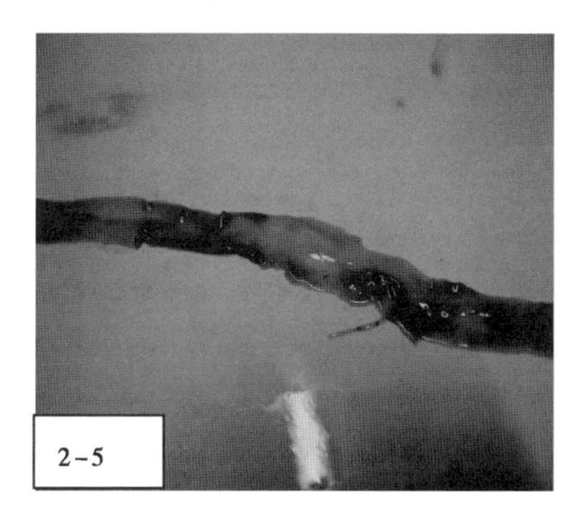

图 2－5　鹅源禽副黏病毒 NA－1 株攻 30 日龄雏鸡，小肠黏膜有大小不一的溃疡灶

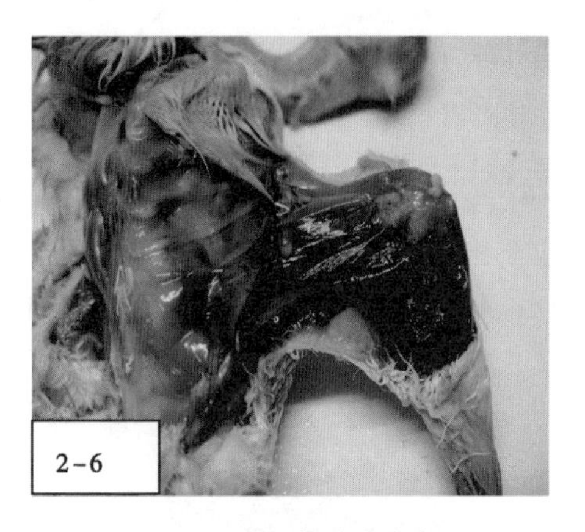

图 2－6　鹅源禽副黏病毒 NA－1 株攻 15 日龄雏鹅，腿部肌肉出血

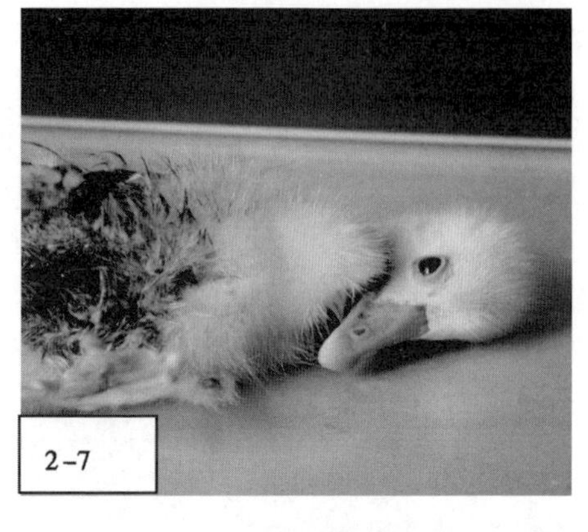

图 2－7　鹅源禽副黏病毒 NA－1 株攻 15 日龄雏鹅，喙部发绀

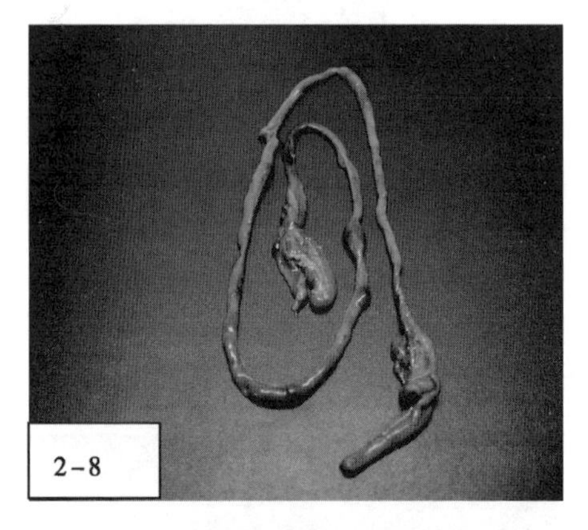

图 2－8　鹅源禽副黏病毒 NA－1 株攻 15 日龄雏鹅，小肠内充满大量麸糠样物质

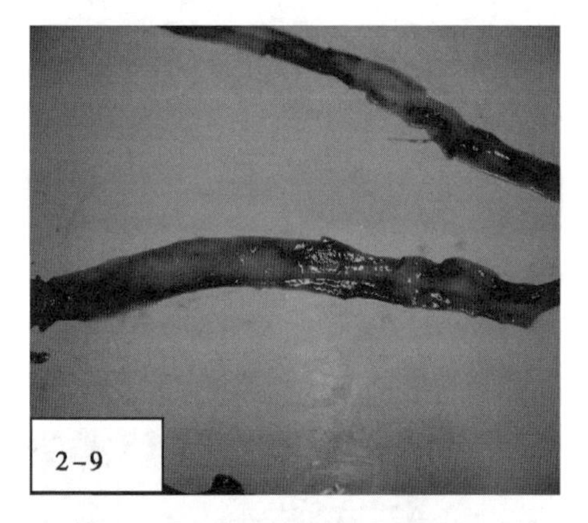

图 2－9　鹅源禽副黏病毒 NA－1 株攻 15 日龄雏鹅，小肠黏膜有大小不一的溃疡灶

3　讨　论

从鹅源禽副黏病毒 NA-1 株的增殖、电镜观察结果来看，该病毒符合禽副黏病毒的特征。血清学特性研究结果进一步表明，NA-1 株具有血凝活性，并且该活性能够被标准的 APMV-1 阳性血清所抑制，因而可以初步判定 NA-1 株属于 I 型禽副黏病毒。HI 试验结果表明，NDV 阳性血清对 NDV La Sota 株的 HI 效价比对鹅源禽副黏病毒 NA-1 株的 HI 效价高，而鹅源禽副黏病毒 NA-1 株阳性血清对

NA-1 株的 HI 效价比对 NDV 的 HI 效价高。在 NA-1 株血凝谱的测定结果中，我们注意到 NA-1 株能够凝集牛蛙、鸡、鸭、鹅、小鼠、蛇、豚鼠、猪、山羊、绵羊、狗及人的红细胞，这与鸡新城疫病毒没有差异。但是我们观察到 NA-1 毒株对哺乳类动物红细胞的解凝起始时间（0.6～1.1h），显著迟于鸡 NDV La Sota 株（0.5h），而对禽类红细胞解凝起始时间，则早于鸡新城疫病毒。以上试验结果说明鹅源禽副黏病毒 NA-1 株的血凝特性与鸡新城疫病毒相近但有所不同，两者的血凝素在结构或活性上存在着差异，其分子基础有待进一步研究。

从毒力试验来看，依据国际上判定新城疫病毒毒力的标准，测定 NA-1 毒株的 MDT、ICPI 和 IVPI 分别为 59.6h、1.65 和 2.74，鸡胚最小致死量（MLD）为 10^{-7}，这些结果表明 NA-1 株具有与新城疫病毒速发型相似的毒力，属于强毒力的毒株。在动物试验中，鹅源禽副黏病毒 NA-1 株对 15 日龄雏鹅及 30 日龄雏鸡在 10 日内均造成全部死亡，而且该副黏病毒感染鸡的发病症状及剖检病变与自然感染及人工感染鹅的症状和病变有相似之处。禽副黏病毒现划归为副黏病毒科、副黏病毒亚科、腮腺炎病毒属。其已确定有 9 个血清型，即 APMV-1 到 APMV-9。NDV 为 APMV-1 的代表种，其在世界上曾引起 3 次大流行，并给世界养禽业造成巨大损失，至今仍是严重威胁养禽业的最主要疫病之一。APMV-1 也是有确切报道的唯一能够对多种禽类具有广泛致病性的血清型，除家禽外，已知至少有 236 种禽鸟可自然或实验感染。但水禽对致病性 APMV-1 具有极强的抵抗力，仅表现为带毒，即使强毒感染也不致病。而 NA-1 株表现出了对鸡、鹅都具有很高的致病性，这对我国养禽业的发展将是一个巨大的潜在隐患。我国一些研究机构对某些鹅源禽副黏病毒毒株的研究也有类似报道，这初步说明新城疫病毒在流行的过程中，病毒和宿主以及生态环境之间互相作用，病毒为适应宿主和环境，自身也不断进化，并且可能发生某些基因的突变，进而促使 NDV 在毒力及宿主源性方面发生变异。在我国，家禽饲养量大、品种多，尤其是部分地区水禽（鸭、鹅）与鸡混养的现象普遍存在，而南方又是候鸟迁徙之地，故病毒发生变异而引起宿主动物改变的可能性不能排除。

第二部分　鹅源禽副黏病毒 HN 蛋白基因的遗传变异研究

禽类的副黏病毒有 9 个血清型，即 APMV-1 到 APMV-9，其中 APMV-1 是禽类重要的病原体。该病毒宿主广泛，可引起多种禽类的发病和死亡。但此病毒对不同宿主致病力差别很大，鸡最为敏感，鸽等飞禽也能感染发病，鸭和鹅等水禽可能被感染而不表现出临床症状，但 NA-1 株鹅源禽副黏病毒对鹅、鸡都表现出了很强的致病性。这初步说明 NA-1 株是新城疫病毒的变异毒株。新城疫病毒含有两种囊膜糖蛋白，即融合糖蛋白（F 蛋白）和血凝素-神经氨酸酶蛋白（HN 蛋白）；4 种结构蛋白，即基质蛋白（M 蛋白）、核衣壳蛋白（NP 蛋白）、磷蛋白（P 蛋白）和大蛋白（L 蛋白）。其中 HN 蛋白和 F 蛋白分别构成新城疫病毒囊膜表面的大小纤突，在免疫应答和致病过程中，起着极其重要的作用。HN 蛋白同时具有血凝素和神经氨酸酶两种活性，在病毒感染过程中起着识别宿主细胞受体使病毒吸附于宿主细胞膜上，并可破坏受体的活性。近年来许多学者还认为 HN 蛋白除了介导吸附外，还具有促进融合的功能。为了查明鹅源禽副黏病毒 NA-1 株的遗传变异情况，本研究对 NA-1 株的 HN 基因进行了 RT-PCR 扩增、克隆和序列分析，并同几株国内外 NDV 毒株和鹅源禽副黏病毒毒株在核苷酸序列同源性上和系统发育进化树上进行了比较。这对于 NA-1 株鹅副黏病毒病分子流行病学调查及 NA-1 株鹅副黏病毒病的防治有着积极的理论指导作用和重要的实践意义。

1　材料与方法

1.1　材　料

1.1.1　病毒、菌种和克隆载体

鹅源禽副黏病毒 NA-1 株，由吉林大学动物医学学院预防兽医学教研室分离保存；大肠埃希氏菌 DH5α 由本实验室保存；克隆载体为 pMD 18-T Vector，购自大连宝生物公司。

1.1.2 酶和其他试剂

Trizol 试剂和 AMV Reverse Transcriptase 购自 Promega 公司；*Ex Taq* 聚合酶、限制性内切酶 *EcoR* I 和 *Sal* I 均购自大连宝生物公司；DNA 回收、纯化试剂盒，购自杭州维特洁生化公司。乙醇、氯仿、丙三醇、异丙醇等其他试剂均为分析纯试剂。

1.1.3 仪器设备

程控热循环仪（PCR Express，U. K.）、台式摇床为东联电子科技开发有限公司产品、高压电泳仪（U. S. A）、ICE 低温台式高速离心机（U. S. A）、Kodak EDAS 290 凝胶成像分析系统（U. S. A）、CO_2 培养箱为 SANYO 产品。

1.2 方 法

1.2.1 NA-1 株的增殖

见第一部分。

1.2.2 空斑试验

将收集的盲传 3 代 NA-1 株鸡胚尿囊液用 0.25μm 的无菌滤器过滤。制作 CEF 细胞，将 CEF 细胞浓度调整为 3×10^6/ml，接种于 2% FBS 的 MEM 6 孔板。5% CO_2、37℃培养，使其长成单层。吸弃培养液，加入不含血清的 MEM 洗两次，洗去脱落的死亡细胞，并将细胞间隙中残余的血清充分洗出，以减少血清对病毒的非特异性抑制作用。以不含血清的 0.5ml MEM 将病毒做连续的 10 倍稀释（10^0、10^1、10^2、10^3、10^4、10^5、10^6、10^7、10^8、10^9），将稀释好的病毒悬液接种 6 孔板的单层细胞，每个稀释度接种 3 个孔。置 37℃感作 1 ~ 2h，使病毒充分吸附。吸附完毕后，吸出病毒液。将 1% 的甲基纤维素和 4% FBS 的 2 × MEM，覆盖在感作后的细胞表面。于 37℃，5% CO_2 培养箱中培养。每 6h 观察染毒细胞的生长状态。NA-1 株鹅源禽副黏病毒可能于 48 ~ 96h 之间出现蚀斑。挑斑：为了分离病毒克隆株，在培养板中出现清晰的蚀斑时，即可进行挑斑。最好选择蚀斑数较少，各斑间的距离不小于 10mm 的培养孔。先在选定的蚀斑部位做好标志，随后应用无菌的滤纸条粘取选定的蚀斑。将粘取的蚀斑甲基纤维素放入 0.5 ml 营养液内，反复冻融 3 次，使病毒充分释放。将上述病毒悬液做倍比稀释，再重新做蚀斑纯化，并挑斑。如此重复 3 次，达到纯化 NA-1 株的目的。

1.2.3 NA-1 株的提纯

病毒悬液 8 000 × g 4℃离心 15min，取上清液，25 000r/min 4℃离心 3h，去上清液，沉淀用 STE 缓冲液悬浮。粗提 NA-1 株鹅源禽副黏病毒悬液进行蔗糖线性梯度离心进一步纯化病毒，其方法是：取 50% 蔗糖（用双馏水配制）6ml，加入 10cm×1.5cm 薄壁透明离心管中，上重叠 20% 蔗糖（用双馏水配制）6ml，低温冷冻 24h，取出后融化，上加 NA-1 株鹅源禽副黏病毒粗提液 1ml，用 20% 蔗糖充满离心管，25 000r/min 4℃ 离心 3h，收集病毒带，用 STE 缓冲液稀释 5 倍，以 30 000r/min 4℃ 离心 1h，沉淀加 1ml STE 缓冲液悬浮，－70℃ 冻存，备用。

1.2.4　NA-1 株鹅源禽副黏病毒基因组 RNA 的提取

取 250μl 纯化的 NA-1 株鹅源禽副黏病毒液，加 750μl Trizol 液，室温放置 2min 后，加 200μl 氯仿，盖紧盖子，用手剧烈振荡 15S，室温下静置 2min，4℃，12 000r/min 离心 5min，取上清，加入等体积的异丙醇，置－20℃ 冰箱沉淀过夜；过夜后 4℃，12 000r/min 离心 5min，弃上清，用 1ml 75% 的乙醇洗涤 RNA 沉淀，振荡混匀，离心去上清，放置 37℃ 温箱 10min，用 30μl 0.1% 的 DEPC 水溶解，－70℃ 冻存备用。

1.2.5　引物

根据国内外已发表的新城疫病毒的 HN 基因序列设计引物：

P_1：5′-AGAGTCAATCATGGACCG-3′

P_2：5′-CCAAGTCTAGCTTCTTAAAC-3′

1.2.6　RT 反应和 PCR 反应

1.2.6.1　RT 反应

将提取的病毒基因组 RNA 10μl，引物 P_1 2μl，离心混匀后 70℃ 温育 15min，然后冰浴 5min，以消除 RNA 的二级结构，然后依次加入 AMV 反转录酶 2μl，5×反应缓冲液 8μl，dNTP 混合物 4μl，Rnasin 1μl，0.1% DEPC 水 13μl，瞬时离心混匀后 25℃ 复性 10min，37℃ 反转录 120min。最后 99℃ 作用 5min，冰浴 5min 以灭活反转录酶后进行 PCR 反应。

1.2.6.2　PCR 反应

PCR 反应体系组成：引物 P_1 2μl，引物 P_2 3μl，cDNA 混合物 10μl，dNTP 4μl，10×*Ex Taq* Buffer 5μl，灭菌四馏水 25.6μl，*Ex Taq* 0.4μl（2U）。PCR 反应的条件为：97℃ 预变性 5min；94℃ 40S，52℃ 40S、72℃ 2min，进行 30 个循环。最后 72℃ 延伸 10min。取 PCR 产物 6μl，以 λ-*EcoT* 14 I 消化物为 marker，0.8% 琼脂糖凝胶电泳，观察所扩增片段的大小。

1.2.7　连接与转化

1.2.7.1　连接

将 PCR 产物回收纯化后，按 pMD 18-T 载体操作手册进行连接。其中连接反应体系组成为：pMD 18-T 载体 0.5μl，PCR 产物 3.5μl，Ligation Solution I 5μL，

灭菌四馏水 1μl，16℃连接过夜。

1.2.7.2　感受态大肠杆菌 DH5α 的制备

用无菌牙签取新鲜活化的菌种在不含氨苄青霉素（Amp）的 LB 平板上划线，37℃培养过夜。取出培养平板，挑取单菌落接种于 3ml 不含氨苄青霉素的 LB 培养基中，37℃摇床培养过夜。取 1ml 菌液接种于 100ml 不含氨苄青霉素的 LB 培养基中，37℃摇床培养 3h。将培养液移入无菌离心管中，冰浴 10min，4 000r/min 离心 10min，离心后轻轻倾去上清。用灭菌 0.1mol/L $CaCl_2$ 溶液重悬菌体（冰上操作），4 000r/min 离心 10min。用含有 15% 甘油的 $CaCl_2$ 溶液 4ml 悬浮菌体，在冰上迅速分装，每 200μl 一管，-70℃备用。

1.2.7.3　转化

取 60μl 感受态细胞（DH5α）和 5μl 联接产物加入 0.5ml 灭菌 EP 管中，具体操作如下：

（1）从 -70℃冰箱中取出感受态细胞，把管握于手心，融化细胞，细胞一经融化，立即把管转移到冰浴中，放置 10min。

（2）用一冷却的无菌吸头，把感受态细胞转移到冷却的无菌 EP 管中，放置在冰浴中。

（3）将连接产物加入到感受态细胞中，轻轻旋转几次，混匀内容物，在冰上放置 30min。

（4）将管放到预加温到 42℃的水浴锅内，恰好放置 90s，不要摇动。

（5）速将管转移到冰浴中，使细胞冷却 1～2min。

（6）往管中加 200μl 的 LB 培养基。用水浴将培养基加温至 37℃，然后将管转移到 37℃摇床上，温育 45min。为最大限度地提高转化率，复苏期中应温和地摇动细胞（转速≤225r/min）。

（7）将转化的感受态 60μl 转移到 Amp 平板上，涂匀。

（8）将平板置于 37℃温箱中，倒扣，直至液体充分吸收后，盖好平板放置培养 16～18h。

（9）挑取可疑菌落放于加入含有（Amp）LB 培养基的试管中培养过夜。

1.2.8　重组质粒的制备及酶切鉴定

1.2.8.1　重组质粒的小量制备

吸取上述培养的菌液 1.5ml 移至 EP 管中，12 000r/min 4℃离心 30s，弃上清，沉淀悬浮于 100μl 冰预冷的溶液Ⅰ〔50mmol/L 葡萄糖，25mmol/L Tris·HCl（pH 值 8.0），10mmol/L EDTA（pH 值 8.0）〕中，强烈振荡混匀。加入 200μl 新配制的溶液Ⅱ（0.2mol/L NaOH，1% SDS），颠倒离心管混匀，冰浴 3min。加

入 150μl 用冰预冷的溶液Ⅲ（5mol/L KAc 60ml，冰醋酸 11.5ml，蒸馏水 28.5ml），温和振荡 10s，冰浴 5min。12 000r/min 4℃离心 2min，取上清移至另一 EP 管中，加入等量的酚：氯仿，振荡混匀，12 000r/min 4℃离心 2min，（抽提 3 次），上清移至另一 EP 管中。加入 2 倍体积的无水乙醇，振荡混匀，室温放置 5min，12 000r/min 4℃离心 5min，弃上清。加入 70% 乙醇 1ml 润洗，弃上清，温箱中放置 10min，待液体挥发干。加入 Rnase 30～50μl（20μg/ml），37℃温箱中放置 1h，0.8% 琼脂糖凝胶电泳鉴定质粒。

1.2.8.2　重组质粒的大量制备

将含有重组质粒的单个菌落接种到含氨苄青霉素的 LB 培养基中，37℃摇床培养过夜，之后将其接种到 250ml 含氨苄青霉素的 LB 培养基中，37℃摇床培养 16～20h，5 000r/min 离心 10min，沉淀晾干，加 4ml TE（pH 值 8.0，10mmol/L）悬浮菌体。加 8ml 溶液Ⅱ，混匀，作用 60s，加溶液Ⅲ，混匀，冰上放置 20min，7 000r/min 离心 15min。上清移入另一 50ml 离心管中，加 1 倍容积的异丙醇，混匀，室温作用 30min（出现絮状沉淀），8 000r/min 离心 15min，弃上清，沥干，加 1ml TE 缓冲液溶解。加 1ml LiCl（5mol/L，沉淀高分子 RNA），室温作用 10min，将溶液分成两管（1.5ml 管），每管 1ml，1 000r/min 离心 10min，上清分成 4 管（1.5ml 管），每管加 2 倍容积的冷无水乙醇，－20℃作用 40min，12 000r/min 离心 10min。加 70% 乙醇漂洗沉淀，晾干，加 200μl Rnase 溶解沉淀，37℃水浴 30min。4 管合并，加 200μl TE，400μl 20% 聚乙二醇（PEG，MW8000），混匀，冰浴 1h，12 000r/min 离心 10min，弃上清，沉淀加 400μl TE 溶解。加 400μl 酚，混匀，12 000r/min 离心 5min，取水相加 400μl 氯仿/异戊醇（24∶1），12 000r/min 离心 5min。取水相加 1/10NaAc（3 mol/L）、2 倍容积无水乙醇，混匀后，－20℃放置 1h。取出后，12 000r/min 离心 10min，沉淀加 70% 乙醇漂洗，12 000r/min 离心 5min，弃上清液，沉淀晾干，加 50μl TE 溶解。

1.2.8.3　重组质粒的酶切鉴定

大提质粒经限制性核酸内切酶酶切鉴定。其中酶切反应体系组成为：大提质粒 2μl，EcoR Ⅰ 1μl，Sal Ⅰ 1μl，10×H 2μl，灭菌四馏水 14μl，37℃水浴酶切 45min。酶切产物于 0.8% 琼脂糖凝胶电泳。

1.2.9　序列测定与序列分析

将经酶切鉴定为阳性的克隆进行序列测定。序列测定由上海博亚生物技术有限公司完成。用 DNAstar 软件处理数据，然后进行核苷酸、氨基酸序列的同源性分析，并绘制系统发育进化树。

2　结　果

2.1　NA-1 株 HN 基因的 RT-PCR 扩增结果

应用引物 P_1，P_2 对鹅源禽副黏病毒 NA-1 株基因组 RNA 进行 RT-PCR，产物经 0.8% 琼脂糖凝胶电泳观察，得到一条 1.7kb 左右的特异性扩增条带，与预期扩增片段大小相符（图 2－10）。

2.2　重组质粒的双酶切鉴定

PCR 产物纯化后经连接、转化，平板筛选菌落及大提重组质粒，用限制性内切酶 EcoR I 和 Sal I 进行双酶切，切出了一条 1.7kb 左右和一条 2.7kb 左右的条带（图 2－11）。这与预期的扩增片段和 pMD 18-T 载体大小相符。

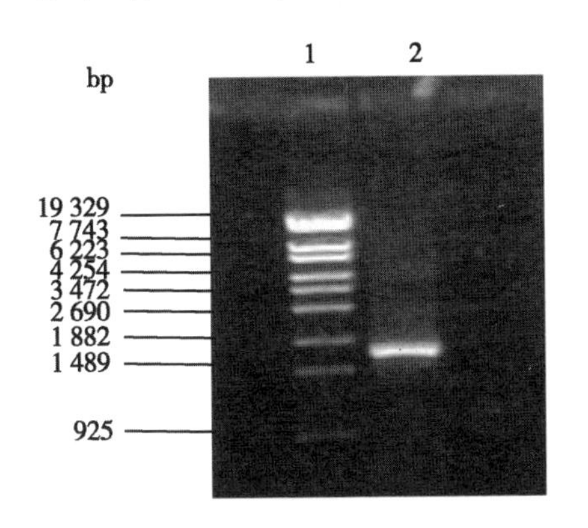

图 2－10　HN 基因的 RT－PCR 扩增产物电泳图

1. λ－*Eco*T14 I marker
2. RT－PCR 扩增产物

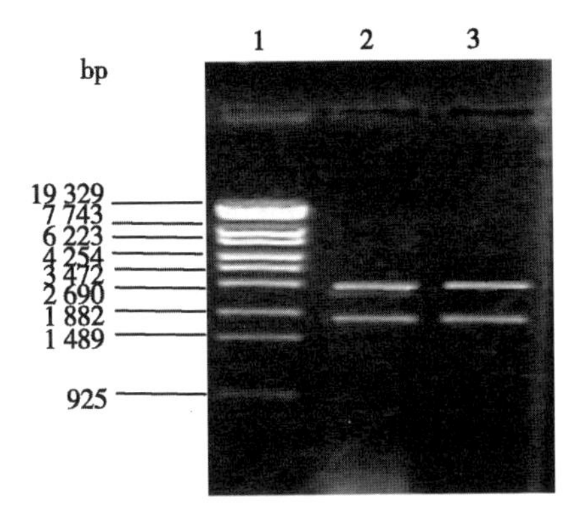

图 2－11　重组质粒的酶切鉴定

1. λ－*Eco*T14 I marker

2、3 阳性质粒 *Eco*R I *Sal* I 酶切结果

2.3　序列测定及序列同源性分析

双酶切鉴定后的阳性重组质粒经上海博亚生物有限公司测序，NA-1 毒株 HN 基因核苷酸序列和推导的氨基酸序列见图 2－12。

NA-1 毒株 HN 基因核苷酸序列长度为 1 740bp，其中包含一个长的开放阅读框架，编码 571 个氨基酸。将 NA-1 毒株 HN 基因与 15 个参考毒株 HN 基因的

ORF 进行比较，（在 GenBank 中注册号分别为 AF473851，AY351959，AF140344，M24716，U62620，Y17342，AF192406，AY034892，M24714，Y17150，M19479，M24712，M24705，M24706，AF077761)，发现其核苷酸的同源性在 82.2% ~97.3% 之间，氨基酸的同源性在 88.5% ~97.4% 之间。（表 2 -6)

```
  1 ATGGACCGCGCGGTTAACAGAGTCGTGCTAGAGAATGAGGAGAGAGAAGCAAAGAACACA   60
  1  M  D  R  A  V  N  R  V  V  L  E  N  E  E  R  E  A  K  N  T   20

 61 TGGCGATTGGTTTTCCGGATCGCAGTCTTACTTTTAATGGTAATGACTCTAGCTATCTCC  120
 21  W  R  L  V  F  R  I  A  V  L  L  L  M  V  M  T  L  A  I  S   40

121 GCAGCTGCCCTGGCATATAGCTCGGAGGCCAGTACGCCGCACGACCTCGCAGGTATATCG  180
 41  A  A  A  L  A  Y  S  S  E  A  S  T  P  H  D  L  A  G  I  S   60

181 ACTGTGATCTCTAAGACAGAAGATAAGGTTACGTCTTTACTCAGTTCAAGTCAAGATGTG  240
 61  T  V  I  S  K  T  E  D  K  V  T  S  L  L  S  S  S  Q  D  V   80

241 ATAGATAGGATATATAAGCAGGTGGCTCTTGAATCCCCGCTGGCGCTACTAAACACTGAA  300
 81  I  D  R  I  Y  K  Q  V  A  L  E  S  P  L  A  L  L  N  T  E  100

301 TCCATAATTATGAATGCAATAACCTCTCTTTCTTATCAAATCAACGGGGCTGCGAACAAT  360
101  S  I  I  M  N  A  I  T  S  L  S  Y  Q  I  N  G  A  A  N  N  120

361 AGCGGATGTGGGGTGCCTGTTCATGACCCAGATTATATTGGGGGGATAGGCAAAGAACTT  420
121  S  G  C  G  V  P  V  H  D  P  D  Y  I  G  G  I  G  K  E  L  140

421 ATAGTGGACGACATTAGTGATGTCACATCATTTTATCCTTCTGCATATCAAGAACACTTG  480
141  I  V  D  D  I  S  D  V  T  S  F  Y  P  S  A  Y  Q  E  H  L  160

481 AATTTTATCCCGGCGCCTACTACAGGATCCGGTTGCACTCGGATACCCTCATTTGACATG  540
161  N  F  I  P  A  P  T  T  G  S  G  C  T  R  I  P  S  F  D  M  180

541 AGCACCACTCATTACTGTTATACTCACAATGTGATATTATCCGGTTGCAGAGATCACTCA  600
181  S  T  T  H  Y  C  Y  T  H  N  V  I  L  S  G  C  R  D  H  S  200

601 CACTCACACCAATACTTAGCACTTGGTGTGCTTCGGACATCTGCAACAGGGAGGGTATTC  660
201  H  S  H  Q  Y  L  A  L  G  V  L  R  T  S  A  T  G  R  V  F  220

661 TTTTCTACTCTGCGCTCCATCAATTTAGATGACACCCAAAATCGGAAGTCCTGCAGTGTG  720
221  F  S  T  L  R  S  I  N  L  D  D  T  Q  N  R  K  S  C  S  V  240
```

```
721  AGTGCAACCCCTTTAGGTTGTGATATGCTGTGTTCTAAGGTCACAGAGATTGAAGAGGAG   780
241   S  A  T  P  L  G  C  D  M  L  C  S  K  V  T  E  I  E  E  E    260

781  GATTACAAGTCAATTACCCCCACATCAATGGTGCACGGAAGGCTAGGGTTTGACGGTCAA   840
261   D  Y  K  S  I  T  P  T  S  M  V  H  G  R  L  G  F  D  G  Q    280

841  TACCATGAGAAGGACTTAGACACCACAGTCTTATTTAAGGATTGGGTGGCAAATTACCCA   900
281   Y  H  E  K  D  L  D  T  T  V  L  F  K  D  W  V  A  N  Y  P    300

901  GGAGTGGGAGGAGGGTCTTTTATTGACGACCGTGTATGGTTCCCAGTTTACGGAGGGCTC   960
301   G  V  G  G  G  S  F  I  D  D  R  V  W  F  P  V  Y  G  G  L    320

961  AAACCCAATTCACCCAGTGACACTGCACAAGAAGGGAAATATGTAATATACAAGCGCCAT   1020
321   K  P  N  S  P  S  D  T  A  Q  E  G  K  Y  V  I  Y  K  R  H    340

1021 AACAACACATGCCCCGATGAACAAGATTACCAAATTCGGATGGCTAAGTTTTCATATAAA   1080
341   N  N  T  C  P  D  E  Q  D  Y  Q  I  R  M  A  K  F  S  Y  K    360

1081 CCCGGGCGATTTGGTGGAAAGCGCGTACAGCAAGCCATCTTATCCATCAAAGTGTCAACA   1140
361   P  G  R  F  G  G  K  R  V  Q  Q  A  I  L  S  I  K  V  S  T    380

1141 TCCTTGGGTAAGGACCCGGTGCTGACTATTCCACCTAATACAATTACACTCATGGGAGCA   1200
381   S  L  G  K  D  P  V  L  T  I  P  P  N  T  I  T  L  M  G  A    400

1201 GAAGGCAGAATCCTCACAGTAGGGACATCTCACTTCTTGTACCAACGAGGGTCTTCATAT   1260
401   E  G  R  I  L  T  V  G  T  S  H  F  L  Y  Q  R  G  S  S  Y    420

1261 TTCTCCCCTGCCTTATTATATCCCATGACAGTAAATAACAAAACAGCTACACTCCATAGT   1320
421   F  S  P  A  L  L  Y  P  M  T  V  N  N  K  T  A  T  L  H  S    440

1321 CCTTATACGTTTAATGCTTTCACTCGGCCAGGTAGTGTCCCTTGCCAGGCATCAGCGAGA   1380
441   P  Y  T  F  N  A  F  T  R  P  G  S  V  P  C  Q  A  S  A  R    460

1381 TGCCCCAACTCATGCATCACTGGGGTCTATACTGATCCATATCCTTTAATCTTCCATAGG   1440
461   C  P  N  S  C  I  T  G  V  Y  T  D  P  Y  P  L  I  F  H  R    480

1441 AATCATACCCTACGAGGGGTCTTCGGGACGATGCTTGATGATGAACAAGCGAGACTTAAC   1500
481   N  H  T  L  R  G  V  F  G  T  M  L  D  D  E  Q  A  R  L  N    500
```

```
1501 CCCGTATCTGCAGTATTCGACAGCATATCCCGCAGTCGTGTAACCCGGGTGAGTTCAAGC  1560
 501  P  V  S  A  V  F  D  S  I  S  R  S  R  V  T  R  V  S  S  S   520

1561 AGCACCAAGGCAGCATACACGACATCAACATGTTTTAAAGTTGTCAAGACCAATAAAACT  1620
 521  S  T  K  A  A  Y  T  T  S  T  C  F  K  V  V  K  T  N  K  T   540

1621 TATTGTCTTAGTATTGCAGAAATATCCAATACCCTATTCGGGGAATTTAGGATCGTTCCC  1680
 541  Y  C  L  S  I  A  E  I  S  N  T  L  F  G  E  F  R  I  V  P   560

1681 TTACTAGTTGAGATCCTCAAGGATGATAGAGTTTAA                          1716
 561  L  L  V  E  I  L  K  D  D  R  V  *                            572
```

图 2-12　NA-1 毒株 HN 基因核苷酸序列和氨基酸序列

表 2-6　NA-1 株与其他毒株 HN 基因序列同源性比较

病毒株	核苷酸同源性（%）	氨基酸同源性（%）
YG97	97.3	97.4
SF02	97.1	97.4
NL-NDV	95.7	96.3
CHI/85	96.3	97.4
Taiwan95	94.6	96.0
Vol95	91.3	94.4
QY97-1	89.9	94.1
$F_{48}E_9$	84.5	89.5
HER/33	87.5	91.1
T53	86.9	90.2
AUS/32	86.9	90.9
Miyadera	86.4	91.1
D26.76	85.7	91.4
QUE/66	85.7	90.7
La Sota	82.2	88.5

应用 DNA star 软件将鹅源禽副黏病毒 NA-1 株编码区核苷酸序列以及 GenBank 下载的 15 个参考毒株 HN 基因的 ORF 进行两两配对比较，发现鹅源禽副黏病毒上海株 SF02 与国内标准强毒株 $F_{48}E_9$ 的核苷酸同源性为 84.2%，氨基酸同源性为 89.0%；YG97 株与 $F_{48}E_9$ 的核苷酸同源性为 84.4%，氨基酸同源性为 89.5%；鹅源禽副黏病毒华南株 QY97-1 与 $F_{48}E_9$ 的核苷酸同源性为 92.9%，氨基酸同源性为 93.7%；鹅源禽副黏病毒吉林株 NA-1 与 $F_{48}E_9$ 的核苷酸同源性为

84.5%，氨基酸同源性为 89.5%。说明国内不同地区的鹅源禽副黏病毒分离株 HN 基因的同源性相差不是很大。（表 2－7、表 2－8）。

表 2－7　16 株 NDV HN 基因核苷酸序列同源性比较

Percent Identity

Divergence

	1	2	3	4	5	6	7	8	9	10	11	12	13	14	15	16		
1		88.6	92.1	93.2	90.4	93.9	89.0	95.5	86.9	86.9	92.2	86.2	92.8	87.4	86.8	86.5	**1**	Aus/32
2	12.7		87.1	86.7	91.0	89.6	83.7	88.1	96.3	96.8	87.1	95.9	88.9	96.6	93.2	96.0	**2**	CHI/85
3	8.6	14.5		90.4	87.8	90.4	90.1	92.2	85.7	85.4	98.1	84.7	90.3	85.9	85.0	84.8	**3**	D26.76
4	7.2	15.2	10.4		92.9	91.0	88.4	92.7	84.5	84.8	90.5	84.2	90.7	85.4	85.3	84.4	**4**	F48E9
5	10.5	9.8	13.7	7.6		89.2	85.5	89.8	89.9	89.9	88.0	89.8	88.3	90.0	88.2	90.0	**5**	QY97-1
6	6.4	11.5	10.5	9.7	11.9		87.6	93.0	87.5	87.8	90.3	86.9	96.6	88.3	87.5	87.1	**6**	HER/33
7	12.2	19.0	10.8	12.9	16.6	13.8		89.3	82.2	82.1	90.1	81.9	87.7	83.3	82.9	82.1	**7**	Lasota
8	4.7	13.3	8.3	7.9	11.2	7.4	11.7		86.4	86.4	92.2	85.5	92.9	87.0	86.4	85.8	**8**	Miyadera
9	14.8	3.9	16.4	18.1	11.1	14.1	21.2	15.6		95.7	85.7	97.1	86.9	94.6	91.3	97.3	**9**	NA-1
10	14.8	3.2	16.7	17.6	11.1	13.6	21.3	15.4	4.4		85.4	95.6	87.1	95.6	92.0	95.8	**10**	NL-NDV
11	8.4	14.6	1.9	10.4	13.4	10.5	10.8	8.4	16.4	16.8		84.6	90.2	86.1	84.8	84.8	**11**	QUE/66
12	15.7	4.2	17.8	18.5	11.2	14.8	21.7	16.7	2.9	4.6	18.0		86.5	94.3	90.8	98.8	**12**	SF02
13	7.6	12.4	10.6	10.2	13.1	3.5	13.7	7.6	14.8	14.6	10.7	15.5		87.9	87.5	86.7	**13**	T53
14	14.2	3.5	16.1	16.8	11.0	13.1	19.5	14.7	5.7	4.5	15.9	6.0	13.6		92.6	94.4	**14**	Taiwan95
15	14.9	7.3	17.3	16.9	13.2	14.0	20.1	15.5	9.4	8.6	17.5	10.1	14.1	7.9		91.0	**15**	Vol95
16	15.4	4.2	17.6	18.3	11.0	14.6	21.4	16.3	2.8	4.3	17.6	1.2	15.3	5.9	9.8		**16**	YG97
	1	2	3	4	5	6	7	8	9	10	11	12	13	14	15	16		

表 2－8　16 株 NDV HN 基因氨基酸序列同源性比较

Percent Identity

Divergence

	1	2	3	4	5	6	7	8	9	10	11	12	13	14	15	16		
1		91.8	95.5	94.1	94.6	92.0	95.5	90.9	89.7	95.1	92.3	90.4	93.4	90.2	89.3	90.6	**1**	Aus/32
2	8.5		91.8	90.6	92.3	89.0	92.0	97.4	96.9	91.1	94.8	97.2	91.4	96.9	96.0	97.4	**2**	CHI/85
3	4.7	8.7		94.8	94.1	94.8	95.1	91.4	89.7	98.4	92.7	90.4	93.7	90.2	89.7	90.6	**3**	D26.76
4	6.0	9.9	5.4		93.5	91.3	94.4	89.5	88.6	94.1	93.7	89.0	93.0	88.8	88.8	89.5	**4**	F48E9
5	5.4	7.9	6.2	6.6		91.6	93.9	91.1	89.9	93.7	91.8	90.6	96.7	90.2	89.7	90.9	**5**	HER/33
6	8.5	11.9	5.4	9.3	8.9		92.3	88.5	87.2	94.1	89.3	87.8	90.6	88.1	86.7	87.9	**6**	Lasota
7	4.5	8.3	5.1	5.6	6.2	8.1		91.1	90.2	94.8	92.1	90.4	94.1	90.2	89.7	90.6	**7**	Miyadera
8	9.5	2.5	9.1	11.1	9.3	12.6	9.3		96.3	90.7	94.1	97.4	90.2	96.0	94.4	97.4	**8**	NA-1
9	10.9	3.0	11.1	12.1	10.7	14.0	10.3	3.6		89.0	93.2	96.3	89.3	95.6	94.4	96.5	**9**	NL-NDV
10	5.1	9.5	1.5	6.2	6.6	6.1	5.4	9.9	11.9		91.6	89.7	93.4	89.5	89.0	89.9	**10**	QUE/66
11	7.9	5.3	7.7	6.4	8.5	11.5	8.1	6.0	7.0	8.9		93.9	91.3	93.2	92.5	94.6	**11**	QY97-1
12	10.1	2.7	10.3	11.7	9.9	13.4	10.1	2.5	3.6	11.1	6.2		89.5	96.0	94.1	98.4	**12**	SF02
13	6.8	8.9	6.6	7.2	3.2	10.1	6.0	10.3	11.3	7.0	9.1	11.1		89.3	89.5	89.9	**13**	T53
14	10.3	3.0	10.5	11.9	10.3	13.0	10.3	4.0	4.3	11.3	7.0	4.0	11.3		94.6	96.0	**14**	Taiwan95
15	11.3	4.0	11.1	11.9	10.9	14.7	10.9	5.6	5.6	11.9	7.7	6.0	11.1	5.4		94.2	**15**	Vol95
16	9.9	2.5	10.1	11.1	9.5	13.2	9.9	2.5	3.4	10.9	5.4	1.4	10.7	4.0	5.8		**16**	YG97
	1	2	3	4	5	6	7	8	9	10	11	12	13	14	15	16		

2.4　系统发育分析

根据各毒株的 HN 基因编码区核苷酸序列，应用 DNA star 软件对各毒株进行系统发育分析，结果见图 2－13。

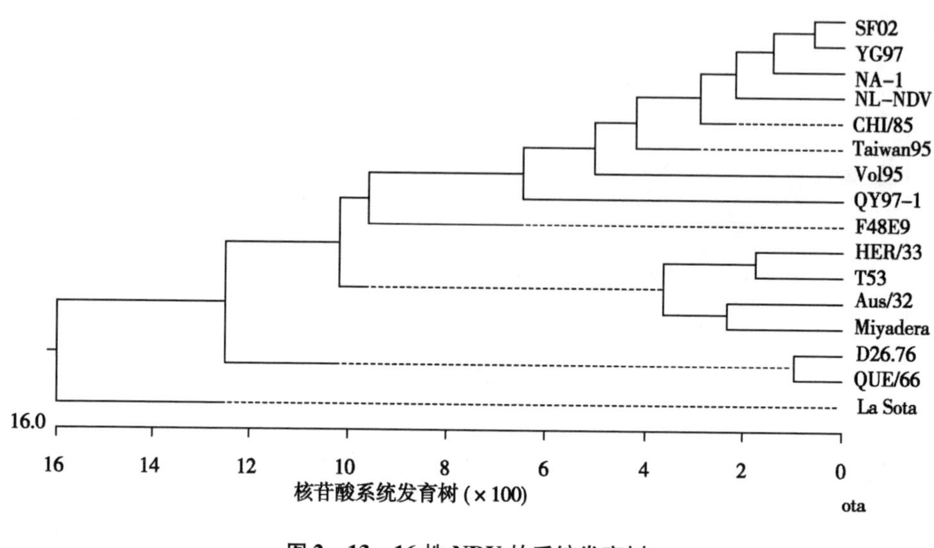

图 2－13　16 株 NDV 的系统发育树

3　讨　论

3.1　本研究成功地扩增并克隆了鹅源禽副黏病毒 NA-1 株完整的 HN 基因片段。通过 RT-PCR 和进一步序列分析，获得的鹅源禽副黏病毒 HN 基因片段长度为 1 740个核苷酸，该序列包含了 HN 基因起始密码子 ATG 和终止密码子 TAA 在内的 1 716bp 的 HN 蛋白完整的编码序列。由 HN 基因推导出的蛋白长为 571 个氨基酸。由于预测开放阅读框架长度和终止密码子的差异，HN 蛋白翻译的多肽链长短不一，根据其编码区的多肽长度可将其分为 3 种亚型，长度分别为 1 713 bp（如 ITA/45、MIH/51 等）、1 731 bp（如 BEA/45、TEX/48 等）、1 848 bp（如 D26.76、QUE/66、ULS/67 等），分别编码 571、577、616 个氨基酸。其中阅读框较短的基因是由阅读框较长的 HN_0 基因其 C 端发生变异而产生的。这些变异与 NDV 不同株的致病性相平行，完全无毒力的毒株以 HN_0，即 HN 的前体形式存在，而随着毒力的加强，则 HN 多肽逐渐变小，尤其是 AUS/32，毒力最强，与其他毒株比较显然在 185 位点处缺失了一个编码酪氨酸（Try）的密码子。本研究测定的 NA-1 基因编码区的长度为 571 个氨基酸，与 NDV 毒株如 MIH/51、HER/33、ITA/45 等毒株的 HN 序列长度一致。这与本研究在试验一中对其致病性的研究结果是一致的。

3.2　本研究测定结果显示，鹅源禽副黏病毒 NA-1 株与 NL-NDV、CHI/85、Taiwan95 等新城疫病毒强毒株 HN 基因的核苷酸同源性在 94.6% ~96.3% 之间，氨基酸的同源性在 96.0% ~97.4% 之间，结合 NA-1 株 MDT、ICPI 和 IVPI 的测定结果，更进一步证实 NA-1 株为强毒株。鹅源禽副黏病毒 NA-1 株的 HN 基因与国内标准强毒株 $F_{48}E_9$ 的 HN 基因进行比较，发现核苷酸的同源性为 84.5%，氨基酸的同源性为 89.5%；与传统的疫苗株 La Sota 核苷酸的同源性为 82.2%，氨基酸的同源性为 88.5%。从表 2 -6、2 -8 还可知 NA-1 株与鹅源禽副黏病毒 SF02 株 HN 基因核苷酸的同源性为 97.1%，氨基酸的同源性为 97.4%；与鹅源禽副黏病毒 YG97 株 HN 基因核苷酸的同源性为 97.3%，氨基酸的同源性 97.4%。从表 2 -7、2 -8 可知 SF02 株与 YG97 株 HN 基因核苷酸的同源性为 98.8%，氨基酸的同源性 98.4%。从基因树可看出，上海株 SF02、江苏株 YG97 表现出了明显的亲缘关系，而这两株鹅源禽副黏病毒又与吉林鹅源禽副黏病毒 NA-1 株形成了一个分支。以上说明 NA-1 株和 SF02 株、YG97 株亲缘关系较近，它们三者可能有着共同的来源。地域之间的贸易往来，市场的流通可能促进了在相差甚短的时间内鹅副黏病毒病在全国大部分省市大规模的暴发。根据基因树分析，NA-1 株应属于基因Ⅶ型新城疫病毒。研究结果表明，鹅源禽副黏病毒 NA-1 株是属于新城疫病毒的基因变异强毒株。由此更进一步证明新城疫可以感染水禽，且对水禽具有高度的致死性。

3.3　NDV 只有一个血清型，而各毒株之间的毒力等生物学特性又差异较大。曹殿军等绘制的系统发育进化树将 68 个 NDV 毒株分为 9 个基因型，其中Ⅰ、Ⅱ、Ⅲ、Ⅳ、Ⅴ、Ⅵ是早已存在的老基因型，Ⅶ、Ⅷ、Ⅸ为新发现的基因型。1997—1999 年在我国大部分地区分离的新城疫均属于基因Ⅶ型，本试验通过对鹅源禽副黏病毒 NA-1 株的研究，发现 NA-1 株为基因Ⅶ型新城疫病毒，说明基因Ⅶ型的病毒是 20 世纪 90 年代以来引起新城疫发生的主要病原，而且可以对水禽造成感染，且具有强致病性。单一用某一个基因型的 NDV 毒株制成的疫苗或用一种或几种标准强毒制成的疫苗用于防治新城疫的发生难免会出现免疫学上的偏差，结合我国实际情况，目前应采用以Ⅶ、Ⅷ、Ⅸ为主制成的 NDV 多价灭活苗来防治我国鸡、飞禽和水禽类新城疫的发生将会更具有针对性，防控效果会更好。

附 1　16 株 NDV 的 HN 基因核苷酸序列分析

```
HER/33      CNNATNNNNATTNNNNCATNNNTANNNNNNNNATGGACCGTGCAGTTAGCA   50
T53         ........................c--at---------a-----------   26
Miyadera    ---------------------------------------ca------a-c   50
AUS/32      ----------------------------------a----c------t--c   50
QUE/66      ---------------------------------------c---------c   50
D26.76      ---------------------------------------c---------c   50
Lasota      ---------------------------------------c--c------c   50
F48E9       -----------------------------------------t-------c   50
QY97-1      ---------------------------------------c--g----a--   50
SF02        ........................c--at----------c--g--c-at-   26
YG97        ........................c--at----------c--g----a--   26
NA-1        ........................c--at----------c--g----a--   26
NL-NDv      ---------------------------------------ca-g----a--   50
CHI/85      ---------------------------------------c--g----a--   50
Taiwan95    ........................c--at----------c-------a--   26
Vol95       ........................c--at---------aca------a--   26

HER/33      GAGTTGCGCTAGAGAATGAAGAAAGAGAAGCAAAGAATACATGGCGCTTT   100
T53         ----------------------------------a---------------    76
Miyadera    a------------------t-----g-----------------------a   100
AUS/32      a------------------t-----g-----g-----------------g   100
QUE/66      a------------------t--------g--------------------g   100
D26.76      a------------------t--------g--------------------g   100
Lasota      a-------t----------t--------g-----a--------------g   100
F48E9       a---------------c--t--------g--g--a--------------g   100
QY97-1      ----c-t------------g-----------------c---------c-g   100
SF02        ----c-t---g--------g-----------------c---------c-g    76
YG97        ----c-t---g--------g-----------------c---------c-g    76
NA-1        ----c-t------------g--g--------------c--------a--g    76
NL-NDV      ----c-t------------g-----------------c---------c-g   100
CHI/85      ----c-t------------g-----------------c-----------g   100
Taiwan95    ----c-t------------g-----------------c-----------g    76
Vol95       ------t------------g--------g--------c-----------g    76

HER/33      GTATTCCGGATCGCAATCTTACTTTTAATAGTAATAACCTTAGCCATCTC   150
T53         --------------------g-----------------------------   126
Miyadera    ----------------c------------------g---------t----   150
AUS/32      ----------------------------c------g--------------   150
QUE/66      ------------------c----c-c--cg--gg-g--------------   150
D26.76      -----------t------c---------cg---g-g--------------   150
Lasota      a----------t---------t-c----c----g-g-----g--t-ca--   150
F48E9       -----t----c----g-----------------g-g-----tt-------   150
QY97-1      --t------------g----------g--g-----g--tc----t-----   150
SF02        --t------------g-------------g-----g--tc----t-----   126
YG97        --t------------g-------------g-----g--tc----t-----   126
NA-1        --t------------g-------------g-----g--tc----t-----   126
NL-NDV      --t------------g-------------ga----g--tc----t-----   150
CHI/85      --t------------g-------------g-----g--tc----t-----   150
Taiwan95    a-t------------g-----a-c-----g-----g--tc----t-----   126
Vol95       --t-------c-a--g--------c----g-----g--t-----t-----   126

HER/33      TGCAGCCGCCCTGGTATATAGCATGGAGGCTAGCACGCCGGGCGACCTTG   200
T53         ---------------------------------------t--t-------   176
Miyadera    --------------c------t--------------a--t----------   200
AUS/32      --------------c------t--------------a--t----------   200
QUE/66      ------------t-c---------------c-----a--ta----t----   200
D26.76      ------------t-c------t--------c-----a--ta----t----   200
Lasota      --t----t----tt------------g---------a--ta----t----   200
F48E9       ---t---------a-g--c--t--------------a--t--t-------   200
QY97-1      -t----t-------c---c----c--g---c--t-----cca------c-   200
SF02        c-----t-------c---c----c--g---c--t------ca------c-   176
YG97        c-----t-------c---c----c--g---c--t------ca------c-   176
NA-1        c-----t-------c-------tc------c--t------ca------c-   176
NL-NDV      cn----t---t---c---c-------g---c-tt------c-------c-   200
CHI/85      c-----t-------------------g---c--t------c-t-----c-   200
Taiwan95    c-----t---t---c-----------g---c--t-----ac---------   176
Vol95       -at-----------------t-----g---c---------c-t-----c-   176

HER/33      TTGGCATACCAACTGTGATCTCTAGGGCAGAGGAAAAGATTACATCTGCA   250
T53         --------------------------------------------------   226
Miyadera    -a--------g----c----------------------------------   250
AUS/32      -aa------------c-----------------g----------------   250
```

```
QUE/66      -a--------g----c---------a------------------------   250
D26.76      -g--------g----c---------aa-----------------------   250
Lasota      -a--------g---ag---t--c--------a------------------   250
F48E9       -a-------tg----c------c--------a------------------   250
QY97-1      ca------t-g-----------c-a-a----a--t---g----g---tt-   250
SF02        ca------t-g-----------c-a-a----a--t---g----g---tt-   226
YG97        ca------t-g-----------c-a-a----a--t---g----g---tt-   226
NA-1        ca--t---t-g-------------a-a----a--t---g----g---tt-   226
NL-NDV      ca------t-g-----------c-a-a----a--t---g-g------tt-   250
CHI/85      ca------t-g-----------c-a-a-------t---g----g---tt-   250
Taiwan95    ca------t-g-----------c-a-a----a--t---g-------act-   226
Vol95       ca--t---t-gg-c---g----c-a-a----a--t---g----g---ct-   226

HER/33      CTCAGTTCTAATCAAGATGTAGTAGATAGGATATATAAGCAGGTGGCCCT   300
T53         --t------------a----------------------------------   276
Miyadera    ---g----c-----------------------------------------   300
AUS/32      ---g----c-----g--------------------c-----------t--   300
QUE/66      ---g----c--------------------------------t--------   300
D26.76      ---g----c-----------------------------------------   300
Lasota      --tg----c--------------------------------a--------   300
F48E9       ---g----c-----------------------------------------   300
QY97-1      --------a-g------c--ga-------------------------t--   300
SF02        --------g-gg--------ga-------------c-----------t--   276
YG97        --------a-g---------ga-------------c-----------t--   276
NA-1        --------a-g---------ga-------------------------t--   276
NL-NDV      --------a-g---------ga-------------------------t--   300
CHI/85      --------c--g--------ga----------------------------   300
Taiwan95    -------ta-g---------ga-------------------------t--   276
Vol95       --------a-g---------ga-------------------------t--   276

HER/33      TGAGTCTCCATTGGCGTTGCTAAACACCGAATCTGTAATTATGAATGCAA   350
T53         ---------g-----a-----------t----------------------   326
Miyadera    ---a-----g-----a-----------t------a---------------   350
AUS/32      ---a-----g-----a------------------a---------------   350
QUE/66      c--a------c----a------------------ac---------c----   350
D26.76      c--a------c----a------------------ac---------c----   350
Lasota      ---------g-----a---t-------t--ga-cac---------c----   350
F48E9       c--a-----g-----a-----c------------a---c-----g-----   350
QY97-1      ---a--c---c-a---c-a--------t------a---------------   350
SF02        ---a--c--gc-----c-a--------t------a---------------   326
YG97        ---a--c--gc-----c-a--------t------a---------------   326
NA-1        ---a--c--gc-----c-a--------t-----ca---------------   326
NL-NDV      ---a-----gc-----c-a--------t------a---------------   350
CHI/85      ---a-----gc-----c-a--------t------a---------------   350
Taiwan95    ---a-----gc-----c-a--------t------a---------------   326
Vol95       ---a--c--gc-------a--------t------a---------------   326

HER/33      TAACGTCTCTCTCTTATCAAATCAATGGAGCTGCAAATAATAGCGGGTGT   400
T53         --------------------------------------------------   376
Miyadera    -------------------g--------------------c---------   400
AUS/32      ----a--c--------------------------------c---------   400
QUE/66      ----------------------------g--c-------gc-----a---   400
D26.76      -------------------g--------g--c-------gc---------   400
Lasota      ----a--------------g--t--------------c--c--t-----g   400
F48E9       -------c--------c--g--------------------c--t------   400
QY97-1      ----c-----t--------------c--g-----g--c--c---------   400
SF02        --c-c-----t-----------t--c--g-----g--c--------a---   376
YG97        ----c-----t-----------t--c--g---a-g--c--------a---   376
NA-1        ----c-----t--------------c--g-----g--c--------a---   376
NL-NDV      ----c-----t--c------g----c--g-----g---------------   400
CHI/85      ----c--------c-----------c--g-----g---------------   400
Taiwan95    ----c-----t--c-----------c--g-----g---------------   376
Vol95       ----t--c-----c-----------c--g-----g---------------   376

HER/33      GGGGCACCTGTTCATGACCCAGATTACATCGGGGGGATAGGCAAAGAACT   450
T53         --a-----------------------t-----------------------   426
Miyadera    --------------------------t--------------t--------   450
AUS/32      -----------------------------------------t--------   450
QUE/66      --a------a-------t--------t--t--a--a-----t--------   450
D26.76      ---------a-------t--------t--t--a--a-----t--------   450
Lasota      ---------a-c--------------t--a--------------------   450
F48E9       --------------------g-----t-----a--------t--------   450
```

```
QY97-1      -----g-----------------c---t----------------------   450
SF02        -----g--------------------t-----------------------   426
YG97        -----g--------------------t-----------------------   426
NA-1        ----tg--------------------t--t--------------------   426
NL-NDV      -----g--------------------t-----------------g-----   450
CHI/85      ----ag--------------------t-----------------------   450
Taiwan95    --a--g--------------------t-----------------------   426
Vo195       -----g--c-----------------t-----------------------   426

HER/33      TATTGTAGATGACGCTAGTGATGTCACATCATTCTATCCCTCTGCGTTCC   500
T53         ---------------------------------------------a----   476
Miyadera    ------------t--c----------------------------------   500
AUS/32      ------g-----ta------------------------------------   500
QUE/66      ------------t-----c--c----------------------------   500
D26.76      ------------t-----c--c----------------------------   500
Lasota      c-----------t--------------------------------a--t-   500
F48E9       c-----g-----t-------------------------------------   500
QY97-1      c--a--g--c---at------------------t-----t-------at-   500
SF02        c--a--g-gc---atc-----------------t-----t-----a-at-   476
YG97        c--a--g--c---atc-----------------t-----t-----a-at-   476
NA-1        ---a--g--c---at------------------t-----t-----a-at-   476
NL-NDV      c--a--g------at------------------t-----t-----a-at-   500
CHI/85      c--a--g--c---at------------------t-----t-----a-at-   500
Taiwan95    c--a-----c---a-------------------t-----t-----a-at-   476
Vo195       c--a--g------a-------------------------t-----a-at-   476

HER/33      AAGAACACCTGAATTTTATCCCGGCACCCACTACAGGATCAGGTTGCACT   550
T53         -------------------------g--t---------------------   526
Miyadera    -------------------------g------------------------   550
AUS/32      --------------------------------------------------   550
QUE/66      -------------c-----------g--t---------------------   550
D26.76      -------------c-----------g--t---------------------   550
Lasota      -------t-----------------g--t---------------------   550
F48E9       -------------------------g------------------------   550
QY97-1      --------t-------c--------g--------------c---------   550
SF02        --------t-------c--------g--t-----------c---------   526
YG97        --------t-------c--------g--t-----------c---------   526
NA-1        --------t----------------g--t-----------c---------   526
NL-NDV      --------t-------c-----------t-----g-----c---------   550
CHI/85      --------t-------c--------g--t-----------c---------   550
Taiwan95    --------t-------c--------g--t-------a---c---------   526
Vo195       --------t-------------a--t--t-----------c---------   526

HER/33      CGGATACCCTCATTCGACATAAGTGCTACCCACTACTGTTACACTCACAA   600
T53         --------t--------------------------t-----------ac-   576
Miyadera    -----------g--------g--------t--------------c-----   600
AUS/32      --------------------g--------------------t--------   600
QUE/66      --------------t-----g--c-----------------t--------   600
D26.76      --------------t-----g--c-----------------t--------   600
Lasota      --a-----------t-----g-----------t-----c-----c--t--   600
F48E9       --------------------g--------------------------t--   600
QY97-1      --------------t-----g--ca-c--t-----------t--------   600
SF02        --------------t-----g--ca-c-----t--t-----t--------   576
YG97        --a-----------t-----g--ca-c-----t--t-----t--------   576
NA-1        --------------t-----g--ca-c--t--t--------t--------   576
NL-NDV      --------------t-----g--ca-c--t-----------t--------   600
CHI/85      --------------t-----g--ca-c--t-----------t--------   600
Taiwan95    --------------t-----g--ca-c--t-----------t--------   576
Vo195       --------------t--------cc----t-----t--------------   576

HER/33      TGTGATATTATCTGGTTGCAGAGATCACTCACACTCACATCAGTACTTAG   650
T53         --------------------------------------------------   626
Miyadera    ---------------------------------a-----------t----   650
AUS/32      ---------t--------------c--t-----------------t----   650
QUE/66      ---------------c--------------g--------------t----   650
D26.76      ---------------c--------------g--------------t----   650
Lasota      ---a-----g-----a-----------------t---t-------t----   650
F48E9       ---------g-----c-----------------------------t--g-   650
QY97-1      ------------------------------------------a-------   650
SF02        -------c----c-----------------------------a-------   626
YG97        -------c----c-----------------------------a-------   626
NA-1        ------------c--------------------------c--a-------   626
```

```
NL-NDV      ------------------------------------------a-------   650
CHI/85      ------------------------------------------a-------   650
Taiwan95    ---------------------------------t--------a-------   626
Vol95       ---------------------------------t--------a--t----   626

HER/33      CACTTGGTGTGCTTCGGACATCTGCAACAGGGAGGGTATTCTTTTCTACT   700
T53         --------------------------------------------------   676
Miyadera    --------------------------------------------------   700
AUS/32      -------------------------------------------------c   700
QUE/66      ----------------------------------------------c---   700
D26.76      ----------------------------------------------c---   700
Lasota      -------------c------------------------------------   700
F48E9       --------------------------------------------------   700
QY97-1      -------------g------------------------------------   700
SF02        --------------------------------------------------   676
YG97        ----------a---------------------------------------   676
NA-1        --------------------------------------------------   676
NL-NDV      ----------------a----------------------a----------   700
CHI/85      --------------------------------------------------   700
Taiwan95    --------------------------------------------------   676
Vol95       ----------a--------------------------c------------   676

HER/33      CTGCGTTCCATCAATTTGGATGACAACCAAAATCGGAAGTCTTGCAGTGT   750
T53         -----------------------t--------------------------   726
Miyadera   -------------------------c------------------------    750
AUS/32      -------------------------c------------------------   750
QUE/66      ---------------c---------c------------------------   750
D26.76      ---------------c---------c------------------------   750
Lasota      --------------cc---------c------------------------   750
F48E9       --------------------------------------------------   750
QY97-1      -----c-----------a-------c------------------------   750
SF02        -----c-----------a-------c---------------c--------   726
YG97        -----c-----------a-------c---------------c--------   726
NA-1        -----c-----------a-------c---------------c--------   726
NL-NDV      --------t--------a-------c---------------c--------   750
CHI/85      -----------a-----a-------c---------------c--------   750
Taiwan95    --------t--------a-------c---------------c--------   726
Vol95       --------------ccca-------c---g-----------c-----c--   726

HER/33      GAGTGCAACCCCCTTAGGTTGTGATATGCTGTGCTCTAAAATCACAGAGA   800
T53         ---------t-----------------c--------g-------------   776
Miyadera    ---------t--------g---------------------g---------   800
AUS/32      ---------t--------g---------------------g---------   800
QUE/66      ---------------g------------------------g---------   800
D26.76      ---------------g------------------------g---------   800
Lasota      ---------t-----g--------------------g---g----g----   800
F48E9       ---------t--------c--c------t-----------g----g--a-   800
QY97-1      ---------t-----------c------t-----------g----g--a-   800
SF02        ------------t--------------------------gg------g--   776
YG97        ------------t--------------------------gg------g--   776
NA-1        ------------t--------------------t-----gg---------   776
NL-NDV      ------------t---------------------------g-t-------   800
CHI/85      ------------t---------------------------g---------   800
Taiwan95    ---------t--t---------------------------g---------   776
Vol95       ---------t--t-----------------------c---g---------   776

HER/33      CTGAGGAAGAAGATTATAGTTCAGTTAGCCCCACATCGATGGTGCATGGA   850
T53         ----a-----g------g---------c----------------------   826
Miyadera    ----------g-------a--------c---t-----------a-----g   850
AUS/32      ----------g-------a--------t---------------a------   850
QUE/66      ----------g-------ac----c--t------g--------a------   850
D26.76      ----a-----g-------ac----c--t------g--------a------   850
Lasota      -a----------------ac----c-gt---t--gcg------a-----g   850
F48E9       ------------------a--------t-------c-a-----a-----g   850
QY97-1      ------------------a--------t-------c-a-----a-----g   850
SF02        ----a--g--g-----c-ag------gc---------a--------c---   826
YG97        ----a--g--g-----c-ag------gc---------a--------c---   826
NA-1        t---a--g--g-----c-ag---a---c---------a--------c---   826
NL-NDV      -------g--g-----c-ag-------c---------a--------c---   850
CHI/85      ----------g-----c-ag-------c---------a--------c---   850
Taiwan95    ----------g-----c-ag-------c---------a--------c---   826
Vol95       ----------g-----c-ag-----c-c---------a--------c--g   826
```

```
HER/33     AGGTTAGGGTTTGACGGTCAATACCATGAGAAGGACCTAGACGTCATAAC   900
T53        --------------------------------------------------   876
Miyadera   -----------c-----c-----------------t----------c---   900
AUS/32     -----------------c----------------------------c---   900
QUE/66     -----------c-----c--------c--------------t----c---   900
D26.76     -----------c-----c--------c-----a--------t----c---   900
Lasota     -----------c-----c--g-----c--a-----------t----c---   900
F48E9      ---c-g-----------c--------------------g--t---gc---   900
QY97-1     ---c-g-----------c--------------------g--t---gc---   900
SF02       ---c--------------------------------t-----ac--cggt   876
YG97       ---c--------------------------------t-----ac-gcggt   876
NA-1       ---c--------------------------------t-----ac--c-gt   876
NL-NDV     ---c--------------------------------t-----ac--c-gt   900
CHI/85     ---c--------------------------------t-g---ac--c-gt   900
Taiwan95   ---c--------------------------------t-g---ac--c-gt   876
Vol95      ------a-------t---------------------t-----ac--c-gt   876

HER/33     TTTATTTAAAGATTGGGTGGCAAATTACCCAGGAGTGGGGGTGGGTCTT    950
T53        ---------g----------------------------------------   926
Miyadera   a--g---ggg--c--------------------------a----------   950
AUS/32     a------ggg--c--------------------------a----------   950
QUE/66     ac----cg-g--c-----------c-----------a-----c-------   950
D26.76     ac----cg-g--c-----------c-----------a-----c--a----   950
Lasota     a-----cggg--c--------c--c-----------a--------a----   950
F48E9      a------ggg--c-----------------t--g-----a--a-------   950
QY97-1     a------ggg--c-----------------t--g-----a--a-------   950
SF02       c--------g-------------------------c---a--a-------   926
YG97       c--------g-------------------------c---a--a-------   926
NA-1       c--------g-----------------------------a--a-------   926
NL-NDV     c--------g-----------------------------a--a-------   950
CHI/85     c--------g-----------------------g-----a--a-------   950
Taiwan95   c--------g-----------g-----------------a-----a----   926
Vol95      c--------g--------------------g-----t--------a--c-   926

HER/33     TTATTGACAACCGCGTGTGGTTCCCAGTCTATGGAGGGCTAAAACCCAAT   1000
T53        ----------------a--------------c------------------   976
Miyadera   ---------g------a---------a----c------------------   1UUU
AUS/32     ----------------a--------------c----------------g-   1000
QUE/66     ----------------a-----------t--c------------------   1000
D26.76     ----------------a-----------t--c------------------   1000
Lasota     ---------g------a------t-------c------t-----------   1000
F48E9      ----------------a---------------------------------   1000
QY97-1     ----------------a---------------------------------   1000
SF02       --------g----t--a-----------t--c--------c---------   976
YG97       --------g----t--a-----------t--c--------c---------   976
NA-1       --------g----t--a-----------t--c--------c---------   976
NL-NDV     -----a-tg----t--a-----------t--c------------------   1000
CHI/85     --------g----t--a-----------t--c--------c---------   1000
Taiwan95   --------g----t--a-----------t--c--------c---------   976
Vol95      --------g----t--a-----------t--c--------t---------   976

HER/33     TCGCCTAGCGACACCGTACAAGAAGGGAGATATGTAATATACAAGCGCTA   1050
T53        ----------------c---------------------------a-----   1026
Miyadera   --------t-----t-c------------g-----------------a--   1050
AUS/32     --------t-----t-g------------------------t-----a--   1050
QUE/66     -----c--t-------c-----------a------------------a--   1050
D26.76     -----c--t-------c-----------a------------------a--   1050
Lasota     --a--c--t-----t-----g-------a------g-----------a--   1050
F48E9      --------t-----t-c------g----------------t------g--   1050
QY97-1     --------t-----t-c------g-----------------------g--   1050
SF02       --a--c--t-----t-c-----------a-------------------c-   1026
YG97       --a--c--t-----t-c-----------a-------------------c-   1026
NA-1       --a--c--t-----t-c-----------a-------------------c-   1026
NL-NDV     --a--c--t-----t-c-----------a-------------------c-   1050
CHI/85     --a--c--t-----t-c-----------a---------------------   1050
Taiwan95   --a--c--t-----t-c-----------a---c-----------------   1026
Vol95      --------t-----t-c---g-------a---------------------   1026

HER/33     CAATGACACATGCCCAGATGAACAAGATTACCAGATTCGGATGGCTAAGT   1100
T53        --------------------------------------------------   1076
Miyadera   ---------------------g--------------c-------------   1100
AUS/32     ---------------------g----------------------------   1100
```

```
QUE/66      ------------t--------g--g-----t-------aa----------   1100
D26.76      ------------t--------g--g-----t--------a----------   1100
Lasota      ---------------------g-----c-----------a-----c----   1100
F48E9       ---------------------g-----c----------------------   1100
QY97-1      ---------------------g-----c----------------------   1100
SF02        t--ca----------c-----------------a----------------   1076
YG97        t--ca----------c-----------------a----------------   1076
NA-1        t--ca----------c-----------------a----------------   1076
NL-NDV      t--ca----------c----g------------a----------------   1100
CHI/85      t---a----------c-----------------a----------------   1100
Taiwan95    t---a-------t--c-----------------a----------------   1076
Vol95       t---a----g-----c-----g-----------a-----------c----   1076

HER/33      CTTCGTATAAGCCTGGGCGGTTTGGTGGAAAACGCGTACAGCAAGCCATC   1150
T53         --------------a---------------g-------------------   1126
Miyadera    --------------a----t-----------------------g------   1150
AUS/32      -------------------------------g--t--------g------   1150
QUE/66      ----a--------------a-----a--g--------------g------   1150
D26.76      ----a--------------a--------g-----a--------g------   1150
Lasota      ----------------a-----------g------a-------g--t---   1150
F48E9       ----a-----------------------g--------------g------   1150
QY97-1      ----a-----------------------g--------------g------   1150
SF02        t---a-----a--c-----a-----------g------------------   1126
YG97        ----a-----a--c-----a-----------g------------------   1126
NA-1        t---a-----a--c-----a-----------g------------------   1126
NL-NDV      ----a-----a--c-----a----------gg-----t------------   1150
CHI/85      ----a-----a--------a-----------g-----------g------   1150
Taiwan95    ----a--c--c--------a-----ca-g--g------------------   1126
Vol95       ----------------------c--------g--t---------------   1126

HER/33      TTATCTATCAAGGTGTCAACATCTTTGGGCGAGGACCCGGTGCTGACTAT   1200
T53         c-----------------------------------------------g-   1176
Miyadera    -----------------------c------------------------g-   1200
AUS/32      -----------------------c-----t--------------------   1200
QUE/66      -----------a-----------c------------------------g-   1200
D26.76      -----------a-----------c------------------------g-   1200
Lasota      -----------------------c--a-----a--------a------g-   1200
F48E9       c----c--------a--------c-----t------------------g-   1200
QY97-1      c----c--------a--------c-----t------------------g-   1200
SF02        -----c-----a-----------c-----ta-------------------   1176
YG97        -----c-----a-----------c-----ta-------------------   1176
NA-1        -----c-----a-----------c-----ta-------------------   1176
NL-NDV      -----------a-----------------ta-------a-----a-----   1200
CHI/85      -----------a-----------------t--------------------   1200
Taiwan95    -----------a-----------------tac---------------c--   1176
Vol95       c----------a--a--------------t--------------------   1176

HER/33      ACCGCCTAATACAGTCACACTCATGGGGGCCGAAGGCAGAGTTCTCACAG   1250
T53         ----t---------------------------------------------   1226
Miyadera    ------c--c--------------------------a--g----------   1250
AUS/32      ------c--c----------------------------------------   1250
QUE/66      ------c--c-----a----------------------------------   1250
D26.76      g-----c--c----------------------------------------   1250
Lasota      ------c--c------------------------------a---------   1250
F48E9       ------c--c---a-------t----------------------------   1250
QY97-1      ------c--c---a-------t----------------------------   1250
SF02        t--a---------a-------------a------------a-c-------   1226
YG97        t--a---------a-------------a------------a-c-------   1226
NA-1        t--a---------a-t-----------a--a---------a-c-------   1226
NL-NDV      t--a---------a-t------------------------a---------   1250
CHI/85      t--a---------a-t--------------t-------------------   1250
Taiwan95    t--a---------a-t-----t------------------a-------g-   1226
Vol95       t--a---------a-t--------------------t-------------   1226

HER/33      TAGGTACATCTCATTTCTTGTACCAGCGAGGGTCTTCATATTTCTCTCCC   1300
T53         ----g-----------------t-----------------c---------   1276
Miyadera    ----g-----------------------------a-----c--------t   1300
AUS/32      ----g-----------------------------a--------------t   1300
QUE/66      ----g------------c-t--t-----------a-----c-----c--t   1300
D26.76      ----g--------------t--t-----------g-----c-----c--t   1300
Lasota      ----g-----------------t--a--------a-----c---------   1300
F48E9       ----g--------------t--------------a-----c---------   1300
```

```
QY97-1      ----g--------------t--------------a-----c---------   1300
SF02        ----g--------c-----------a--------------------c--t   1276
YG97        ----g--------c---c-------a--------------------c--t   1276
NA-1        ----g--------c-----------a--------------------c--t   1276
NL-NDV      ----g--------c-----------a--------------------c--t   1300
CHI/85      ----g--------c-----------a--------------------c--t   1300
Taiwan95    ----g--------------------a--------------------c---   1276
Vo195       ----g-----c--c-----------a-----c--------------a---   1276

HER/33      GCTTTATTATACCCTATGACAGTCAACAACAAAACGGCTACTCTTCATAG   1350
T53         --------------------------------------------------   1326
Miyadera    -----------t-----------------------a--c-----------   1350
AUS/32      --------------------------------c--a--c-----------   1350
QUE/66      --tt--t----t-------t----gg---------a--t-----------   1350
D26.76      --cc--c----t-------------g---------a--------------   1350
Lasota      --g--------t-----a-------g---------a--c-----------   1350
F48E9       --c---------------------g----t-----a--c-----------   1350
QY97-1      --c---------------------g----t-----a--c-----------   1350
SF02        --c--------t--c--------a--t--------------a--c-----   1326
YG97        --c--------t--c--------a--t--------------a--c-----   1326
NA-1        --c--------t--c--------a--t--------a-----a--c-----   1326
NL-NDV      --c--------t--c--------a--t--------a-----a-----c--   1350
CHI/85      --------------c--------a--t--------a--------------   1350
Taiwan95    --------------c--------at-t--------a-------------a   1326
Vo195       --c--------------------gt-t--t-----a--------------   1326

HER/33      TCCTTACACATTCAATGCTTTCACTCGGCCAGGTAGTGTGCCTTGCCAGG   1400
T53         ---------------------------------------c----------   1376
Miyadera    ------t--------------------a--g--------c--c-------   1400
AUS/32      ------t--------------------------------c----------   1400
QUE/66      ------t-----------c--------a-----------c----------   1400
D26.76      ------t-----------c--------a-----------c--c-------   1400
Lasota      ------t-----------c------------------a-c----------   1400
F48E9       ------tg-------------------------------c----------   1400
QY97-1      ------tg-------------------------------c----------   1400
SF02        ------t--g--t--------------------------c----------   1376
YG97        ------t--g--tg-------t-----------------c----------   1376
NA-1        ------t--g--t--------------------------c----------   1376
NL-NDV      ------t-tg--t-----c--------------------c----------   1400
CHI/85      ------t--g--t-----c--------------------c----------   1400
Taiwan95    ------t-----t-----c--------------------c--------a-   1376
Vo195       ------t-----t-----c-----g--------------c--------a-   1376

HER/33      CATCAGCAAGATGCCCAAACTCATGTGTCACTGGAGTTTATACTGATCCG   1450
T53         ----------------c---------------------------------   1426
Miyadera    -t--------------t-----------t--c-----c-----------a   1450
AUS/32      -t--------------t-----------------g--c-----------a   1450
QUE/66      -t--------------t-----------t--c-----c-----------a   1450
D26.76      -t--------------t-----------t--c-----c-----------a   1450
Lasota      -t--------------c-----g-----t--------c-----a-----a   1450
F48E9       -t-----c--------t-----g-----t--------c--c--------a   1450
QY97-1      -t-----c--------t-----g-----t--------c--c--------a   1450
SF02        ----------------c--------ca-------g--c-----------a   1426
YG97        ----------------c--------ca-------g--c-----------a   1426
NA-1        -------g--------c--------ca-------g--c-----------a   1426
NL-NDV      ----------------c--------ca----------c-----------a   1450
CHI/85      ----------------c--------ca----------c-----------a   1450
Taiwan95    ----------------c--------ca----------c-----------a   1426
Vo195       ----t--------t--t---c-----a----a-----c------------   1426

HER/33      TATCCCTTAATCTTCCATAGGAACCACACCTTGCGGGGGGTATTCGGGAC   1500
T53         --------gg----------------------------------------   1476
Miyadera    --------gg--------gc---------------a--------------   1500
AUS/32      ---------g-------------------------a--------------   1500
QUE/66      --------gg-----t-------------------a--------------   1500
D26.76      --------gg----tt-------------------a--------------   1500
Lasota      ------c--------t----a--------------a--------------   1500
F48E9       --c------g-------------------t-----a--------------   1500
QY97-1      --c------g-------------------t-----a--------------   1500
SF02        -----------------------t--t--tc-a--a-----c--------   1476
YG97        -----------------------t--t--tc-a--a-----c--------   1476
NA-1        -----t-----------------t--t---c-a--a-----c--------   1476
```

```
NL-NDV      -----------------------t--t---c-a--a-----c--------   1500
CHI/85      -----------------------t--t---c-a--a-----c--------   1500
Taiwan95    -----------------------t--t---c-a--a-----c--------   1476
Vol95       ---------g-------------t--t---c-a--a-----c--------   1476

HER/33      AATGCTTGATGATGGACAAGCAAGACTTAACCCTGTATCTGCAGTATTTG   1550
T53         ---------ca---a-----------------------------------   1526
Miyadera    --------------a--gg--------c----------------------   1550
AUS/32      --------------a------------c----t-----------------   1550
QUE/66      g-------------a-----------------------------------   1550
D26.76      g-------------a-----------------------------------   1550
Lasota      -----------g--t--------------------cg-----------c-   1550
F48E9       -------------aa------------c-----c----------------   1550
QY97-1      -------------aa------------c----------------------   1550
SF02        g-------------ag-----g-----------c--------------c-   1526
YG97        g-------------a------g-----------c--------------c-   1526
NA-1        g-------------a------g-----------c--------------c-   1526
NL-NDV      g-------------a------------------c--------------c-   1550
CHI/85      g-------------a------------------c--------------c-   1550
Taiwan95    --------------a------------c-----c--------------c-   1526
Vol95       --------------a------------c-----c--------------c-   1526

HER/33      ATAACATCTCCCGCAGTCGCATAACCCGGGTAAGTTCAAGCAGAACCAAG   1600
T53         -------a--------------------a--------------c------   1576
Miyadera    -----g-a-----------------------------------t------   1600
AUS/32      -------a------------------------------------------   1600
QUE/66      -c-g---a-----------------------g-----------c------   1600
D26.76      -c-g---a--t--------------------g-----------c------   1600
Lasota      ---g--ca--------------t--t--a--g-----------t-----a   1600
F48E9       -------a--t--------------------g-----------t------   1600
QY97-1      -------a--t--------------------g-----------t------   1600
SF02        -c-----a-----t-----tg-c--t-----g-----------c------   1576
YG97        -c-----a-----------tg-c--------g-----------c------   1576
NA-1        -c-g---a-----------tg----------g-----------c------   1576
NL-NDV      -c-----a-----------tg----------g-----------c------   1600
CHI/85      -c-----a-----------tg----------g-----------c------   1600
Taiwan95    -c-----a-----------tg----------g-----------c------   1576
Vol95       -c-g---a-----------tg----t-----g--------t--c----g-   1576

HER/33      GCAGCATACACGACATCGACATGTTTTAAAGTTGTCAAGACCAATAAAAC   1650
T53         -----------------------------------t--------------   1626
Miyadera    -----------------a--g-----------------------------   1650
AUS/32      -----------------a--g-----------------------------   1650
QUE/66      -----------a-----a-----------------a--------------   1650
D26.76      -----------a-----a-----------------a-----------g--   1650
Lasota      -----------a-----a--t-----------g--------t-----g--   1650
F48E9       -----------------a--------------------------------   1650
QY97-1      ------g----------a--------------------------------   1650
SF02        ------------------------------------------------g-   1626
YG97        --------------------g---------------------------g-   1626
NA-1        -----------------a--------------------------------   1626
NL-NDV      ------------------------------------------------g-   1650
CHI/85      ------------------------------------------------g-   1650
Taiwan95    ------------------------------------------------gt   1626
Vol95       ------------------------------------------------g-   1626

HER/33      ATATGTCCTCAGCATTGCAGAAATATCCAATACCCTCTTCGGAGAATTTA   1700
T53         ----tg------------t-----------------a-----g-----c-   1676
Miyadera    c---tg------------------------------------g-----c-   1700
AUS/32      c---tg---------------------------------t--g-----c-   1700
QUE/66      c---tgt-----------c-----------------------g-----c-   1700
D26.76      ----tgt-----------c-----------------------g-----c-   1700
Lasota      c---tgt-----------t--------t-----t--------------c-   1700
F48E9       c---tg------------------------------------g-----c-   1700
QY97-1      c---tg------------------------------------g-----c-   1700
SF02        t---tgt--t--t-----------------------a-----g-------   1676
YG97        t---tgt--t--t-----------------------a-----g-------   1676
NA-1        t---tgt--t--t-----------------------a-----g-------   1676
NL-NDV      t---tgt--t--t-----------------------a-----g-------   1700
CHI/85      t---tgt--t--t-----------------------------g-------   1700
Taiwan95    t---tgt--t--t-----------------------a-----g-------   1676
Vol95       c---tgt--t-----c--------------------a-----g-------   1676
```

```
HER/33     GGATCGTTCCTTTACTAGTTGAGATTCTCAAGAATGATGGGGTTTA....   1746
T53        --------------------------------g-------------....   1722
Miyadera   ----------c---------------------g-----aa------....   1746
AUS/32     -------c------------------------g-------------....   1746
QUE/66     -a-----c------------------------g-----------agagaa   1750
D26.76     -a-----c------------------------g-----------agagaa   1750
Lasota     -a-----c--g--------------c-----ag----c------agagaa   1750
F48E9      ----t--c------t----c------------g--------a----a      1747
QY97-1     ----t--c------t----c------------g--------a----a      1747
SF02       ----------c---t----------c------g--a--a-a-----a      1723
YG97       ----------c--------------c------g-----a-a-----a      1723
NA-1       ----------c--------------c------g-----a-a-----a      1723
NL-NDV     ----t-----c--------c-----c------g---g-a-------a      1747
CHI/85     ----------c--------------c------g-----a-------a      1747
Taiwan95   ----------c--------------c----g-g--a--a-------a      1723
Vol95      ----------c-----g--------c------g---t-a---c---a      1723

HER/33     ..................................................   1746
T53        ..................................................   1722
Miyadera   ..................................................   1746
AUS/32     ..................................................   1746
QUE/66     gccaggtctagccggttgagtcaactgcgagagggttggaaagatgacat   1800
D26.76     gccaggtctggccggttgagtcaattgcaagagggttggaaagatgacat   1800
Lasota     gccaggtctggctag                                      1765

HER/33     ........A                                            1747
T53        ........-                                            1723
Miyadera   ........-                                            1747
AUS/32     ........g                                            1747
QUE/66     tgtatcacctatcttttgcgacgccaagaatcaaactgaataccggcgcg   1850
D26.76     tgtatcgcctatcttttgcgacgccaagaatcaaactgagtaccggcgcg   1850

QUE/66     agctcgagtcctacgctgccagttggccataa                     1882
D26.76     agctcgagtcctacgctgccagctggccataa                     1882
```

附 2　16 株 NDV HN 基因的氨基酸序列分析

```
SF02        MDRAVNRVVLENEEREAKNTWRLVFRIAVLLLMVMTLAISAAALAYSTGA    50
YG97        --------------------------------------------------    50
NA-1        -----------------------------------------------se-    50
NL-NDV      ---t-----------------------------i------x------m--    50
Taiwan95    -----------------------i------i----------------m--    50
CHI/85      --------------------------------------------v--m--    50
VOL95       --ht----------------------tt------------i---v-im--    50
QY97-1      ----------------------------------------s---------    50
AUS/32      -n---cq-a---d---------------i---t--------------me-    50
Miyadera    ---t--q-a---d---------------t---i-----f--------me-    50
D26.76      -----sq-a---d---------------i---t-v------------me-    50
QUE/66      -----sq-a---d---------------i--st-v------------me-    50
LaSota      -----sq-a---d----------i----i-f-t-v---t-v-s-l--m--    50
F48E9       ---v-sq-a---d-------------t-----i-v-fs------m--me-    50
HER/33      -----s--a-------------f-----i---i-i---------v--me-    50
T53         --h--s--a-------------f-----i---i-i---------v--me-    50

SF02        STPHDLAGISTVISKTEDKVTSLLSSRQDVIDRIYKQVALESPLALLNTE   100
YG97        --------------------------s-----------------------   100
NA-1        --------------------------s-----------------------   100
NL-NDV      i--r----------------------s-----------------------   100
Taiwan95    ---r---------------------ls-----------------------   100
CH/I85      ---r----------------------k-----------------------   100
VOL95       ---r------a-v-------------s-----------------------   100
QY97-1      --------------------------s-----------------------   100
AUS/32      ---g--vs-p-a--ra-g-i--a-g-n---v-------------------   100
Miyadera    ---g--v--p-a--ra-e-i--a-g-n---v-------------------   100
D26.76      ---s--v--p-a--r--e-i--a-g-n---v-------------------   100
QUE/66      ---s--v--p-a--ra-e-i--a-g-n---v-----h-------------   100
LaSota      ---s--v--p-r--ra-e-i--a-g-n---v-------------------   100
F48E9       ---g--v--l-a--ra-e-i--a-g-n---v-------------------   100
HER/33      ---g--v--p----ra-e-i--a---n---v-------------------   100
T53         ---g--v--p----ra-e-i--a---n-n-v-------------------   100

SF02        SIIMNAIPSLSYQINGAANNSGCGAPVHDPDYIGGIGKELIVGDISDVTS   150
YG97        -------t---------t------------------------d-------   150
NA-1        -------t----------------v-----------------d-------   150
NL-NDV      -------t-----v----------------------------d-------   150
Taiwan95    -------t----------------------------------d-t-----   150
CHI/85      -------t----------------e-----------------d-------   150
VOL95       -------t----------------------------------d-t-----   150
QY97-1      -------t------------------------f---------d-------   150
AUS/32      -------t----------------------------------d-t-----   150
Miyadera    -------t----------------------------------d-a-----   150
D26.76      -t-----t-----------s------i---------------d-a-----   150
QUE/66      -t-----t-----------s------i---------------d-a-----   150
LaSota      tt-----t--------------w---i---------------d-a-----   150
F48E9       --t-s--t----------------------------------d-a-----   150
HER/33      -v-----t----------------------------------d-a-----   150
T53         -v-----t----------------------------------d-a-----   150

SF02        FYPSAYQEHLNFIPAPTTGSGCTRIPSFDMSTTHYCYTHNVILSGCRDHS   200
YG97        --------------------------------------------------   200
NA-1        --------------------------------------------------   200
NL-NDV      --------------------------------------------------   200
Taiwan95    ------------------e-------------------------------   200
CHI/85      --------------------------------------------------   200
VOL95       -----------------------------i-p------------------   200
QY97-1      --------------------------------------------------   200
AUS/32      -----f-------------------------a----------f-------   200
Miyadera    -----f-------------------------a------------------   200
D26.76      -----f-------------------------a------------------   200
QUE/66      -----f-------------------------a------------------   200
LaSota      -----f-------------------------a------------------   200
F48E9       -----f-------------------------a------------------   200
HER/33      -----f-----------------------i-a------------------   200
T53         -----f-----------------------i-a------qh----------   200

SF02        HSHQYLALGVLRTSATGRVFFSTLRSINLDDTQNRKSCSVSATPLGCDML   250
YG97        --------------------------------------------------   250
NA-1        --------------------------------------------------   250
NL-NDV      -------------------v------------------------------   250
```

```
Taiwan95    --------------------------------------------------    250
CHI/85      --------------------------------------------------    250
VOL95       ----------------------------p---------------------    250
QY97-1      --------------------------------------------------    250
AUS/32      --------------------------------------------------    250
Miyadera    q-------------------------------------------------    250
D26.76      --------------------------------------------------    250
QUE/66      --------------------------------------------------    250
LaSota      --y-----------------------------------------------    250
F48E9       -------------------------------n------------------    250
HER/33      -------------------------------n------------------    250
T53         -------------------------------n----------------i-    250

SF02        CSKVTGTEEEDYKSVAPTSMVHGRLGFDGQYHEKDLDTTVLFKDWVANYP    300
YG97        --------------------------------------a-----------    300
NA-1        -----ei-------it----------------------------------    300
NL-NDV      -----e---------t----------------------------------    300
Taiwan95    -----e---------t----------------------------------    300
CHI/85      -----e---------t----------------------------------    300
VOL95       -----e---------t---------r------------------------    300
QY97-1      -----e------n--i--p------------------vat--g-------    300
AUS/32      -----e------n--i---------------------v-t--g-------    300
Miyadera    -----e------n--t---------------------v-t--g-------    300
D26.76      -----e------n-ai---------------------v-t--e-------    300
QUE/66      -----e------n-ai---------------------v-t--e-------    300
LaSota      -----e------n-av--r------------------v-t--g-------    300
F48E9       -----e------n--i--p------------------vat--g-------    300
HER/33      ---i-e------s--s---------------------vit----------    300
T53         ---i-e------g--t---------------------vit----------    300

SF02        GAGGGSFIDDRVWFPVYGGLKPNSPSDTAQEGKYVIYKRHNNTCPDEQDY    350
YG97        --------------------------------------------------    350
NA-1        -v------------------------------------------------    350
NL-NDV      -v------n-------------------------------------g---    350
Taiwan95    -v-------------------------------------y----------    350
CHI/85      -v-------------------------------------y----------    350
VOL95       -v-------------------------------------y----------    350
QY97-1      -v-------n----------------------r------y-d--------    350
AUS/32      -v-------n------------s-----g---r------y-d--------    350
Miyadera    -v-------s-----i----------------r------y-d--------    350
D26.76      -v-------n-----------------------------y-d--------    350
QUE/66      -v-------n-----------------------------y-d--------    350
LaSota      -v-------s----s-------------v----------y-d--------    350
F48E9       -v-------n----------------------r---f--y-d--------    350
HER/33      -v-------n------------------v---r------y-d--------    350
T53         -v-------n----------------------r------y-d--------    350

SF02        QIRMAKFSYKPGRFGGKRVQQAILSIKVSTSLGKDPVLTIPPNTITLMGA    400
YG97        ------s-------------------------------------------    400
NA-1        --------------------------------------------------    400
NL-NDV      ------s---------r---------------------------------    400
Taiwan95    ------s--n-----r-----------------t----------------    400
CHI/85      ------s--------------------------e----------------    400
VOL95       ------s--------------------------e----------------    400
QY97-1      ------s--------------------------e-----v----------    400
AUS/32      ------s--------------------------e----------v-----    400
Miyadera    ------s----r---------------------e-----v----v-----    400
D26.76      ------s--------------------------e-----v----v-----    400
QUE/66      --q---s--------------------------e-----v----v-----    400
LaSota      ------s-----------i--------------e-----v----v-----    400
F48E9       ------s--------------------------e-----v----------    400
HER/33      ------s--------------------------e----------v-----    400
T53         ------s----r----r----------------e-----v-s--v-----    400

SF02        EGRILTVGTSHFLYQRGSSYFSPALLYPMTVNNKTATLHSPYTFNAFTRP    450
YG97        --------------------------------------------d-----    450
NA-1        --------------------------------------------------    450
NL-NDV      ------------------------------------------m-------    450
Taiwan95    -------------------------------y-------n----------    450
CHI/85      ---v----------------------------------------------    450
VOL95       ---v---------------------------y------------------    450
QY97-1      ---v--------f------------------d----------a-------    450
```

```
AUS/32      ---v-----------------------------n----------------   450
Miyadera    ---v----------------------------------------------   450
D26.76      ---v--------f------------------s------------------   450
QUE/66      ---v-------------------------i-g------------------   450
LaSota      ----------------------------i--s------------------   450
F48E9       ---v--------f------------------d----------a-------   450
HER/33      ---v----------------------------------------------   450
T53         ---v----------------------------------------------   450

SF02        GSVPCQASARCPNSCITGVYTDPYPLIFHRNHTLRGVFGTMLDDEQARLN   500
YG97        --------------------------------------------------   500
NA-1        --------------------------------------------------   500
NL-NDV      --------------------------------------------------   500
Taiwan95    --------------------------------------------------   500
CHI/85      --------------------------------------------------   500
VOL95       -------------p------------v-----------------------   500
QY97-1      ---------------v----------v-----------------k-----   500
AUS/32      ---------------v----------v-----------------------   500
Miyadera    ---------------v----------v--a---------------r----   500
D26.76      ---------------v----------v-y---------------------   500
QUE/66      ---------------v----------v-y---------------------   500
LaSota      --i------------v------------y--------------gv-----   500
F48E9       ---------------v----------v-----------------k-----   500
HER/33      ---------------v----------------------------g-----   500
T53         ---------------v----------v----------------n------   500

SF02        PVSAVFDNISRSRVTRVSSSSTKAAYTTSTCFKVVKTNKAYCLSIAEISN   550
YG97        --------------------------------------------------   550
NA-1        -------s-------------------------------t----------   550
NL-NDV      --------------------------------------------------   550
Taiwan95    ---------------------------------------v----------   550
CHI/85      --------------------------------------------------   550
VOL95       -------s--------------r---------------------------   550
QY97-1      -------------i-----------d-------------t----------   550
AUS/32      l------------i------r------------------t----------   550
Miyadera    --------v----i-------------------------t----------   550
D26.76      -------s-----i-------------------------t----------   550
QUE/66      -------s-----i-------------------------t----------   550
LaSota      -a-----st----i-------------------------t----------   550
F48E9       -------------i-------------------------t----------   550
HER/33      -------------i------r------------------t-v--------   550
T53         -------------i-------------------------t----------   550

SF02        TLFGEFRIVPLLVEILKDNRV                                571
YG97        ------------------d--                                571
NA-1        ------------------d--                                571
NL-NDV      ------------------g--                                571
Taiwan95    ----------------r----                                571
CHI/85      ------------------d--                                571
VOL95       ------------------v-a                                571
QY97-1      ------------------dgi                                571
AUS/32      ------------------dg-                                571
Miyadera    ------------------dk-                                571
D26.76      ------------------dg-rearsgrlsqlqegwkddivspifcdakn   600
QUE/66      ------------------dg-rearssrlsqlregwkddivspifcdakn   600
LaSota      ------------------dg-rearsg                          577
F48E9       ------------------dgi                                571
HER/33      -----------------ndg-                                571
T53         ------------------dg-                                571

D26.76      qteyrrelesyaaswp                                     616
QUE/66      qteyrrelesyaaswp                                     616
```

第三部分　鹅源禽副黏病毒 NA-1 株 F 蛋白基因的克隆及其载体的构建

鹅副黏病毒病是一种以消化道病变为特征的具有高度发病率和死亡率的烈性传染病。1997 年以来，在我国许多地区的鹅群中相继流行。1997 年王永坤等从鹅体内分离到 13 株副黏病毒；丁壮等在吉林省分离到禽副黏病毒强毒株 NA-1。经病毒的分离、鉴定，确定其为副黏病毒科，属于 PMV-1 中的成员，对鹅和鸡均具有较强的致病性。F 蛋白是使病毒脂蛋白囊膜与宿主细胞表面包膜融合的主要因子，同时也是决定禽副黏病毒毒力的主要决定因素。并且 F 糖蛋白具有良好的免疫原性，用真核细胞表达的 F 糖蛋白免疫动物后，对强毒的攻击有很好的保护作用。为了研究鹅副黏病毒的致病机理并且研制针对鹅的副黏病毒基因工程苗，本试验克隆了包含完整的阅读框的鹅副黏病毒 F 基因，并构建了含有 F 基因的重组穿梭载体 re2-Bacmid，为下一步的转染表达奠定了基础。

1　材料与方法

1.1　毒种与菌种

鹅副黏病毒分离株 NA-1、大肠埃希氏菌 JM109，由本教研室分离、保存；大肠杆菌 DH10Bac 购自 Invitrogen 公司。

1.2　试　剂

Trizol 试剂，购自 Invtogene 公司；AMV Reserve Transciptase，购自 Promega 公司；Ribonuclease inhibitor、DNA Marker、*Ex Taq*、pMD18-T 载体和内切酶等，均购自 Takara 公司；DNA gel extraction kit，购自 vitagene 公司；转座载体 pFast-Bac Ⅰ，购自 Invitrogen 公司。

1.3 引物设计

参考文献报道的 NDV 的 F 基因序列，用 Primer premier 5.0 设计引物：

P1　5′-GGA TCTA GAA TGGGCTCCAAACCTTC-3′

P2　5′-CCA GCA TGCA TCTGCA TTA TGCTCTTG-3′

P1、P2 分别含有 *Xba* Ⅰ、*Sph* Ⅰ酶切位点。

1.4 病毒的分离与纯化

将鹅副黏病毒 NA-1 接种于 11 日龄的 SPF 鸡胚，收集在 24～72h 死亡的鸡胚尿囊液，先 8 000r/min 离心 30min，取上清，再 25 000r/min 离心 2.5h，取沉淀溶于适量 STE 中，－70℃冻存备用。

1.5 病毒 RNA 的制备及 RT-PCR

采用 Trizol 试剂提取 RNA，操作参照 Trizol Reagent 说明书进行。RT-PCR 操作参考文献进行。

1.6 RT-PCR 产物的克隆与鉴定

RT-PCR 产物的纯化，参照 DNA gel extraction kit 说明书进行。将回收的 PCR 产物与 pMD18-T 载体连接。重组质粒用 XbaⅠ＋SphⅠ双酶切及 PCR 鉴定，筛选出阳性重组质粒并命名为 pMDF1。

1.7 序列测定

由上海基康生物技术有限公司完成，用 DNA SIS 与 NDA Star 软件分析结果，并将以 ATG 起始的 389bp 序列与国内外发表的 NDV 序列相比较。

1.8 重组转座载体的构建

将 pMDF1 和 pFastBacⅠ用 *Xba* Ⅰ、*Sph* Ⅰ双酶切后，回收 F 基因和线性 pFastBacⅠ，用 T4 DNA 连接酶联接，构建成重组转座载体 PFF。

1.9 重组转座载体 PFF 的鉴定

将 PFF 转化大肠杆菌 JM109 感受态，在含有氨卞青霉素的琼脂板上筛选阳性菌落，提取质粒后酶切鉴定。

1.10 利用转座程序构建重组穿梭载体

将 PFF 转化大肠杆菌 DH10Bac（含有 Bacmid 和 Helper plasmid 两种人工质粒）感受态，涂布于含有 X-gal、IPTG 和庆大霉素、卡那霉素、四环素的琼脂平板上，挑选白色菌落。在大肠杆菌 DH10Bac 体内，在 Helper plasmid 的帮助下，重组转座载体 PFF 与含有杆状病毒全基因组的 Bacmid 发生转座重组，得到重组穿梭载体 re-Bacmid。

1.11 利用 PCR 反应鉴定重组穿梭载体

提取 re-Bacmid，并提取大肠杆菌 DH10Bac，体内 Bacmid 做阴性对照模板。利用 M13（-40）上游引物［5′-GTTTTCCCA GTCACGAC-3′］和 M13 下游引物［5′-CA GGAAACA GCTA TGAC-3′］做重组 Bacmid PCR 鉴定引物。PCR 反应程序参考 Bac-to-Bac Baculovirus Expression System 操作手册进行。

2 结 果

2.1 目的基因的 RT-PCR 扩增

产物经 0.75% 琼脂糖凝胶电泳观察，得到 1 条约 1.7kb 的特异性扩增条带，与预期设计的扩增片段大小相符。

2.2 阳性克隆的鉴定

RT-PCR 产物纯化后与 pMD18-T 载体连接，经 AIX 平板筛选及质粒电泳鉴定，初步获得了阳性重组质粒 pMDF1。将此重组质粒经 *Xba* Ⅰ及 *Sph* Ⅰ双酶切后电泳，结果出现约为 1.7kb 和 2.7kb 的条带；以 pMDF1 为模板进行 PCR 鉴定，结果出现 1 条约 1.7kb 的条带。说明 F 基因已克隆入 pMDF1 质粒。

2.3 鹅副黏病毒 F 基因的核苷酸和氨基酸序列分析

测出的核苷酸序列大小为 1 672bp，包含完整的开放阅读框架（1 662bp），编码 553 个氨基酸，F 蛋白裂解位点的氨基酸顺序为 ^{112}R-R-Q-K-R-F^{117}。将测出的 F 基因开放阅读框的前 389 个核苷酸与已发表 NDV 和鹅副黏病毒的序列比较后，发现其同源性在 81.2% ~89.6% 之间。

2.4　重组转座载体酶切鉴定

将 PFF 重组转座载体用 *XbaI* Ⅰ + *Sph* Ⅰ双酶切后，用 1% 琼脂糖凝胶电泳，出现 1 条约 1.7 kb 的带和 1 条约 4.7 kb 的带，说明基因克隆入 pFast-Bac Ⅰ。

2.5　重组穿梭载体 PCR 鉴定

用 PCR 鉴定重组 Bacmid，0.75% 琼脂糖凝胶电泳 PCR 产物。阴性对照得到约 300 bp 的片段，重组 Bacmid 做模板，得到约 4.0 kb 的条带，说明所得 Bacm id 为阳性重组 Bacmid。

3　讨　论

F 蛋白是使病毒脂蛋白囊膜与宿主细胞表面包膜融合的主要因子，同时也是决定禽副黏病毒毒力的主要决定因素。各毒株之间最重要的差异存在于 F 蛋白中 F_1/F_2 多肽裂解位点的边界标志区，该区域重要氨基酸序列的改变与 NDV 的毒力有关，毒株裂解区域的氨基酸序列为^{112}R-R-Q-K/R- R-F^{117}；而弱毒株相对应的氨基酸序列为^{112}G-K/R-Q-G-R-L^{117}。通过对其核苷酸序列所推导出的氨基酸序列的分析，发现鹅副黏病毒 F 基因的裂解位点的氨基酸顺序^{112}R-R-Q-K-R-F^{117}，测定结果与我们保存的为强毒株鹅副黏病毒相符。

通过对鹅副黏病毒 F 基因氨基酸序列的分析，根据 NDV 基因分型的方法，发现本株鹅副黏病毒具有基因Ⅶ型 NDV 的典型特征，即 K^{101} 和 V^{121}。并且通过对鹅副黏病毒的 F 基因阅读框内前 389 核苷酸与已发表 NDV 相关序列进行比较结果显示，序列同源性在 81.2% ~ 89.6%，绘制进化树显示，鹅源副黏病毒 NA-1 归属基因Ⅶ型，与基因Ⅶ型 NDV101 和 121 特征性氨基酸结果一致。

转座载体多克隆位点的两侧含有 Tn7 转座子的侧臂，将 F 基因克隆入转座载体后，得到重组转座载体 PFF，从而 F 基因插入 Tn7 转座子内。将其转化大肠杆菌 DH10Bac，得到重组穿梭载体。大肠杆菌 DH10Bac 体内含有 Bacmid 和 helper plasmid 两种人工大质粒。Bacm id 含有杆状病毒的全基因组，并含有 Tn7 转座子的接触位点。当含有目的基因 F 的转座载体 PFF 转化入大肠杆菌 DH10Bac 时，在 Helper plasmid 的帮助下，转座载体 PFF 与 Bacmid 发生转座重组，Tn7 转座子转座到重组穿梭载体 Bacmid 的 Tn7 接触位点，得到重组转座载体 re-Bacmid。当 re-Bacmid 转染昆虫细胞时，可以在细胞内重新装配、复制，形成新杆状病毒，并使外源基因得到表达。

第四部分　鹅源商品肉鹅新城疫病毒NA-1株母源抗体消长规律及最佳首免日龄的确立

新城疫（Newcastle disease，ND）是由新城疫病毒（Newcastle disease virus，NDV）引起多种禽类发生高度死亡的一种急性传染病。新城疫病毒（NDV）属于副黏病毒科禽腮腺炎病毒属，是负链RNA，全长为15 154nt、15 186nt 、15 192 nt或15 198nt，迄今为止，GenBank上公布了包含以上主要4种长度的10种基因组全长。新城疫病毒已可对水禽表现出高致病性，新城疫病毒与水禽之间的生态平衡已被打破，水禽也成为新城疫的易感宿主。目前，我国从匈牙利引进了霍尔多巴吉鹅，该品种以其增重快，肉质鲜嫩、蛋白质含量高、低脂肪、低胆固醇、营养价值高以及产毛多而备受青睐，但对于该品种免疫程序的探讨尤其是对新城疫免疫程序制定的研究甚少。鉴于此，本研究通过对我国从匈牙利引进的新品种霍尔多巴吉鹅免疫接种新城疫油乳剂灭活疫苗，采用常规的血清学方法对雏鹅的母源抗体消长规律及免疫后抗体的动态变化进行监测分析，探讨雏鹅母源抗体的下降规律及鹅对疫苗免疫应答的产生、发展和衰减的一般规律，最终确立最佳首免日龄，制定科学的鹅源新城疫免疫程序，以更好地发挥疫苗的作用，为霍尔多巴吉鹅的推广及水禽新城疫的防控提供参考依据。

1　材料与方法

1.1　疫　苗

鹅源新城疫油乳剂灭活苗为某疫苗公司产品。

1.2　检测试剂

鹅源新城疫NA-1株及标准阳性血清，由吉林大学畜牧兽医学院动物重要病原与疫病研究室惠赠。

1.3　试验动物

霍尔多巴吉商品肉鹅，由赤峰市某商品鹅场提供。

1.4　试验设计

将150只试验鹅随机分为A、B、C、D、E 5组，每组30只。A、B两组不进行免疫，隔日采血检测母源抗体，探索母源抗体消长规律。C、D、E组为免疫组，分别于7、11、14日龄采用颈部皮下注射进行免疫，每只0.5ml。免疫后，于不同日龄全组采血，前期采用心脏采血，10日龄后采用腿部静脉采血，离心分离血清待检。

1.5　血清学检测

应用血凝（HA）和血凝抑制（HI）试验进行抗体效价检测，具体操作方法参考《GB/T 16550—2008 新城疫诊断技术》以及文献报道进行，抗体效价以$\log_2$表示。

2　结　果

2.1　母源抗体水平消长情况

从表2-9可知，1日龄的抗体水平为10$\log_2$，9日龄下降到5.7$\log_2$，经过11d左右抗体下降到4.2$\log_2$。25日龄抗体水平降低到0.6$\log_2$，抗体接近消失。

表2-9　母源抗体消长规律检测结果

	日龄												
	1	3	5	7	9	11	13	15	17	19	21	23	25
平均值	10.0	8.7	7.2	6.2	5.7	4.2	3.6	3.0	2.8	2.1	1.8	1.2	0.6

2.2　疫苗免疫后的抗体效价

从表2-10可知，C组从20日龄到55日龄（2个月左右出栏）抗体水平一直处于4 log2以下；D组27日龄抗体水平达到4.1log2，一直到55日龄抗体均在4log2以上，55日龄抗体水平为7.4log2；E组从41日龄到55日龄抗体水平均在

4log2 以上，55 日龄抗体水平为 6.9log2。

表 2-10　雏鹅不同日龄免疫后抗体检测结果

组别	日龄									
	7	11	14	17	20	27	34	41	48	55
C 组	6.2	5.9	5.2	4.5	3.7	3.3	3.0	2.8	2.7	2.7
D 组		4.2	3.1	3.4	3.5	4.1	4.7	6.5	7.3	7.4
E 组				2.6	2.9	3.2	3.7	5.4	6.7	6.9

3 讨　论

母源抗体监测结果表明，霍尔多巴吉商品肉鹅的母源抗体由 1 日龄 10log2 下降到 25 日龄的 0.6log2，其半衰期约为 2.7d。HI 抗体水平低于 4log2 时保护力很差，容易感染此病毒而发病。如果 HI 抗体水平在 4log2 以上时就能够抵御外界野毒的侵袭，起到保护作用。因此，本试验将 4log2 作为免疫接种的临界点。从表 2-9 可知，霍尔多巴吉商品肉鹅在 11 日龄左右，雏鹅母源抗体水平下降到了临界点，此时应该免疫。经过免疫检测表明，C 组（7 日龄免疫组）HI 抗体水平 20 日龄后一直维持在临界点以下，不能达到疫苗保护水平；D 组（11 日龄免疫组）免疫后 16dHI 抗体水平达到合格，到出栏前仍维持较高水平；E 组（14 日龄免疫组）HI 抗体水平在免疫后约 22d 达到合格。D 组和 E 组进行对照，D 组免疫后 HI 抗体水平达到合格的时间较 E 组短，而且免疫后在出栏前产生的 HI 抗体水平比 E 组较高，因此，11 日龄可确定为霍尔多巴吉商品肉鹅新城疫的最佳首免日龄。

匈牙利很少或不发生鹅源新城疫，而该病目前在我国普遍存在，并且对鹅表现出高致病性。我国自引进霍尔多巴吉鹅后，一些地区该品种也接连发生此病，给养殖场带来了很大的经济损失。因此，制定一个科学的免疫程序，对防控该品种鹅新城疫是极为重要的。另外，由于受鹅群免疫应答基础、疫苗的质量、个体差异以及养殖场卫生防疫条件等因素的制约，免疫程序不能千篇一律，一成不变，应及时、合理、动态调整免疫程序，以免在危险期受到病毒的侵袭。采取严格的生物安全措施、加强饲养管理，保持鹅舍良好的通风和合理的饲养密度也都有助于降低对该病毒的感染。

第五部分　新城疫病毒 TL1 株的分离鉴定及部分生物学特性研究

新城疫（Newcastle disease，ND）是由新城疫病毒（Newcastle disease virus，NDV）引起的侵害禽类的一种急性、高度接触性传染病，是家禽传染病中为害最为严重的疾病之一，给世界养禽业带来了极大的损失，被国际兽疫局确定为 A 类传染病。ND 首次暴发于印度尼西亚的爪哇和英国的新城（Newcastle），1927 年 Doyle 首次分离到病原，并将该病命名为新城疫。新城疫曾在全世界出现过 3 次大的流行，第一次于 1926 年起源于东南亚，经亚洲向欧洲缓慢移动，经 30 年时间传遍世界各地；第二次暴发从 20 世纪 60 年代初期开始于中东地区，并于 1973 年迅速扩散到其他国家；第三次大流行始于 20 世纪 70 年代末主要从中东开始，1981 年到达欧洲并席卷世界各国，这次流行主要为嗜神经型，是由种鸽传播而引起的；近 20 年以来发生于亚洲、中东、非洲及欧洲等地的 ND 被认为构成了 ND 的第四次大流行，主要以基因Ⅶ型为主，同时还有基因Ⅵ型和Ⅷ型的存在。我国各地对鸡新城疫采取免疫预防措施，包括弱毒苗和灭活苗免疫，已极大减少了该病引起的经济损失，但该病至今仍没有得到根本的控制，鸡新城疫还在各地不同程度的流行，对养鸡业发展构成主要威胁。2002 年 8 月至 2004 年 11 月，内蒙古东部主要养鸡地区先后暴发了以雏鸡大量死亡和产蛋鸡产蛋量严重下降为特征的疫病，造成了重大的经济损失。两年来我们先后从发病鸡群中分离出多株新城疫病毒，并对其中一株 TL1 进行了系统研究。

1　材料与方法

1.1　材　料

1.1.1　病　毒

新城疫病毒 TL1 株，由本课题组分离于自然感染病死鸡的肝组织；新城疫 La Sota 株、$F_{48}E_9$ 株，由军事医学科学院军事兽医研究所动物性食品安全研究室保存。

1.1.2 血 清

NDV 阳性血清、禽流感（H_9 和 H_5）单因子阳性血清及 EDS-76 阳性血清购自中国兽医药品监察所。

1.1.3 标准诊断试剂

禽脑脊髓炎（AE）、网状内皮增生症（REV）、鸡传染性贫血因子（CAA）、肿头综合症（TRT）、传染性法氏囊（IBD）、呼肠孤（REO）等 ELISA 诊断试剂盒，购自美国 IDEXX 公司。新城疫、减蛋综合征（EDS-76）、败血支原体（MG）、滑液囊支原体（MS）等诊断抗原购自中国兽医药品监察所。禽流感诊断抗原购自中国农业科学院哈尔滨兽医研究所。

1.1.4 主要仪器和设备

AR2140 电子天平（美国 OHAUS 公司），AR5120 电子天平（美国 OHAUS 公司），低温恒温循环器（宁波天恒公司），COIC 2077 倒置显微镜（重庆光学仪器厂），生物安全柜（美国 Thermo Forma 公司），3K15 低温离心机（美国 Sigma 公司）。

1.1.5 试验动物

11 日龄 SPF 鸡胚购自山东省农业科学院。1 日龄 SPF 雏鸡、6 周龄非免疫雏鸡购自长春市兽药厂。30 日龄未免疫雏鸡购自吉林省兽医研究所。

1.2 方 法

1.2.1 新城疫病毒 TL1 株的分离

1.2.1.1 病料的处理

无菌挑取病死鸡的心血、肝等病料，接种于鲜血琼脂平板和麦康凯琼脂平板，37℃培养 48h，无细菌生长。无菌采集病死鸡的肝、脾，将病料混合后进行研磨，按 1∶5 的比例用生理盐水稀释制成病料悬液，10 000r/min 离心 20min，取上清加入青、链霉素，2 000IU/ml，4℃作用 4h 后，－20℃冻存备用。

1.2.1.2 病毒的增殖

上述处理的病料上清液，接种 11 日龄 SPF 鸡胚绒毛尿囊腔，0.1ml/枚，接种鸡胚置于 37℃孵育，每 12h 照蛋一次，弃去 24h 以内死亡的鸡胚，24h 之后死亡的鸡胚立即取出，收集 24～48h 死亡鸡胚尿囊液，置－20℃保存。

1.2.1.3 空斑纯化试验

参照文献方法，将鸡胚成纤维细胞在 96 孔板中培养成单层，吸弃营养液，用 Hank's 液洗 2 次。用不含血清的维持液将病毒液作 10 倍连续稀释，稀释成 10^{-3}、10^{-4}、10^{-5}、10^{-6}、10^{-7} 5 个稀释度，每个稀释度接种 3 个孔，每孔接种量为原营养液的1/10。置37℃感作1h，使病毒充分吸附。吸附完毕，吸出病毒液。每孔加2倍含血清的营养液与10 g/L甲基纤维素的混合液3 ml，37℃培养，逐日观察细胞形态，直至出现空斑。在倒置显微镜下标记空斑的位置，在超净工作台中，用灭菌滤纸条吸出空斑，放在营养液中。连续纯化3次，－70℃保存，并命名为TL1株。

1.2.1.4　纯化病毒的扩增

将纯化病毒分别以10^{-3}、10^{-4}、10^{-5}稀释度接种10日龄鸡胚10枚。检测其病毒血凝效价，无菌收集最佳稀释倍数的血凝效价较高的鸡胚尿囊液。

1.2.2　新城疫病毒TL1株形态学、HA及HI的鉴定

1.2.2.1　形态学观察

取扩增的鸡胚尿囊液，4 000r/min离心20min，取上清，用磷钨酸染色后，在电镜下观察。

1.2.2.2　病毒的血凝（HA）试验

取鸡胚尿囊液进行微量法HA试验。

1.2.2.3　病毒的血凝抑制（HI）试验

分别取NDV、禽流感病毒（AIV）的标准阳性血清及EDS-76阳性血清，按常规方法进行。

1.2.3　新城疫病毒TL1株各项毒力指标的测定

最小致死量病毒致死鸡胚的平均时间（MDT）测定、1日龄SPF鸡脑内接种分离病毒致病指数（ICPI）测定及6周龄SPF鸡静脉接种致病指数（IVPI）测定，均按照2001年版《中华人民共和国兽用生物制品质量标准》（以下简称“标准”）方法利用SPF鸡和鸡胚测定。

1.2.3.1　血凝解脱及血凝素热稳定性试验

根据1.2.2.2中测得的该NDV分离株（TL1）的对鸡红细胞的凝集价（HA），读数后振荡，使红细胞悬浮，4℃过夜，读数后再悬浮，再于2h后读HA值。洗脱速度分快速、中速和慢速。第1次悬浮过夜后不凝集者为快速解脱，第2次悬浮2h后不凝集者为中速解脱，仍凝结者为慢速解脱。将该病毒以2 000r/min离心10min，取上清0.5～1ml，装于7个小试管中，置于56℃水浴中处理1、3、5、10、30、60、120min；立即冷却后测定其HA值，不凝集者证明其血凝素消失。

1.2.3.2　致死鸡胚平均死亡时间（MDT）测定

取鸡胚尿囊液，用含双抗的灭菌生理盐水作10倍连续稀释，取10^{-7}、10^{-8}、10^{-9} 3个稀释度，每个稀释度各接种10枚11日龄SPF鸡胚，每胚尿囊腔内注射

0. 1ml，置 38℃继续孵育，于接种后 24h 第一次照蛋，弃掉死亡胚，以后每天照蛋，详细记载胚胎死亡时间，连续观察 7d，使所有接种鸡胚死亡的最高稀释倍数即为毒株的最小致死量（MLD）。最小致死量致鸡胚死亡时间的总和除以死亡鸡胚总数，所得商即为 MDT。

1. 2. 3. 3　脑内接种致病指数（ICPI）测定

取鸡胚尿囊液，用含双抗的灭菌生理盐水作 10 倍稀释，接种 10 只 1 日龄 SPF 雏鸡，每只脑内接种 0. 05ml，对照组注射生理盐水，隔离饲养。接种后，记录雏鸡的情况，正常记 0 分，发病记 1 分，死亡记 2 分，连续观察 8d，每天在相应接种的时间观察，详细记录雏鸡的正常、发病和死亡情况。累计总分除以正常、发病、死亡鸡的累计总数所得的商即为 ICPI。

1. 2. 3. 4　静脉接种指数（IVPI）测定

取鸡胚尿囊液，用含双抗的灭菌生理盐水作 10 倍稀释，接种 10 只 6 周龄未免疫雏鸡，每只静脉接种 0. 1ml，对照组注射生理盐水，隔离饲养。接种后每天在与接种时间对应的时间检查雏鸡的健康状况。根据接种鸡的正常（记 0 分），发病（记 1 分），麻痹（记 2 分）和死亡（记 3 分）情况累计总分，连续观察 10d。累计总分除以正常、发病、麻痹、死亡鸡的累计总数所得的商即为 IVPI。

1. 2. 4　外源病毒检测

按照“标准”规定的标准方法在隔离器中利用 3 周龄 SPF 雏鸡进行实验检测。

1. 2. 5　动物回归试验

取 30 日龄未免疫雏鸡各 10 只分成两组，将经蚀斑纯化后传代鸡胚尿囊液用生理盐水 1 000倍稀释，两组试验动物按 0. 1ml/只分别接种该分离株和对照生理盐水，隔离饲养。每日观察并记录接种鸡发病和死亡情况。

2　结　果

2.1　病毒粒子的电镜观察

在透射电镜下，负染标本中的病毒粒子大多近似球形，直径 120 ~ 240nm，表面有纤突。

2.2　蚀斑纯化

分离病毒株（TL1）经 CEF 培养后，显微镜下可见清晰的病毒蚀斑（图

2－14）。

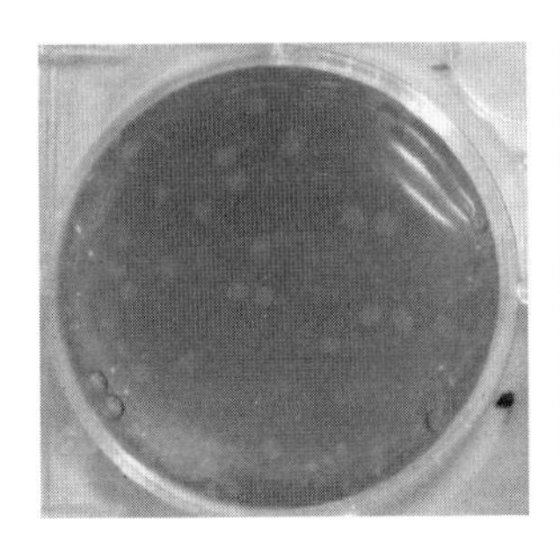
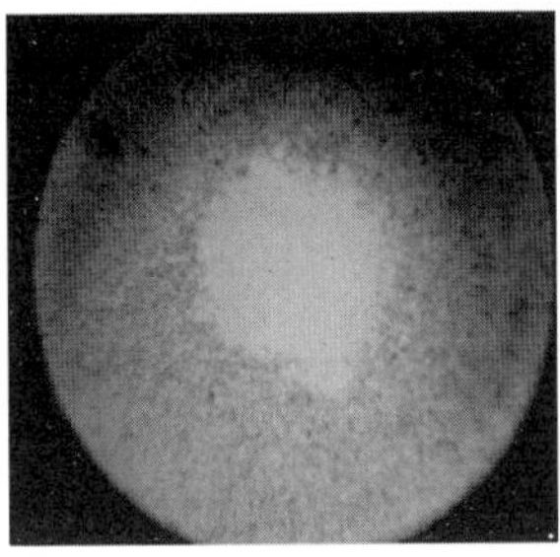

图2－14　NDV在鸡胚成纤维细胞上形成的空斑（蚀斑，×50）

2.3　病毒扩增

本试验采用NDV分离株的3个不同稀释倍数，即10^{-3}、10^{-4}、10^{-5}稀释度接种10枚10日龄SPF鸡胚，每12h照检一次，并测定其相应效价。结果表明10^{-4}稀释倍数接种鸡胚的死亡时间较集中（36h），且相应的效价较高（2^{-9}），因此采用10^{-4}稀释倍数的病毒液接种鸡胚大量培养。

2.4　血凝及血凝抑制试验

新城疫内蒙古分离株（TL1）病毒具有血凝性，血凝效价平均为2^{-9}左右。该病毒的血凝性可被NDV阳性血清所抑制，血凝抑制效价平均为2^{-9}左右，而不能被禽流感病毒的阳性血清及EDS-76阳性血清抑制，从而可以鉴定所分离病毒为新城疫病毒。

2.5　各项毒力指标的测定

2.5.1　血凝解脱及血凝素热稳定性试验

该新城疫TL1株凝集红细胞后，再振荡悬浮，过夜观察，没有出现凝集，表明该病毒株为快速解脱型。56℃时，5min血凝性消失。

2.5.2　MDT、ICPI和IVPI的测定

TL1毒株MDT为58h、ICPI为1.7、IVPI为2.4。根据文献报道，NDV的强毒株MDT小于60h，ICPI在1.5～2.0之间，IVPI在2.0～3.0之间；NDV的中毒力毒株MDT在60～90h之间，ICPI在0.8～1.5之间，IVPI＜1.45；NDV的弱毒株MDT大于90h，ICPI＜0.8，IVPI为0。按照此标准来判定，TL1株为强毒株。

2.6 外源病毒检测

分离株除与 NDV 单因子阳性血清反应外，与 H_9、H_5、AE、REV、CAA、TRT、IBD、REO、EDS-76、MG、MS 等阳性血清反应都为阴性。

2.7 动物回归试验

部分鸡只接种 42h 后出现咳嗽、垂头、精神沉郁、羽毛逆立、呆立不动等症状，后期出现卧地不起、瘫痪、翅下垂、点头震颤等神经症状。攻毒后 4d 内全部死亡。剖检观察病理变化：腺胃黏膜出血、十二指肠出血、小肠出血、泄殖腔出血、喉头及气管黏膜充血、脾脏肿大。采集病料按照 1. 2. 1. 1 和 1. 2. 1. 2 所示方法处理后接种鸡胚培养后收取尿囊液，做 HA 试验，结果与自然病例相符，也具有血凝性，并且能被 ND 标准阳性血清中和。

3 讨　论

3.1 新城疫病毒 TL1 株的蚀斑纯化

NDV 分离株来自野外，可能混有其他外源病毒或 NDV 弱毒疫苗株，这些混杂的病毒将严重影响试验结果的可靠性。因此，在进行 NDV 生物学特性鉴定及遗传变异分析之前，本研究首先将 NDV 分离株进行了纯化试验。结果显示 TL1 株 NDV 在单层鸡胚成纤维细胞感染 60h 后就可见无色透明边缘整齐的清亮型蚀斑，直径在 2. 5 ~3 mm 之间，为典型的新城疫强毒特征，这与动物回归试验是一致的。试验发现，原代鸡胚成纤维细胞常由于消化不完全或吹打不均匀而存在一定数量的细胞团块，影响细胞生长的形态。而经再次消化的二代成纤维细胞的形态均一、重复性好，更有利蚀斑的形成和观察。因此，二三代的成纤维细胞能够较好地适用于蚀斑克隆，其重复性和可操作性优于原代细胞。

3.2 新城疫病毒 TL1 株的鉴定

新城疫病毒的 HN 糖蛋白既具有神经氨酸酶活性，又具有血凝活性，通过 HN 蛋白与特定动物红细胞表面的相应受体结合，可使红细胞发生凝集。据此特性，再结合抗血清的特异性抑制作用所建立的血凝（HA）和血凝抑制（HI）试验已成为新城疫诊断的常规方法。本研究利用 HA 和 HI 试验，可知该分离株具有 HA 特性，且可被 ND 标准阳性血清所抑制和中和，不能被 AI（H_5 亚型与 H_9

亚型）标准阳性血清及 EDS-76 阳性血清抑制，根据与新城疫、禽流感等单因子阳性血清进行的 HI 交叉试验、外源病毒检测及动物回归试验等确定该株病毒为新城疫病毒。

3.3　新城疫病毒的致病性

鸡新城疫仍然是当今全球范围内最为严重的鸡的传染病，对养鸡业生产所造成的损失极大。在我国，广泛使用疫苗进行免疫，但仍然不断发生，引起巨大的经济损失，影响养鸡业的健康发展。我国新城疫的发生流行除了原有的强毒株引起致病外，还应注意到其他毒株在自然界的广泛存在和它的致病性。

目前用于衡量新城疫病毒毒力强弱的指标主要有 MDT、ICPI 和 IVPI。本试验按照 2001 年版《中华人民共和国兽用生物制品质量标准》的方法进行毒力测定，该分离毒株其 MDT、ICPI 和 IVPI 分别为 58h、1. 7h 和 2. 4h，血凝解脱及血凝素热稳定性试验表明该病毒株为快速解脱型，血凝素热稳定性较差。参照相关判定标准，TL1 株 NDV 属于新城疫病毒强毒株。

目前，在许多工业化养禽的国家都使用疫苗对 ND 进行免疫保护。针对我国目前的庭院式饲养和密集的专业户式饲养，疫苗免疫则显得更为重要。但是，以往充分的免疫虽能抵抗住疾病的暴发，却不能防止 ND 病毒在其体内复制，这便为抗原变异的选择提供了一个理想的环境。一部分欧洲国家现已取消或限制使用新城疫疫苗，但对于大多数亚洲国家来说，由于国家经济发展较为缓慢，疫苗的使用被作为预防新城疫发生的首选，次数之多、强度之大加速了抗原变异的几率。变异强毒株的产生致使在高 HI 抗体水平下，鸡群仍有 ND 发生。有报道称免疫鸡只的 HI 抗体水平超过 2^{-5} 也难以抵挡强毒的攻击，死亡主要集中在雏鸡和育成鸡。开产后的种鸡和蛋鸡感染后主要表现为轻微呼吸道症状，生产性能下降，产蛋下降幅度在 10% ~30%，蛋壳质量差，死亡较少，此次内蒙古东部区疫病流行过程中，具有新城疫高水平 HI 抗体的鸡群（2^{-8}）也发生了疫情，与上述报道相符。另一方面，鸡群中存在着不同程度的免疫抑制病（如禽网状内皮增生病、鸡传染性贫血、鸡传染性法氏囊病、鸡马立克氏病、禽白血病等）的感染及毒力较强的传染性法氏囊疫苗的使用致使 ND 疫苗的免疫效果不理想，因此鸡体不能产生较高水平的抗体来防御 NDV 的感染。

我国从 20 世纪 80 年代以来就有非典型 ND 的报道，近几年来人们认为非典型 ND 的发生原因，不仅归结为与免疫方法、途径、疫苗等有关，更重要的是与不同基因型的出现有关。我国疫苗使用的品种如 La Sota、Clone 30 属于基因Ⅱ型，V4 属于基因Ⅰ型，这与我国目前流行的主要毒株Ⅶ型在抗原性上大不相同。

因此，在 ND 的防控工作中，除了作好饲养管理工作，定期严格消毒及选育优良的抗病鸡品种，净化鸡群的免疫抑制病，更重要的是在现行 Ⅰ 系、Ⅳ 系等常规活疫苗免疫的基础上再配合使用含有新的流行株的灭活疫苗，才有可能取得更加理想的效果。通过对 TL1 株 NDV 部分生物学特性的分析，将为对该株病毒进行更深一步的分子生物学研究奠定基础，对本病的综合性防控也具有一定的指导意义。

第六部分　新城疫病毒 TL1 株全基因组序列测定与分析

新城疫（Newcastle disease，ND）是由新城疫病毒（Newcastle disease virus，NDV）引起多种禽类发生高度死亡的一种急性传染病。新城疫病毒（NDV）属于副黏病毒科禽腮腺炎病毒属，是负链 RNA，全长为 15 186nt或 15 192nt。包含 6 个基因，基因的排列方式为 3′ - NP - P - M - F - HN - L - 5′，分别编码 6 个蛋白质（核衣壳蛋白、磷蛋白、膜蛋白、融合蛋白、血凝素蛋白 - 神经氨酸酶蛋白和大分子蛋白）。在 P 基因的转录过程中会出现 RNA 的编辑现象，因而可能会产生额外的蛋白质（V 蛋白及 W 蛋白）。但是，经最新查询在目前 GenBank 上已发表的 NDV 全基因组序列应有四种长度：其中 ZJ1（AF431744）、NA-1（DQ659677）、chicken/China/Guangxi7/2002（DQ485229）、dove/Italy/2736/00（AY562989）、chicken/U. S.（CA）/1083（Fontana）/72（AY562988）等 14 个毒株的全基因组序列长度为 15 192 nt；clone 30（Y18898）、Herts/33（AY741404）、chicken/N. Ireland/Ulster/67（AY562991）、La Sota（AY845400）等 21 个毒株的全基因组序列长度为 15 186 nt；Sterna/Astr/2755/2001（AY865652）毒株的全基因组序列长度为 15 154nt；DE-R49/99（DQ097393）毒株的全基因组序列长度为 15 198nt，这在以前的文献中未见有报道。

本研究对 TL1 株进行了全基因组序列测定，将所得的全基因组序列与 GenBank 上发表的全基因组序列进行了比较和分析，以期为运用反向遗传技术研究新城疫病毒的结构与功能关系提供依据，以及为基因疫苗的研制、新城疫病毒出芽机制的研究奠定基础。

1　材料与方法

1.1　材　料

1.1.1　*病　毒*

试验所用毒株 TL1 由本实验室分离鉴定和保存。通过 MDT、ICPI、IVPI 试验及动物回归试验等鉴定为强毒株。

1.1.2 菌株及质粒

大肠埃希氏菌 JM 109 菌种由本实验室保存；pGEM-T Easy 载体购自 Promega 公司。

1.1.3 主要工具酶及试剂

SimplyP-总 RNA 提取试剂盒购自杭州博日有限公司；One Step RNA PCR（AMV）试剂盒、LA *Taq* 聚合酶、IPTG、X-Gal、λ-EcoT14 I Marker、DNA 凝胶回收试剂盒、焦磷酸二乙酯（DEPC）等购自大连宝生物工程有限公司；Super-Script™ III First-Strand Synthesis System for RT-PCR 购自 Invitrogen 公司；十二烷基磺酸钠（SDS）、蛋白酶 K（Protease K）为 Sigma 公司产品；其他试剂均为进口或国产分析纯。

1.1.4 溶液

（1）LB 液体培养基　胰蛋白胨 10g，酵母浸出汁 5g，氯化钠 10g，加蒸馏水至 1 000ml，pH7.0，121℃灭菌 20min。

（2）LB 固体普通培养基　在 LB 液体培养基中加入 1.5% 琼脂制成。

（3）LB 固体选择培养基　将灭菌好的固体培养基待温度降至 50℃左右，加入氨苄青霉素（Amp）至终浓度 100μg/ml。摇匀后，无菌倒入预先灭菌好的平皿中，厚度 2～3mm，室温放置固化。

（4）0.5mol/L EDTA　于 80ml 水中加入 18.61g 乙二胺四乙酸二钠，搅拌溶解，定容至 100ml，用 NaOH 调节 pH 至 8.0，分装高压灭菌备用。

（5）1mol/L Tris·Cl　在 800ml 水中加入 121.1g Tris 碱，加入浓 HCl 调节 pH 至 8.0，冷却后加水定容至 1L，分装高压灭菌备用。

（6）TE 缓冲液　用 0.5mol/L EDTA 和 1mol/L Tris·Cl 溶液加水配制成 10mmol/L Tris·Cl（pH8.0）和 0.1mM EDTA（pH8.0）。

（7）0.1mol/L $CaCl_2$　1.1g 无水 $CaCl_2$ 溶于 90ml 水中，定容至 100ml，过滤除菌，保存于 4℃。

（8）RNase A　取 10mg RNase A 溶于 1ml 10mmol/L Tris·Cl（pH 7.5），15 mmol/LNaCl 溶液中，煮沸 15min，冷却至室温，分装成小份 -20℃保存。

（9）10% SDS　于 900ml 水中溶解 100g 电泳级 SDS，加热溶解后，用浓 HCl 调 pH 至 7.2，定容至 1L，分装备用。

（10）10mg/ml EB 贮存液　10mg EB 溶于 1ml 水中，贮存在棕色瓶中。

（11）0.8% 琼脂糖　称取 1.6g 琼脂糖，加入 TAE 缓冲液至 200ml，加热溶解，冷却到约 50℃，加入 10μl 10mg/ml EB，摇匀。

（12）提质粒溶液

溶液Ⅰ：50mmol/L 葡萄糖

25mmol/L Tris-HCl（pH 8.0）

10mmol/L EDTA（pH 8.0）

溶液Ⅱ：0.2mol/L NaOH

1% SDS

溶液Ⅲ：	乙酸钾（5mol/L）	60ml
	冰乙酸	11.5ml
	水	28.5ml

（13）TAE 电泳缓冲液（1×）0.04mol/L Tris-乙酸

0.001mol/L EDTA

（14）α 互补检测液

X-gal（5-溴-4-氯-3-吲哚-β-D-半乳糖苷）50mg/ml 溶于二甲基甲酰胺中。

IPTG（异丙基硫代-β-D-半乳糖苷）200mg/ml 溶于无菌水中。

（15）DEPC-H_2O　超纯水配制含 0.1% 的 DEPC，37℃作用至少 12h，121℃高压灭菌 15min。

（16）100mg/ml 氨苄青霉素　称取 1g 氨苄青霉素，溶于 10 ml 水中，-20℃保存。

1.1.5　主要仪器和设备

3K15 型低温离心机（美国 Sigma 公司）、PL210J 型高速冷冻离心机（中国托普）、生物安全柜（美国 Thermo Forma 公司）、Bio-Print 型凝胶成像仪（法国 VILBER LOURMAT 公司）、CL-32L 型全自动高压灭菌器（日本 ALP 公司）、AVPS 804 型过滤式储存箱（法国 Captair 公司）、超低温冰箱（德国 Kendro 公司）、HPS-250 生化培养箱（哈尔滨东明医疗仪器厂）、P×2 Thermal Cycler PCR 仪（美国 Thermo Electron 公司）、TH2-82 型恒温振荡器（上海跃进医疗器械厂）、DZJ 型紫外灯（上海顾村电光仪器厂）、低温恒温循环器（宁波天恒公司）、818 型数字酸度计（美国 ORION 公司）、SW-CJ-1F 型净化工作台（苏州安泰空气技术有限公司）、HZS-H 型恒温摇床（哈尔滨东联仪器厂）、LNG-T83 型真空离心浓缩仪（江苏太仓科教仪器厂）、BSZ-2 型自动双重蒸馏水器（上海博通公司）、DYY-III-2 型稳压稳流电泳仪（北京六一仪器厂）、DYY-III-31A/31B 型电泳槽（北京六一仪器厂）、AR5120 电子天平（美国 OHAUS 公司）。

1.2 方　法

1.2.1　NDV TL1 株病毒的增殖及浓缩

1.2.1.1　病毒的扩增

根据第五部分中 2.3 的试验结果，即采用 10^{-4}稀释倍数的病毒液接种 10 日龄 SPF 鸡胚大量培养。

1.2.1.2　病毒的浓缩

（1）500ml SPF 鸡胚尿囊液在 4℃条件下，8 000r/min 离心 45min，弃去沉淀。

（2）上清液于超高速冷冻离心机，4℃，30 000r/min 离心 3h，收集沉淀。

（3）沉淀用适量灭菌 DEPC 处理水悬浮，分装在青霉素小瓶内。

（4）用超声波处理该悬浮液，分装（0.8ml/支）于 1.5ml 离心管中，-70℃保存。

1.2.2　试剂和器材的 DEPC 处理

1.2.2.1　玻璃器皿

先用洗液浸泡 24h 以上，再用自来水和超纯水分别冲洗两次，晾干，160℃干烤 8h。

1.2.2.2　不能干烤的器皿（如：Eppendorf 管和 Tip 等）

将待处理的物品放入烧杯中，加适量的含 0.5% DEPC 的超纯水，37℃振摇 24h 以上，121℃高压 30min，高压完毕后立即倒掉 DEPC 水，置超净台尽量挥发干，待用。

1.2.2.3　NaAc 和超纯水的 DEPC 处理

向配好的溶液中加 DEPC 至终浓度为 0.5%，37℃振摇 24h 以上，121℃高压灭菌 30min，高压完毕后立即在超净台内及时打开瓶盖，过夜挥发，待用。

1.2.3　病毒 RNA 的提取（试剂盒法）

（1）在 1.5ml 离心管中加入 250μl 病毒浓缩液，再加入 R2 液 600μl，充分颠倒混匀 1min，放平静置 2min 后再平缓晃动。

（2）将样本裂解物倒入离心柱，离心 30s。

（3）弃去外套管中液体，离心柱中加入 600μl 洗液，离心 30s。重复洗一次，离心 2min。

（4）将离心柱移入新的 eppendorf 管中，在膜中央加入洗脱液 30μl，室温静置 1min，离心 30s，获得总 RNA，-80℃冻存备用。

1.2.4　NDV TL1 株各基因的扩增及纯化

1.2.4.1　引物的设计与合成

参考 GenBank 已公布的 NDV 全基因组序列，共设计了 6 对引物，相邻扩增片段之间，有部分核酸序列重叠，引物覆盖整个 NDV 基因组，由大连宝生物工程有限公司合成，引物序列见表 2－11。

表 2－11　引物核苷酸序列

引　物	序　列	位　置	基　因
1	ACCAAACAGAGAATC	1～16	NP
	GACAGTCCCACTGGTCTC	1 932～1 949	
2	ACCCACCCGGGACAACACAGG	1 736～1 758	P
	CGGGCTGTACTTTGATTCTG	3 316～3 335	
3	AAGCTAGATGCATCCAGGTCA	3 016～3 035	M
	TTGACGGCAGGCCTCTTGCAGCTG	4 644～4 665	
4	CCATCTCGACTGCTTATAGTTAGTT	4 452～4 477	F
	AACAGAGTCGTGCTGGAGAA	6 433～6 452	
5	GACCTTGCTATGGCTTGGGAA	6 150～6 172	HN
	GCAGAGCACCAGATCATCCTACCAGG	8 441～8 435	
6	ACGGGTAGGACATGGCGAGC	8 376～8 396	L
	CCAAACAAAGATTTGGTG	15 174～15 192	

1.2.4.2　NDV 各基因的 cDNA 合成

NDV NP、P、M、F、HN 基因的 cDNA 合成：参照 One Step RNA PCR（AMV）试剂盒进行。按照下列组成配制 RT-PCR 反应液，见表 2－12。

表 2－12　NDV NP、P、M、F、HN 基因 RT－PCR 反应组成

组　成	体　积
10 × One Step RNA PCR Buffer	5μl
$MgCl_2$（25mmol/L）	10μl
dNTP Mixture（各 10mmol/L）	5μl
RNase Inhibitor（40U/μl）	1μl
AMV RTase XL（5U/μl）	1μl
AMV-Optimized Taq（5U/μl）	1μl
上游特异性引物（20μmol/L）	1μl
下游特异性引物（20μmol/L）	1μl
RNA	5μl
RNase Free dH_2O	20μl
Total	50μl

按照以下条件进行 RT-PCR 反应：

50℃　　30min

94℃　　2min

94℃　　30s ┐

55℃　　30s ├PCR 反应：35 个循环

72℃　　3min ┘

PCR 循环结束后并自动降温到 4℃，取 7μl 各基因反应产物于 0.8% 琼脂糖凝胶中电泳鉴定。

NDV L 基因的 cDNA 合成：参照 SuperScript™ III First-Strand Synthesis System for RT-PCR 说明书进行 cDNA 合成，按如下进行：采用 20μl 的 cDNA 合成体系。在 0.2ml 反应管中，取 NDV RNA 样品 5μl、上游引物 2μl、1μl 10 mmol/L dNTP、2μl DEPC-H_2O 混合均匀，65℃ 5min，然后冰浴 5min，再加入反转录酶 1μl、10 × RT buffer 2μl、4μl $MgCl_2$（25mmol/L）、2μl 0.1mmol/L DTT、1μl RNase OUT™，然后以 42℃ 200min，95℃ 5min，冰浴 5min 的程序进行一个循环，结束 cDNA 合成后，进入 PCR 扩增。

NDV L 基因 PCR 扩增体系如下（表 2－13）：

表 2－13　NDV L 基因 PCR 反应组成

组　成	体　积
cDNA	2μl
上游引物	2μl
下游引物	2μl
10 × LA PCR Buffer	5μl
2.5 mmol/L dNTP	8μl
DEPC-H_2O	30.5μl
LA Taq	0.5μl
Total	50μl

按照以下条件进行 RT-PCR 反应：

94℃　　2min

94℃　　30s ┐

57℃　　30s ├PCR 反应：35 个循环

72℃　　15min ┘

然后 72℃ 延伸 10min，并自动降温到 4℃。取 7μl 反应产物于 0.8% 琼脂糖凝胶中电泳鉴定。

1.2.4.3　PCR 产物的纯化回收

用 Agarose Gel DNA Purification Kit Ver. 2.0 快速纯化试剂盒对 DNA 按说明书操作进行提取。PCR 产物用新配制的低熔点琼脂凝胶在 TAE 缓冲液中进行电泳，90 V 40min 后观察结果。

（1）紫外灯下从琼脂凝胶上用洁净刀片切下目的片段，置离心管中。

（2）加入 3 倍量的 DR-I Buffer，放入 70℃ 水浴中。此时应间断振荡混合，使胶块充分融化（约 6 ~ 10min）。

（3）向上述胶块融化液中加入 DR-I Buffer 的 1/2 体积量的 DR-II Buffer，均匀混合。当分离小于 400nt 的 DNA 片段时，应在此溶液中再加入终浓度为 20% 的异丙醇。

（4）将试剂盒中的 Spin Column 安置于 Collection Tube 上。

（5）将上述操作中的溶液转移至 Spin Column 中，12 000r/min 离心 1min，将滤液再加入 Spin Column 中离心一次，弃滤液。

（6）将 500μl 的 Rinse A 加入 Spin Column 中，12 000 r/min 离心 30s，弃滤液。

（7）将 700μl 的 Rinse B 加入 Spin Column 中，12 000 r/min 离心 30s，弃滤液。

（8）重复操作步骤（7）。

（9）将 Spin Column 安置于新的 1.5ml 的离心管上，在 Spin Column 膜的中央处加入 25μl 提前预热到 60℃ 的灭菌水，室温静置 1min。

（10）12 000r/min 离心 1min 洗脱 DNA。

1.2.5　NDV TL1 株各基因的克隆与鉴定

各目的基因的克隆采取 Promega 公司的 PGEM-T Easy 载体试剂盒。将 PCR 扩增片段电泳，回收净化后直接同 PGEM-T Easy vector 进行连接，连接产物转化 JM 109 感受态细胞，挑选阳性克隆。用碱裂解法抽提质粒 DNA 进行 PCR 鉴定。

1.2.5.1　PCR 产物与 pGEM-T Easy vector 的联接

克隆载体 pGEM-T Easy 的环形结构见图 2 - 15。

克隆载体 pGEM-T Easy 与目的片段的连接反应体系如下：

PCR 回收产物	5.5μl
ddH20	2μl
pGEM-T Easy	0.5μl
Ligase	1μl

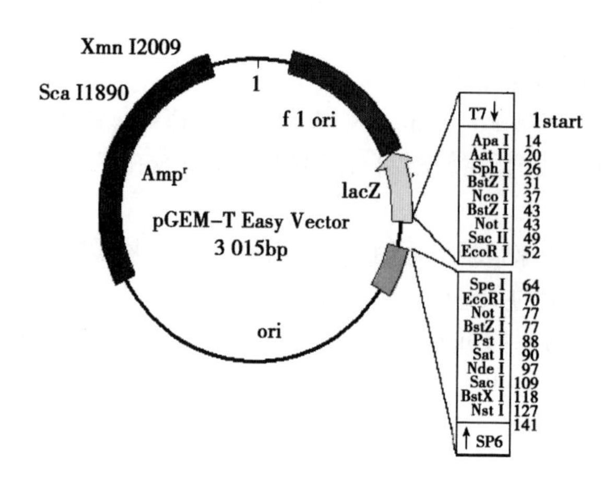

图 2-15　pGEM-T Easy 载体环形结构图及序列参考位点

10 × Ligase Buffer　　　　1μl

混合后，室温放置 1h，4℃过夜连接。

1.2.5.2　感受态细胞的制备—氯化钙法

大肠埃希氏杆菌 JM 109 感受态细胞制备方法如下：

（1）取甘油保存的 JM 109 细菌保存液，画线接种于不含任何抗生素的 LB 琼脂板培养基，倒置放于 37℃温箱中培养过夜。

（2）从 37℃培养过夜的新鲜培养基中挑选 JM 109 单菌落，接种于 3ml 不含抗生素的 LB 培养液中，振荡过夜培养。

（3）取 70μl 过夜培养物，接种于 5ml LB 培养液中，37℃强烈振荡培养约 3h，达到光密度（OD_{600}）值 0.5 ~0.6 之间。

（4）无菌条件下将 4.5ml 菌液转移到一个无菌离心管中，8 000r/min 离心 5min，收集菌体。

（5）把菌体悬于 75mmol/L 的 $CaCl_2$ 中（约 5ml）冰浴 25min，8 000r/min 离心 5min，收集菌体。

（6）把菌体悬浮于 0.3ml 的 75mmol/L 的冷 $CaCl_2$ 中，使菌体浓缩 15 倍，然后分装于冰冷、无菌的离心管中（100μl /管），4℃静置 12 ~24h 备用或冻存于 -70℃冰箱备长期使用。

1.2.5.3　联接产物的转化

（1）取 100μl 新鲜配制的 JM 109 感受态细胞（1.5ml 离心管）置于冰上，加入 5μl 连接产物，轻弹管壁使其混匀，冰浴放置 30min。

（2）42℃水浴，热激 90s，不要摇动离心管，随后快速冰浴 3min 使之冷却。

（3）加入900μl事先灭过菌不含抗生素的的LB培养液，37℃振荡（200r/min）1.5～2h。

（4）在含氨苄青霉素（100μg/ml）的LB琼脂平板上涂布X-gal和IPTG。

（5）吸取约500μl液体均匀涂布于事先涂布X-gal和IPTG含氨苄青霉素（100μg/ml）的LB琼脂平板上。

（6）倒置平皿于37℃培养箱培养过夜，挑取白色单菌落扩增提取质粒。

1.2.5.4　SDS碱裂解法小量提取质粒

吸取上述培养的菌液1.5ml移至离心管中，12 000r/min 4℃离心30s，弃上清，沉淀悬浮于100μl冰预冷的溶液Ⅰ〔50mmol/L葡萄糖，25mmol/L Tris·HCl（pH值8.0），10mmol/L EDTA（pH值8.0）〕中，强烈振荡混匀。加入200μl新配制的溶液Ⅱ（0.2mol/L NaOH，1% SDS），颠倒离心管混匀，冰浴3min。加入150μl用冰预冷的溶液Ⅲ（5mol/L KAc 60ml，冰醋酸11.5ml，蒸馏水28.5ml），温和振荡10s，冰浴5min。12 000r/min 4℃离心2min，取上清移至另一离心管中，加入等量的酚：氯仿，振荡混匀，12 000r/min 4℃离心2min，（抽提3次），上清移至另一离心管中。加入2倍体积的无水乙醇，振荡混匀，室温放置5min，12 000r/min 4℃离心5min，弃上清。加入70%乙醇1ml润洗，弃上清，温箱中放置10min，待液体挥发干。加入RNase 30～50μl（20μg/ml），37℃温箱中放置1h，0.8%琼脂糖凝胶电泳鉴定质粒。

1.2.5.5　重组质粒的PCR鉴定

将碱裂解法提取的质粒100倍稀释后作为模板，加样反应如下，进行PCR鉴定。反应组成见表2－14、表2－15。

表2－14　NDV NP、P、M、F、HN基因重组质粒的PCR鉴定反应组成

组　成	体　积
质粒	1μl
上游引物	2μl
下游引物	2μl
10×LA PCR Buffer	5μl
2.5mM dNTP	4μl
DEPC-H_2O	35.5μl
LA Taq	0.5μl
Total	50μl

按照以下条件进行 PCR 反应：

94℃	2min	
94℃	30s	PCR 反应：35 个循环
55℃	30s	
72℃	3min	

然后 72℃ 延伸 10min，并自动降温到 4℃。取 7μl 反应产物于 0.8% 琼脂糖凝胶中电泳鉴定。

表 2－15　NDV L 基因重组质粒的 PCR 鉴定反应组成

组　成	体　积
质粒	1μl
上游引物	2μl
下游引物	2μl
10×LA PCR Buffer	5μl
2.5mM dNTP	8μl
DEPC-H_2O	31.5μl
LA Taq	0.5μl
Total	50μl

按照以下条件进行 PCR 反应：

94℃	2min	
94℃	30s	PCR 反应：35 个循环
57℃	30s	
72℃	15min	

然后 72℃ 延伸 10min 并自动降温到 4℃。取 7μl 反应产物于 0.8% 琼脂糖凝胶中电泳鉴定。

1.2.6　NDV 基因组序列的分析

1.2.6.1　序列编辑

用 DNAStar 5.0 版本软件包中的 Editseq 软件进行 TL1 基因组核苷酸序列的编辑及氨基酸序列的推导。

1.2.6.2　序列比较

1.2.6.2.1　用 DNAStar 5.0 版本软件包中的 MegAlign 软件比较 TL1 株与其他 37 个在 GenBank 上公布了全基因组序列的 NDV 毒株在基因组结构上的异同。

1.2.6.2.2　用 DNAStar 5.0 版本软件包中 MegAlign 软件比较 TL1 株与其他 37 个在 GenBank 上公布了全基因组序列的 NDV 毒株的 6 个基因阅读框架的核酸序列同源性。

1.2.6.2.3　用 DNAStar 5.0 版本软件包中 MegAlign 软件比较 NDV TL1 株全基因组序列的 3′及 5′端的调控序列与 GenBank 上公布的其他 NDV 基因组的相应序列的同源性。

1.2.6.2.4　用 DNAStar 5.0 版本软件包中 MegAlign 软件的 Clustal 方法将 TL1 分离株 F 基因编码区的核苷酸序列与 37 株 NDV 参考株的相应序列进行遗传进化分析，绘制遗传进化树。

2　结　果

2.1　TL1 株全长基因组

6 对引物所扩增出的片段均与设计相符，将测序所得结果用 DNAStar 软件进行拼接，所得 NDV 内蒙古分离野毒株 TL1 的全基因组序列长度为 15 192 nt，与 GenBank 上所公布的 ZJ1（AF431744）、chicken/China/Guangxi7/2002（DQ485229）、chicken/U.S.（CA）/1083（Fontana）/72（AY562988）、NA-1（DQ659677）等 14 个毒株的全基因组长度相同。比匈牙利分离的 DE-R49/99 株少 6 个碱基，比 clone 30（Y18898）、Herts/33（AY741404）、chicken/N. Ireland/Ulster/67（AY562991）、La Sota（AY845400）等 21 个毒株多 6 个碱基，比俄罗斯分离株 Sterna/Astr/2755/2001（AY865652）多 38 个碱基。

2.2　不同基因组长度 NDV 核苷酸组成及位置的差异

TL1 分离株比传统毒株 La Sota、B1 和 clone 30 等 NDV 毒株的全基因组序列（15 186nt）长 6nt，多出的 6 个碱基位于基因组 NP 基因末端的非编码区内，相对于 La Sota、B1、clone 30 等毒株全基因组的第 1 630～1 631nt 位，多出的 6 个碱基为 C-C-C-T-C-C，TL1 株对于在 GenBank 登陆的基因组全长为 15 186nt 的 21 种 NDV 来说，多出的 6 个碱基的位置及组成均有所不同，共有 5 种形式，表 2－16。就基因组全长为 15 154nt的 Sterna/Astr/2755/2001 毒株而言，TL1 株多出的 38 个碱基为 TL1 株全基因组的前 38 位核苷酸；DE-R49/99 株比各毒株多出的 6 碱基、12 碱基，随毒株的不同多出碱基的组成和位置也有所差异。

表 2－16　新城疫病毒 TL1 株全基因组序列比 15 186nt NDV 多出 6 碱基的位置及组成

NDV 毒株	相对位置	序列组成
clone 30、B1、B1 T、La Sota、HB92 V4	1 630～1 631nt	C-C-C-T-C-C
AQI-ND026	1 632～1 633nt	C-T-C-C-G-C
Herts/33	1 638～1 639nt	C-C-A-A-A-A
01-1108、02-1334、98-1154、98-1249、98-1252、99-0655、99-0868hi、99-0868lo、99-1435、99-1997PR-32、I-2progenito、PHY-LMV42、I-2	1 643～1 644nt	A-C-C-C-T-C
Ulster/67	1 652～1 653nt	C-A-C-T-C-C

2.3　TL1 株基因组各基因的起始区

比较 TL1 株与其他 37 个在 GenBank 上公布了全基因组序列的 NDV 毒株各基因的起始及终止序列，发现 TL1 株基因组 NP、P、M、F 基因的起始序列与其他 37 个 NDV 毒株的相应序列完全相同；HN 基因的起始序列与鹅源新城疫 NA-1 株的相同，为 ACGAGTAGAA，其他 36 个 HN 基因的起始序列为 ACGGGTAGAA；L 基因的起始序列除了与 La Sota 毒株不同外，与其他 36 个 L 基因的起始序列完全相同，为 ACGGGTAGGA。La Sota 毒株 L 基因的起始序列为 ACGGGTAGAA。

2.4　TL1 株基因组各基因的终止区

TL1 株基因组 NP 基因终止序列与 U. S. （Fl）/44083/93、U. S. （CA）/1083（Fontana）/72、Italy/2736/00、U. S. （CA）/211472/02、Guangxi7/2002、Guangxi9/2003、Guangxi11/2003、Herts/33、IT-227/82、PHY-LMV42、NA-1、rAnhinga、SF02、U. S. /Largo/71、Sterna/Astr/2755/2001、ZJ1 等 16 个毒株相同，为 TTAGAAAAAA，其他 21 个毒株相同，为 TTAGAAAAAA；P 基因终止序列除了与澳大利亚鸡源毒株 98－1 249、98－1 252株不同外，与其他 35 个毒株完全相同，终止序列为 TTAAGAAAAAA，98－1 249及 98－1 252毒株 P 基因终止序列为 TTAAGAAAAA；U. S. （Fl）/44083/93、PHY-LMV42、rAnhinga 株的 M 基因终止序列为 TTAAAAAAAA，TL1 株和其他 34 个毒株相同，为 TTA-GAAAAAA；U. S. （Fl）/44083/93、rAnhinga 株的 F 基因终止序列为 TAA-GAAAAAA，Herts/33 株的 F 基因终止序列为 TTAAGAAAAA，U. S. （CA）/211472/02 株的 F 基因终止序列为 TTATAAAAAAA，DE-R49/99 株的 F 基因终止序列为 TTAGAAAAAA，AQI-ND026 株的 F 基因终止序列为 TTTAGAAAAAA，TL1 株和其他 31 个毒株的相同，为 TTAAGAAAAAA；U. S. /Largo/71、rAnhinga、

U. S. （CA）/211472/02、U. S. （Fl）/44083/93 株的 HN 基因终止序列为 TT-TAGAAAAAA，DE-R49/99 株的 HN 基因终止序列为 TTTGAAAAAA，Guangxi11/2003 株的 HN 基因终止序列为 TTTGGAAAAAA，TL1 株和其他 31 个毒株的相同，为 TTAAGAAAAAA；01-1108、02-1334、98-1154、98-1249、98-1252、99-0655、99-0868hi、99-0868lo、99-1435、99-1997PR-32、IT-227/82 株的 L 基因终止序列为 TTAGAAAAAAA，TL1 株和其他 26 个毒株的相同，为 TTAGAAAAAA。

2.5　TL1 株基因组各基因的基因间隔区

比较 38 个 NDV 毒株的各基因间隔区，发现对于 NP-P 基因间隔区，TL1 与 U. S. （Fl）/44083/93、U. S. （CA）/1083 （Fontana）/72、Italy/2736/00、U. S. （CA）/211472/02、Guangxi7/2002、Guangxi9/2003、Guangxi11/2003、Herts/33、IT-227/82、PHY-LMV42、NA-1、rAnhinga、SF02、U. S. /Largo/71、Sterna/Astr/2755/2001、ZJ1 等 16 个毒株为 T，其余 21 个毒株为 GT；对于 P-M 基因间隔区，除了 98-1249、98-1252 两个毒株为 GT 外，TL1 和其余毒株均为 T；对于 M-F 基因间隔区，38 个 NDV 毒株的序列完全相同（为 C）；对于 F-HN 基因间隔区，01-1108、02-1334、99-1435、99-1997PR-32 4 个毒株相同，98-1154、99-0655、99-0868hi、99-0868lo 4 个毒株相同，98-1249、98-1252 两个毒株相同，AQI-ND026、B1 T、B1、clone 30、HB92 V4、La Sota 6 个毒株相同，TL1 和 NA-1 完全相同，和 ZJ1 有一个碱基的差异，其他毒株差异较大，见图 2－16。对于 HN-L 基因间隔区，TL1 和 NA-1 相同，01-1108、02-1334、98-1154、99-0655、99-0868hi、99-0868lo、99-1435、99-1997PR-32 8 个毒株的完全相同，98-1249、98-1252 两个毒株相同，B1 T、B1、La Sota、clone 30 4 个毒株完全相同，AQI-ND026 和 clone 30 等 4 个毒株仅有一个碱基的差异，其他毒株差异较大，图 2－17。新城疫病毒 TL1 株基因组各基因的起始、终止及基因间隔区序列见表 2－17。

表 2－17　新城疫病毒 TL1 株基因组各基因的起始、终止及基因间隔区序列

基因	起始位置	起始序列	终止位置	终止序列	基因间隔区序列
NP	56	ACGGGTAGAA	1 798	TTAGAAAAAAA	T
P	1 810	ACGGGTAGAA	3 250	TTAAGAAAAAA	T
M	3 262	ACGGGTAGAA	4 493	TTAGAAAAAA	C
F	4 504	ACGGGTAGAA	6 285	TTAAGAAAAAA	CTACTGGGAACAGGCA ACCAAAGAGCAATAC

（续表）

基因	起始位置	起始序列	终止位置	终止序列	基因间隔区序列
HN	6 327	ACGAGTAGAA	8 318	TTAAGAAAAAA	TACAAAAAGCATTGAGAT AGAAGGGGAAACAACCA ACAGGAGAGAAC
L	8 376	ACGGGTAGGA	15 079	TTAGAAAAAA	

2.6 TL1 株基因组末端序列

TL1 株基因组的 Leader 序列长 55nt，Trailer 序列长 114nt。将 TL1 株的 Leader 序列及 Trailer 序列与 GenBank 上公布的其他 NDV 毒株的相应序列比较，发现 Leader 序列除 Sterna/Astr/2755/2001 外，与 36 个毒株的同源性在 81.8% ~100% 之间，与 AQI-ND026 株的同源性最低，与 NA-1 株的同源性最高（表 2 – 18）；Trailer 序列的同源性在 40.7% ~100% 之间，与 DE-R49/99 株的同源性最低，与 NA-1、ZJ1 株的同源性为 100%（表 2 – 19）。以上同源性分析结果表明 NDV 毒株的 3′端调控区存在较高同源性，而 5′端的调控区同源性较低。另外 TL1 基因组的 3′及 5′末端的前 12 个碱基完全互补，NA-1、SF02、ZJ1 3 株鹅源 NDV 也是如此，除 Sterna/Astr/2755/2001 株外，包括基因组长度为 15 198nt 的 DE-R49/99、国内分离的鸡源 NDV Guangxi7/2002、Guangxi9/2003、Guangxi11/2003 等其他 33 株 NDV 基因组的 3′及 5′末端仅在前 8 个碱基完全互补。

将 TL1 株与各参考毒株核苷酸、氨基酸进行同源性比较，发现 TL1 与各参考毒株 NP 基因核苷酸的同源性在 75.4% ~99.5% 之间，氨基酸同源性在 90.2% ~99.2% 之间（表 2 – 20、表 2 – 21）；P 基因核苷酸的同源性在 64.0% ~99.8% 之间，氨基酸同源性在 68.2% ~99.2% 之间（表 2 – 22、表 2 – 23）；M 基因核苷酸的同源性在 72.8% ~100% 之间，氨基酸同源性在 88.5% ~99.7% 之间（表 2 – 24、表 2 – 25）；F 基因核苷酸的同源性在 67.1% ~100% 之间，氨基酸同源性在 85.0% ~99.8% 之间（表 2 – 26、表 2 – 27）；HN 基因核苷酸的同源性在 68.8% ~100% 之间，氨基酸同源性在 84.6% ~99.8% 之间（表 2 – 28、表 2 – 29）；L 基因核苷酸的同源性在 75.3% ~99.0% 之间，氨基酸同源性在 89.3% ~99.1% 之间（表 2 – 30、表 2 – 31）。从以上结果可看出 TL1 和国内分离的几株 NDV 各基因同源性均较高，而和 DE-R49/99 株的各基因同源性较低，且 DE-R49/99 株和各参考毒株的同源性均较低。

```
01-1108.seq        CTACCGG ATGTAGATGACCAAAGGCAATAT
02-1334.seq        ------- -----------------------
98-1154.seq        ------- ------------------g----
98-1249.seq        ------- ----------t-------g----
98-1252.seq        ------- ----------t-------g----
99-0655.seq        ------- ------------------g----
99-0868hi.seq      ------- ------------------g----
99-0868lo.seq      ------- ------------------g----
99-1435.seq        ------- -----------------------
99-1997PR-32.seq   ------- -----------------------
anhinga-U.S.(Fl|   ----t-- --a--ag--------a------c
AQI-ND026.seq      ------- t---------------a-g----
B1.seq             ------- t---------------a-g----
B1T.seq            ------- t---------------a-g----
chicken-U.S.(CA|   ----t-- --a--agca-------------c
clone_30.seq       ------- t---------------a-g----
cockatoo-Indones   --g-t-- g-ac-agca------a------c
DE-R49.seq         --gagtc tca-t-ga-gaatggt-aat----
gamefowl-U.S.|CA   -c--t-- --a-ga---g--g---a------c
Guangxi7.seq       -c--t-- gaac-agca------a------c
Guangxi9.seq       ---tt-- gaac-agca------a------c
Guangxi11.seq      t---t-- gaac-agca------a------c
HB92.seq           ------- t---------------a-g----
Herts33.seq        ----t-- -----ag----a---aa------c
I-2.seq            ------- --a-----a----------g----
I-2progenitor.se   ------- --a-----a----------g----
IT-227.seq         ---tta- --a---gca---g--aa------c
Italy2736-00.seq   ----t-- -----agca----------g----
La_Sota.seq        ------- t---------------a-g----
NA-1.seq           ----t-- gaac--gca------a------c
PHY-LMV42.seq      -----a- --a-----a---------------
rAnhinga.seq       ----t-- --a--ag--------a------c
SF02.seq           ---tt-- gaac--gca------a------c
species-U.S._Lar   t---t-- --a--ag---g------------c
Sterna-Astr2755-   --g-t-- g-aa-agca---g---a----a-c
TL1.seq            ----t-- gaac--gca------a------c
Ulster67.seq       --g---- ---------------------c--
ZJ1.seq            ----t-- gaac-agca------a------c
```

图 2-16　**38** 个新城疫病毒 **F-HN** 基因间隔区序列

```
01-1108.seq          .TGTGGGTGGTGACG GGATATAAGGCAAAACAACTCAAGGAGGATAGC
02-1334.seq          -------------- ---------------------------------
98-1154.seq          -------------- ---------------------------------
98-1249.seq          -------------- ----------------------------g----
98-1252.seq          -------------- ----------------------------g----
99-0655.seq          -------------- ---------------------------------
99-0868hi.seq        -------------- ---------------------------------
99-0868lo.seq        -------------- ---------------------------------
99-1435.seq          -------------- ---------------------------------
99-1997PR-32.seq     -------------- ---------------------------------
anhinga-U.S.(Fl)     -a--aca----g-- a-------aaa----t----t-ca--a-g----
AQI-ND026.seq        ---aa----ca-t- a----c-----------g----t--taa----t
B1.seq               ---aa----ca-t- a----c-----------g----t--taa---at
B1T.seq              ---aa----ca-t- a----c-----------g----c--taa---at
chicken-U.S.(CA)     -a--aaa---agt- a---------gg-------at-ca---------
clone_30.seq         ---aa----ca-t- a----c-----------g----t--taa---at
cockatoo-Indones     -acaaaaa-catt- a---------g--------c--ta--a--g---
DE-R49.seq           ---a-acaca-c-- c----ggcaaag-t-agcaaacca----ggc--
gamefowl-U.S.(CA     -a--a-a----gt- --------a-a---------t-ca-ca------
Guangxi7.seq         -acaaaaa-catt- a---------ggg------ca-ca-ga--g-a-
Guangxi9.seq         -acaaaaaaca-t- a---------g-----g--ca-ca-ga--g---
Guangxi11.seq        atcaa-aa-catt- a---------g--------ca-caag---g-a-
HB92.seq             ----------ag-- ---------------------------------
Herts33.seq          -a--a----cagt- a----c-t---t-------c--c----------
I-2.seq              c---------ag-- ---c-c--------g------------------
I-2progenitor.se     c---------ag-- ---c-c--------g------------------
IT-227.seq           -a---a----agt- a----c---ag--------at-ca---------
Italy2736-00.seq     -a---a----agt- a----c-g--gg---t---at-caa-a--c---
La_Sota.seq          ---aa----ca-t- a----c-----------g----t--taa---at
NA-1.seq             -acaaaaa-catt- a---------gg-------ca-ca-ga--g-a-
PHY-LMV42.seq        ----------ag-- -----c---------------------------
rAnhinga.seq         -a--aca----g-- a-------aaa----t----t-ca--a-g----
SF02.seq             -acaaaaa-catt- a---------g--------ca-ca-ga-gg-a-
species-U.S._Lar     -a--aaa----gt- a--------aa---------t-ca--a------
Sterna-Astr2755-     -a-aaaa-acacta a---------g-g------ca-c--ga--g-a-
TL1.seq              -acaaaaa-catt- a---------gg-------ca-ca-ga--g-a-
Ulster67.seq         ----------agt- -----c----------------t----a----t
ZJ1.seq              -aca-aaa-catt- a---g-----g--------ca-caaga-gg-a-
```

图 2－17　38 个新城疫病毒 HN-L 基因间隔区序列

表 2 - 18　38 株 NDV 基因组 Leader 序列同源性比较

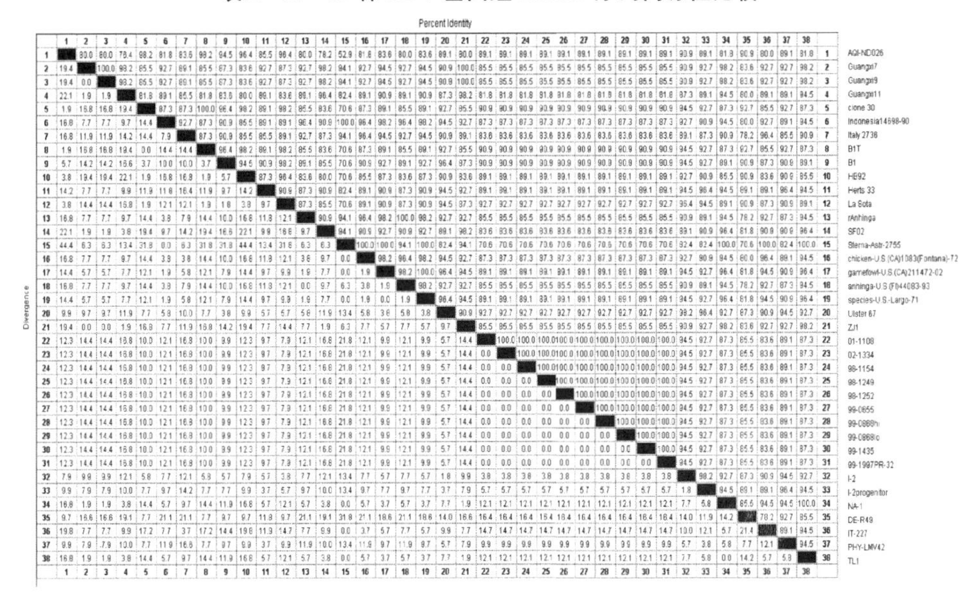

表 2 - 19　38 株 NDV 基因组 Trailer 序列同源性比较

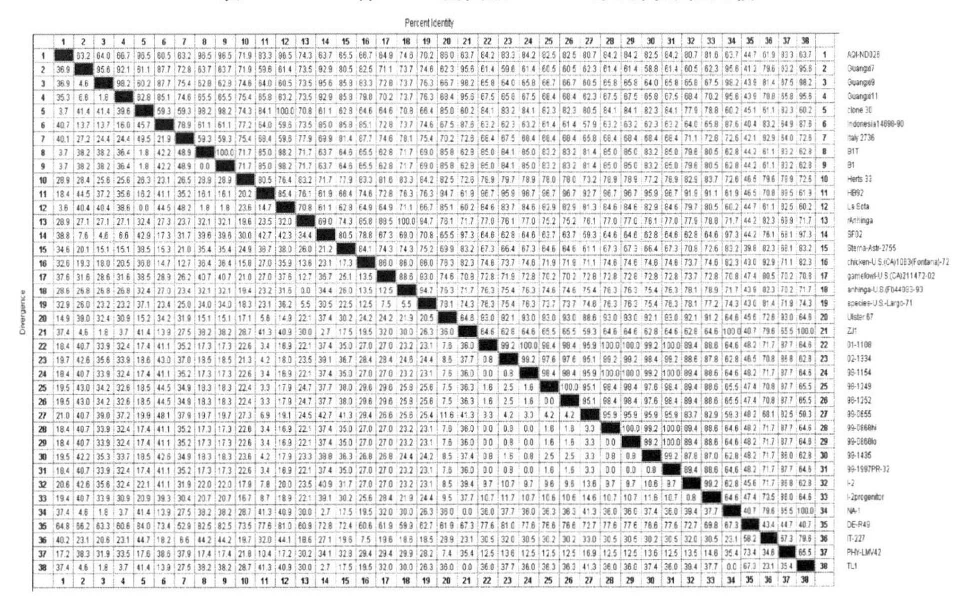

表 2－20　38 株 NDV 基因组 NP 基因编码区核苷酸序列同源性比较

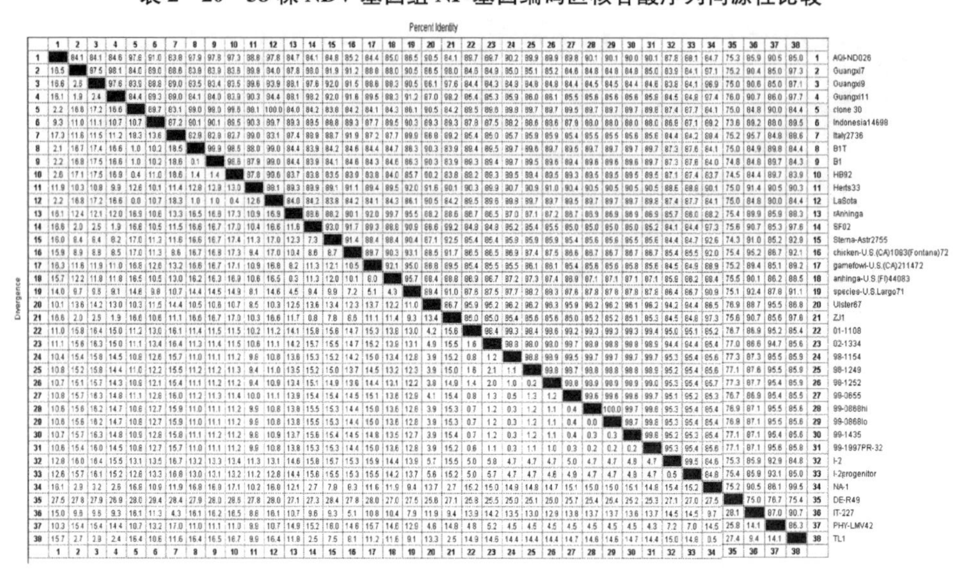

Percent Identity（上三角）／ Divergence（下三角）

	1	2	3	4	5	6	7	8	9	10	11	12	13	14	15	16	17	18	19	20	21	22	23	24	25	26	27	28	29	30	31	32	33	34	35	36	37	38		
1	■	84.1	84.1	84.6	97.6	91.0	83.8	97.9	97.8	97.3	88.8	97.8	84.7	84.1	84.8	85.2	84.4	85.0	86.5	90.5	84.1	89.7	89.7	90.2	89.9	89.9	89.8	90.1	90.1	90.0	90.1	87.8	88.1	84.7	75.3	85.9	90.5	85.0	1	AQI-ND026
2	16.5	■	97.5	98.1	84.0	89.0	88.6	83.9	83.9	83.8	89.9	84.0	87.8	98.0	91.9	91.2	88.8	88.0	90.5	86.5	98.0	84.6	84.9	85.0	85.1	85.2	84.6	84.8	84.8	84.8	85.0	83.9	84.1	97.1	75.2	90.4	85.0	97.3	2	Guangxi7
3	16.6	2.6	■	97.6	83.9	88.8	89.0	83.5	83.4	83.5	89.6	83.9	88.1	97.6	92.0	91.5	88.8	88.3	90.5	86.1	97.6	84.4	84.3	84.9	84.8	84.8	84.4	84.5	84.5	84.4	84.6	83.8	84.1	96.9	75.0	90.6	85.0	97.1	3	Guangxi9
4	16.1	1.9	2.4	■	84.4	89.3	89.0	84.1	84.0	83.9	90.3	84.4	88.1	98.2	92.0	91.6	89.5	88.3	91.2	87.0	98.2	85.4	85.3	85.9	86.0	86.1	85.5	85.6	85.6	85.6	85.8	84.5	84.8	97.4	76.0	90.7	86.0	97.7	4	Guangxi11
5	2.2	16.8	17.2	16.6	■	89.7	83.1	99.0	99.0	99.6	88.1	100.0	84.0	84.2	83.8	84.2	84.1	84.3	86.1	90.5	84.2	89.5	89.6	89.8	89.7	89.7	89.5	89.7	89.7	89.7	89.8	87.4	87.7	84.1	75.0	84.8	90.0	84.4	5	clone 30
6	9.3	11.0	11.1	10.7	10.7	■	87.2	90.1	90.1	89.5	90.3	89.7	89.3	89.5	88.8	89.3	87.7	89.5	90.3	89.3	89.3	87.8	87.5	88.2	88.6	88.6	87.9	88.0	88.0	88.0	88.0	86.8	87.1	89.2	73.8	89.2	88.0	89.5	6	Indonesia14698
7	17.3	11.6	11.5	11.2	18.3	13.6	■	82.9	82.8	82.7	99.0	83.1	87.4	88.9	88.7	91.9	87.2	87.7	89.9	86.8	89.2	85.4	85.0	85.7	85.9	85.9	85.4	85.5	85.5	85.6	85.6	84.4	84.2	88.4	75.2	95.7	84.8	88.6	7	Italy2736
8	2.1	16.7	17.4	16.6	1.0	10.2	18.5	■	99.9	98.5	88.0	99.0	84.4	83.9	84.2	84.6	84.4	84.7	86.3	90.3	83.9	89.4	89.5	89.7	89.6	89.7	89.6	89.7	89.7	89.7	89.7	87.3	87.6	84.1	75.0	84.9	89.8	84.4	8	B1T
9	2.2	16.8	17.5	16.6	1.0	10.2	18.6	0.1	■	98.6	87.9	99.0	84.4	83.9	84.1	84.6	84.3	84.6	86.3	90.3	83.9	89.3	89.4	89.7	89.5	89.6	89.4	89.6	89.6	89.6	89.7	87.3	87.6	84.0	74.8	84.8	89.7	84.3	9	B1
10	2.6	17.1	17.5	16.9	0.4	11.0	18.6	1.4	1.4	■	87.8	99.6	83.7	83.8	83.5	83.9	83.8	84.0	85.7	90.2	83.8	89.2	89.3	89.5	89.4	89.5	89.3	89.5	89.5	89.5	89.5	87.1	87.4	83.7	74.5	84.4	89.7	83.9	10	HB92
11	11.9	10.3	10.8	9.9	12.6	10.1	11.4	12.8	12.9	13.0	■	88.1	89.3	89.9	89.1	91.1	89.4	89.5	92.0	91.6	90.1	90.3	89.9	90.7	90.9	91.0	90.4	90.5	90.5	90.5	90.5	88.6	88.6	90.1	75.0	91.4	90.5	90.3	11	Herts33
12	2.2	16.8	17.2	16.6	0.0	10.7	18.3	1.0	1.0	0.4	12.6	■	84.0	84.2	83.8	84.2	84.1	84.3	86.1	90.5	84.2	89.5	89.6	89.8	89.7	89.7	89.5	89.7	89.7	89.7	89.8	87.4	87.7	84.1	75.0	84.8	90.0	84.4	12	LaSota
13	16.1	12.4	12.1	12.0	16.9	10.6	13.3	16.5	16.8	17.3	10.9	16.9	■	88.6	88.2	90.1	92.0	99.7	95.5	88.2	88.6	88.7	86.5	87.0	87.1	87.2	86.7	86.9	86.9	86.9	86.9	85.7	86.0	88.2	75.4	89.9	85.9	88.3	13	rAnhinga
14	16.6	2.0	2.5	1.9	16.6	10.5	11.5	16.6	16.7	17.0	10.4	16.6	11.6	■	93.0	91.7	89.3	88.8	90.9	86.6	99.2	84.8	84.8	85.2	85.4	85.5	85.0	85.0	85.0	85.0	85.2	84.1	84.4	97.3	75.6	90.7	85.3	97.6	14	SF02
15	16.0	8.4	8.4	8.2	17.6	11.3	11.6	16.6	16.7	17.4	11.3	17.0	12.3	7.3	■	91.4	88.4	98.4	90.4	87.1	92.5	85.4	85.4	85.8	85.9	85.9	85.4	85.6	85.6	85.5	85.6	84.4	84.7	92.6	74.3	91.0	85.2	92.8	15	Sterna-Astr2755
16	15.9	8.9	8.8	8.5	17.0	11.3	8.6	16.7	16.8	17.3	9.4	17.0	10.4	8.6	8.7	■	89.7	90.3	93.1	88.5	91.7	86.5	86.5	86.9	87.4	87.5	86.6	86.7	86.7	86.7	86.7	85.4	85.5	92.0	75.4	95.2	86.7	92.1	16	chicken-U.S.(CA)1083(Fontana)72
17	16.3	11.6	11.9	11.0	16.8	12.6	13.2	16.6	16.7	17.1	10.9	16.8	8.2	11.3	12.1	10.5	■	92.1	95.0	86.8	89.5	85.4	85.5	85.5	86.1	86.1	85.4	85.6	85.6	85.8	85.6	84.5	84.9	88.9	75.2	89.4	85.1	89.2	17	gamefowl-U.S.(CA)211472
18	15.7	12.2	11.8	11.8	16.5	10.5	13.0	16.2	16.3	16.9	10.6	16.5	0.3	11.3	12.0	10.1	8.0	■	95.7	88.4	88.8	86.9	86.7	87.2	87.3	87.4	86.9	87.1	87.1	87.1	87.1	85.9	86.2	88.4	75.5	90.1	86.2	88.5	18	anhinga-U.S.(Fl)44083
19	14.0	9.7	9.8	9.1	14.6	9.8	10.7	14.4	14.5	14.9	8.1	14.6	4.5	9.4	9.9	7.2	5.1	4.3	■	89.4	91.0	87.6	87.5	87.7	88.2	88.3	87.6	87.8	87.8	87.8	87.8	86.4	86.7	90.9	75.1	92.4	87.8	91.1	19	species-U.S.Largo71
20	10.1	13.6	14.2	13.0	10.3	11.5	14.4	10.5	10.8	10.7	8.5	10.3	12.5	13.6	13.4	12.3	13.7	12.2	11.0	■	86.7	95.9	95.2	96.2	96.2	96.3	95.9	96.2	96.2	96.1	96.2	94.2	94.4	86.5	76.9	88.7	95.5	86.8	20	Ulster67
21	16.6	2.0	2.5	1.9	16.6	10.6	11.1	16.6	16.7	17.0	10.3	16.6	11.7	0.8	7.8	8.6	11.1	11.4	9.3	13.4	■	85.0	85.0	85.4	85.6	85.6	85.0	85.2	85.2	85.1	85.3	84.5	84.8	97.3	75.6	90.7	85.6	97.6	21	ZJ1
22	11.0	15.8	16.4	15.0	11.2	13.0	16.1	11.4	11.5	11.5	10.2	11.2	14.1	15.8	15.6	14.7	15.3	13.8	13.0	4.2	15.6	■	98.4	99.3	98.4	98.6	99.2	99.3	99.3	99.3	99.4	95.0	95.1	85.2	78.7	86.9	95.2	85.4	22	01-1108
23	11.1	15.6	16.3	15.0	11.1	13.4	16.4	11.3	11.4	11.5	10.6	11.1	14.2	15.7	15.5	14.7	15.2	13.9	13.1	4.9	15.5	1.6	■	98.8	98.0	98.0	99.7	98.8	98.8	98.8	98.9	94.4	94.4	85.4	77.0	86.6	94.7	85.6	23	02-1334
24	10.4	15.4	15.8	14.5	10.8	12.6	15.7	11.0	11.1	11.2	9.8	10.8	13.8	15.3	15.2	14.2	15.0	13.4	12.8	3.9	15.2	0.8	1.2	■	98.8	98.9	99.5	99.7	99.7	99.7	99.7	95.3	95.4	85.6	77.3	87.3	95.5	85.9	24	98-1154
25	10.8	15.2	15.8	14.4	11.0	12.2	15.5	11.2	11.2	11.3	9.4	11.0	13.5	15.2	15.0	13.7	14.5	13.2	12.3	3.9	15.0	1.6	2.1	1.1	■	99.8	98.7	98.8	98.8	98.8	98.9	95.2	95.4	85.6	77.1	87.6	95.5	85.9	25	98-1249
26	10.7	15.1	15.7	14.3	10.9	12.1	15.4	11.1	11.2	11.2	9.4	10.9	13.4	15.1	14.9	13.6	14.4	13.1	12.2	3.8	14.9	1.4	2.0	1.0	0.2	■	98.8	98.9	98.9	98.9	99.0	95.3	95.4	85.7	77.3	87.7	95.4	85.9	26	98-1252
27	10.8	15.7	16.3	14.8	11.1	12.6	16.0	11.2	11.3	11.4	10.0	11.1	13.9	15.4	15.4	14.5	15.1	13.6	12.9	4.1	15.4	0.8	1.3	0.5	1.3	1.2	■	99.6	99.6	99.6	99.7	95.1	95.2	85.3	76.7	86.9	95.4	85.5	27	99-0655
28	10.6	15.6	16.2	14.7	10.6	12.7	15.9	11.0	11.1	11.2	9.9	10.8	13.8	15.5	15.3	14.4	15.0	13.6	12.8	3.9	15.3	0.7	1.2	0.3	1.2	1.1	0.4	■	100.0	99.7	99.8	95.3	95.4	85.4	76.9	87.1	95.5	85.6	28	99-0868hi
29	10.6	15.6	16.2	14.7	10.8	12.7	15.9	11.0	11.1	11.2	9.8	10.8	13.8	15.5	15.3	14.4	15.0	13.6	12.8	3.9	15.3	0.7	1.2	0.3	1.2	1.1	0.4	0.0	■	99.7	99.8	95.3	95.4	85.4	76.9	87.1	95.5	85.6	29	99-0868lo
30	10.7	15.7	16.3	14.8	10.9	12.8	15.8	11.1	11.2	11.2	9.8	10.9	13.7	15.6	15.4	14.5	14.8	13.5	12.7	3.9	15.4	0.7	1.2	0.3	1.2	1.1	0.4	0.3	0.3	■	99.8	95.2	95.3	85.4	77.1	87.1	95.4	85.6	30	99-1435
31	10.6	15.4	16.0	14.5	10.8	12.7	15.7	11.0	11.1	11.2	9.8	10.8	13.8	15.3	15.3	14.4	15.0	13.6	12.8	3.9	15.2	0.6	1.1	0.3	1.1	1.0	0.3	0.2	0.2	0.2	■	95.3	95.4	85.6	77.1	87.1	95.6	85.8	31	99-1997PR-32
32	12.8	16.0	16.4	15.5	13.1	13.5	16.7	13.2	13.3	13.4	11.3	13.1	14.6	15.8	15.7	15.3	15.9	14.4	13.9	5.7	15.5	5.0	5.8	4.7	4.7	4.7	5.0	4.7	4.7	4.8	4.7	■	99.5	84.6	75.3	85.9	92.9	84.8	32	I-2
33	12.6	15.7	16.1	15.2	12.6	13.3	16.8	13.0	13.1	13.2	11.2	12.8	14.4	15.6	15.5	15.3	15.5	14.2	13.7	5.6	15.2	5.0	5.7	4.7	4.7	4.6	4.9	4.7	4.7	4.8	4.7	0.5	■	84.8	75.4	85.9	93.1	85.0	33	I-2progenitor
34	16.1	2.9	3.2	2.6	16.6	10.9	11.9	16.8	16.9	17.1	10.2	16.8	12.1	2.7	7.8	8.3	11.6	11.9	9.4	13.7	2.7	15.2	15.0	14.9	14.8	14.7	15.1	15.0	15.0	15.1	14.8	15.4	15.2	■	75.2	90.5	88.1	99.5	34	NA-1
35	27.5	27.8	27.9	26.9	28.0	29.4	28.4	27.9	28.0	28.6	27.8	28.0	27.1	27.3	28.4	27.8	28.0	27.0	27.5	25.8	27.1	25.8	25.5	25.0	25.1	25.0	25.7	25.4	25.4	25.2	25.3	27.1	27.0	27.5	■	75.0	76.7	75.4	35	DE-R49
36	15.0	9.6	9.6	9.3	16.1	11.3	4.3	16.1	16.2	16.5	8.6	16.1	10.7	9.6	9.3	5.1	10.8	10.4	7.9	11.9	9.4	13.9	14.2	13.5	13.0	12.9	13.8	13.7	13.7	13.6	13.7	14.5	14.5	9.7	28.1	■	87.0	90.7	36	IT-227
37	10.3	15.4	15.4	14.4	10.7	13.2	17.0	11.0	11.1	11.0	9.8	10.7	14.9	15.2	16.0	14.6	15.7	14.6	12.9	4.6	14.8	4.8	5.2	4.5	4.5	4.5	4.5	4.5	4.5	4.5	4.3	7.2	7.0	14.5	25.8	14.1	■	86.3	37	PHY-LMV42
38	15.7	2.7	2.8	2.4	16.4	10.6	11.6	16.4	16.5	16.7	9.9	16.4	11.8	2.5	7.5	8.1	11.2	11.6	9.1	13.3	2.5	14.9	14.6	14.4	14.4	14.4	14.7	14.6	14.6	14.7	14.4	15.0	14.8	0.5	27.4	9.4	14.1	■	38	TL1
	1	2	3	4	5	6	7	8	9	10	11	12	13	14	15	16	17	18	19	20	21	22	23	24	25	26	27	28	29	30	31	32	33	34	35	36	37	38		

表 2－21　38 株 NDV 基因组 NP 基因编码区氨基酸序列同源性比较

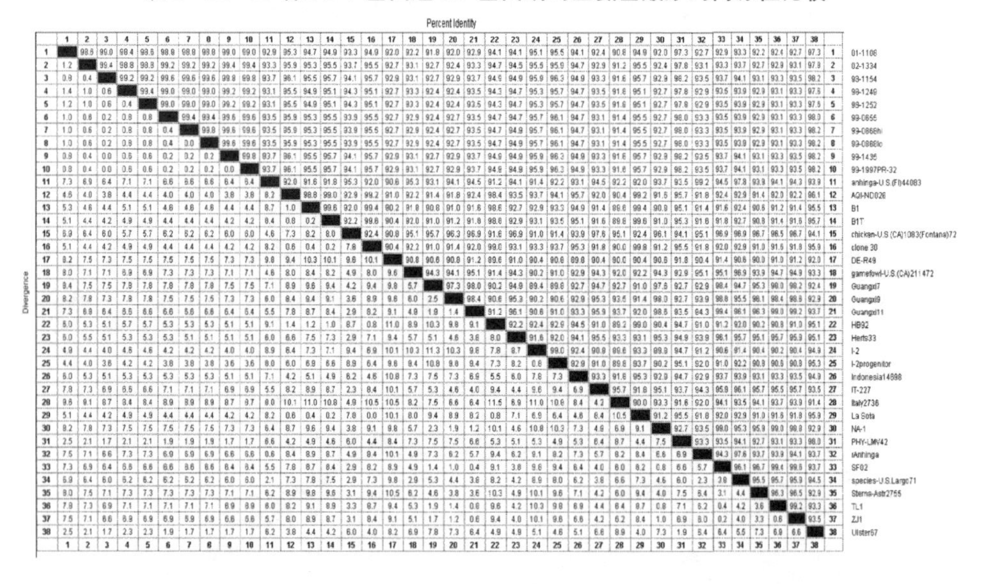

表 2－22 38 株 NDV 基因组 P 基因编码区核苷酸序列同源性比较

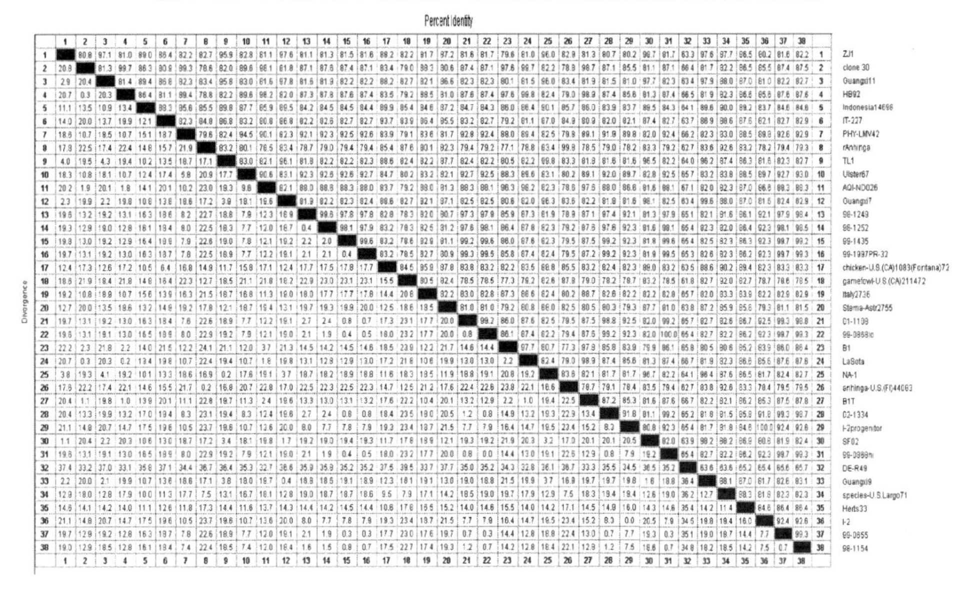

Percent Identity（上三角）/ Divergence（下三角）

	1	2	3	4	5	6	7	8	9	10	11	12	13	14	15	16	17	18	19	20	21	22	23	24	25	26	27	28	29	30	31	32	33	34	35	36	37	38		
1		80.8	97.1	81.0	89.0	86.4	82.2	82.7	95.9	82.8	81.1	97.6	81.1	81.3	81.5	81.6	88.2	82.2	91.7	97.2	81.6	81.7	79.6	81.0	96.0	82.9	81.3	80.7	80.2	98.7	81.7	63.3	97.6	87.7	86.5	80.2	81.6	82.2	1	ZJ1
2	20.8		81.3	99.7	86.3	80.9	89.3	78.6	82.0	89.6	98.1	81.8	87.1	87.6	87.4	87.1	83.4	79.0	88.3	80.6	87.4	87.1	97.6	99.7	82.2	78.8	98.7	87.1	85.5	81.1	87.1	66.4	81.7	82.2	86.5	85.5	87.4	87.5	2	clone 30
3	2.9	20.4		81.4	89.4	86.8	82.3	83.4	95.8	83.0	81.6	97.8	81.6	81.9	82.2	82.2	88.2	82.7	82.1	86.6	82.3	82.3	80.1	81.5	96.0	83.4	81.9	81.5	81.0	97.7	82.3	63.4	97.9	88.0	87.0	81.0	82.2	82.7	3	Guangxi11
4	20.7	0.3	20.3		86.4	81.1	89.4	78.8	82.2	89.6	98.2	82.0	87.3	87.8	87.6	87.4	83.5	79.2	88.5	81.0	87.6	87.4	97.6	99.8	82.4	79.0	98.9	87.4	85.6	81.3	87.4	66.5	81.9	82.3	86.6	85.6	87.6	87.6	4	HB92
5	11.1	13.5	10.9	13.4		88.3	85.6	85.5	89.8	87.7	85.9	89.5	84.2	84.5	84.5	84.4	89.9	85.4	84.6	87.2	84.7	84.3	86.0	86.4	90.1	85.7	86.0	83.9	83.7	89.5	84.3	64.1	89.6	90.0	89.2	83.7	84.6	84.6	5	Indonesia14698
6	14.0	20.0	13.7	19.9	12.1		82.3	84.8	86.8	83.2	80.8	86.8	82.2	82.6	82.7	82.7	93.7	83.9	86.4	85.5	83.2	82.7	79.2	81.1	87.0	84.9	80.9	82.0	82.1	87.4	82.7	63.7	88.9	88.6	87.6	82.1	82.7	82.9	6	IT-227
7	18.6	10.7	18.5	10.7	15.1	18.7		79.6	82.4	94.5	90.1	82.3	92.1	92.3	92.5	92.6	83.9	79.1	83.6	81.7	92.8	92.4	88.0	89.4	82.5	79.8	89.1	91.9	89.8	82.0	92.4	66.2	82.3	83.0	88.5	89.8	92.6	92.9	7	PHY-LMV42
8	17.9	22.5	17.4	22.4	14.8	15.7	21.9		83.2	80.1	78.5	83.4	78.7	79.0	79.4	79.4	85.4	87.6	80.1	82.3	79.4	79.2	77.1	78.8	83.4	99.8	78.5	79.0	78.2	83.3	79.2	62.7	83.6	92.6	83.2	78.2	79.4	79.3	8	rAnhinga
9	4.0	19.5	4.3	19.4	10.2	13.5	18.7	17.1		83.0	82.1	96.1	81.8	82.2	82.2	82.3	88.6	82.4	82.2	87.7	82.4	82.2	80.5	82.2	99.8	83.3	81.8	81.6	81.6	96.5	82.2	64.0	96.2	87.4	86.3	81.6	82.3	82.7	9	TL1
10	18.3	10.8	18.1	10.7	12.4	17.4	5.8	20.9	17.7		90.6	83.1	92.3	92.6	92.6	92.7	84.7	80.2	83.2	82.1	92.7	92.5	88.3	89.6	83.1	80.2	89.1	92.0	89.7	82.8	92.5	65.7	83.2	83.8	88.5	89.7	92.7	93.0	10	Ulster67
11	20.2	1.9	20.1	1.8	14.1	20.1	10.2	23.0	19.3	9.8		82.1	88.0	88.6	88.3	88.0	83.7	79.2	88.0	81.3	88.3	88.1	98.3	98.2	82.3	78.6	97.6	88.0	86.6	81.6	88.1	67.1	82.0	82.3	87.0	86.6	88.3	88.3	11	AQI-ND026
12	2.3	19.9	2.2	19.8	10.8	13.8	18.6	17.2	3.9	18.1	19.6		81.9	82.2	82.3	82.4	88.6	82.7	82.1	87.1	82.5	82.5	80.6	82.0	96.3	83.6	82.2	81.8	81.6	98.1	82.5	63.4	99.6	88.0	87.0	81.6	82.4	82.9	12	Guangxi7
13	19.6	13.2	19.2	13.1	16.3	18.6	8.2	22.7	18.8	7.9	12.3	18.9		99.6	97.8	97.8	82.8	78.3	82.0	80.7	97.3	97.9	85.9	87.3	81.9	78.9	87.1	97.4	92.1	81.3	97.9	65.1	82.1	81.6	86.1	92.1	97.9	98.4	13	98-1249
14	19.3	12.9	19.0	12.8	16.1	19.4	8.0	22.5	18.3	7.7	12.0	16.7	0.4		98.1	97.9	83.2	78.3	82.5	81.2	97.6	98.1	86.4	87.8	82.3	79.2	87.6	97.6	92.3	81.6	98.1	65.4	82.3	82.0	86.4	92.3	98.1	98.5	14	98-1252
15	19.8	13.0	19.2	12.9	16.4	18.9	7.9	22.6	19.0	7.8	12.1	19.2	2.2	2.0		99.6	83.2	78.6	82.9	81.1	99.2	99.6	86.0	87.6	82.3	79.5	87.5	99.2	92.3	81.8	99.6	66.4	82.5	82.3	86.3	92.3	99.7	99.2	15	99-1435
16	19.7	13.1	19.2	13.0	16.3	18.7	7.8	22.5	18.9	7.7	12.2	19.1	2.1	2.1	0.4		83.2	78.5	82.7	80.9	99.3	99.5	85.8	87.4	82.4	79.5	87.2	99.2	92.3	81.9	99.5	65.3	82.6	82.3	86.2	92.3	99.7	99.3	16	99-1997PR-32
17	12.4	17.3	12.6	17.2	10.5	6.4	16.8	14.9	11.7	15.8	17.1	12.4	17.7	17.5	17.8	17.7		84.5	85.9	87.8	83.8	83.2	82.2	83.5	88.8	85.5	83.2	82.4	82.3	89.0	83.2	63.5	88.6	90.2	89.4	82.3	83.3	83.3	17	chicken-U.S.(CA)1083(Fontana)72
18	18.6	21.9	18.4	21.8	14.8	16.4	22.3	12.7	18.5	21.1	21.8	18.2	22.9	23.0	23.1	23.1	15.5		80.5	82.4	78.5	78.5	77.3	79.2	82.6	87.8	79.0	78.2	78.7	83.2	78.5	61.8	82.7	92.0	82.7	78.7	78.6	78.5	18	gamefowl-U.S.(CA)211472
19	19.2	10.8	18.9	10.7	15.6	13.9	16.3	21.5	18.7	16.8	11.3	19.0	18.0	17.7	17.7	17.8	14.4	20.8		82.2	83.0	82.8	87.3	88.6	82.4	80.2	88.7	82.6	82.2	82.2	82.8	65.7	82.0	83.3	83.9	82.2	82.9	82.9	19	Italy2736
20	12.7	20.0	13.5	18.6	13.2	14.9	19.2	17.8	12.1	18.7	19.4	13.1	19.7	19.3	19.9	20.0	12.5	18.6	18.5		81.0	81.0	79.2	80.8	86.0	82.5	80.5	80.3	79.3	87.7	81.0	63.8	87.2	85.9	85.6	79.3	81.1	81.5	20	Sterna-Astr2755
21	19.7	13.1	19.2	13.0	16.3	18.4	7.6	22.6	18.9	7.7	13.2	19.1	2.7	2.4	0.8	0.7	17.3	23.1	17.7	20.0		99.2	86.0	87.6	82.5	79.5	87.5	98.8	92.5	82.0	99.2	65.7	82.7	82.6	86.7	92.5	99.3	98.8	21	01-1108
22	19.6	13.1	19.1	13.0	16.5	18.9	8.0	22.9	19.2	7.9	12.1	19.0	2.1	1.9	0.4	0.5	18.0	23.2	17.7	20.0	0.8		86.1	87.4	82.2	79.4	87.6	99.2	92.3	82.0	100.0	65.4	82.7	82.2	86.2	92.3	99.7	99.3	22	99-0868lo
23	22.2	2.3	21.8	2.2	14.0	21.5	12.2	24.1	21.1	12.0	3.7	21.3	14.5	14.2	14.5	14.6	18.5	23.9	12.2	21.7	14.6	14.4		97.7	80.7	77.3	97.8	85.8	83.9	79.9	86.1	65.8	80.5	80.6	86.2	83.9	86.0	86.4	23	B1
24	20.7	0.3	20.3	0.2	13.4	19.8	10.7	22.4	19.4	10.7	1.8	19.8	13.1	12.8	12.9	13.0	17.2	21.8	10.6	19.9	13.0	13.0	2.2		82.4	79.0	98.9	87.4	85.6	81.3	87.4	66.7	81.9	82.3	86.6	85.6	87.6	87.6	24	LaSota
25	3.8	19.3	4.1	19.2	10.1	13.3	18.6	16.9	0.2	17.6	19.1	3.7	18.7	18.2	18.9	18.8	11.6	18.3	18.5	11.9	18.8	19.1	20.8	19.2		83.6	82.1	81.7	81.7	96.7	82.2	64.1	98.4	87.6	86.5	81.7	82.4	82.7	25	NA-1
26	17.6	22.2	17.4	22.1	14.6	15.5	21.7	0.2	16.8	20.7	22.8	17.0	22.5	22.3	22.5	22.3	14.7	12.5	21.2	17.6	22.4	22.6	23.8	22.1	16.6		78.7	79.1	78.4	83.5	79.4	62.7	83.8	92.6	83.3	78.4	79.5	79.5	26	anhinga-U.S.(Fl)44083
27	20.4	1.1	19.8	1.0	13.9	20.1	11.1	22.8	19.7	11.3	2.4	19.6	13.3	13.0	13.1	13.2	17.6	22.2	10.4	20.1	13.2	12.9	2.2	1.0	19.4	22.5		87.2	85.3	81.6	87.6	66.7	82.2	82.1	86.2	85.3	87.5	87.8	27	B1T
28	20.4	13.3	19.9	13.2	17.0	19.4	8.3	23.1	19.4	8.3	12.4	19.6	2.7	2.4	0.8	0.8	18.4	23.5	18.0	20.5	1.2	0.8	14.9	13.2	19.3	22.9	13.4		91.8	81.1	99.2	65.2	81.8	81.5	85.8	91.8	99.3	98.7	28	02-1334
29	21.1	14.8	20.7	14.7	17.5	19.6	10.5	23.7	19.6	10.7	13.6	20.0	8.0	7.7	7.8	7.9	19.3	23.4	18.7	21.5	7.7	7.9	16.4	14.7	19.5	23.4	15.2	8.3		80.8	92.3	65.4	81.7	81.8	84.6	100.0	92.4	92.6	29	I-2progenitor
30	1.1	20.4	2.2	20.3	10.6	13.0	18.7	17.2	3.4	18.1	19.8	1.7	19.2	19.0	19.4	19.3	11.7	17.8	18.9	12.1	19.3	19.2	21.9	20.3	3.2	17.0	20.1	20.1	20.5		82.0	63.9	98.2	88.2	86.9	80.6	81.9	82.4	30	SF02
31	19.6	13.1	19.1	13.0	16.5	18.9	8.0	22.9	19.2	7.9	12.1	19.0	2.1	1.9	0.4	0.5	18.0	23.2	17.7	20.0	0.8	0.0	14.4	13.0	19.1	22.6	12.9	0.8	7.9	19.2		65.4	82.7	82.2	86.2	92.3	99.7	99.3	31	99-0868hi
32	37.4	33.2	37.0	33.1	35.8	37.1	34.4	36.7	36.4	35.3	32.7	36.6	35.9	35.9	35.2	35.2	37.5	39.5	33.7	37.7	35.0	35.2	34.3	32.8	36.1	36.7	33.3	35.5	34.5	36.5	35.2		63.6	63.6	65.2	65.4	65.6	65.7	32	DE-R49
33	2.2	20.0	2.1	19.9	10.7	13.6	18.6	17.1	3.8	18.0	18.7	0.4	18.8	18.6	19.1	18.9	12.3	18.1	19.1	13.0	19.0	18.8	21.5	19.9	3.7	16.9	19.7	19.7	19.8	1.6	18.8	36.4		88.1	87.0	81.7	82.6	83.1	33	Guangxi9
34	12.9	18.0	12.8	17.9	10.0	11.3	17.7	7.5	13.1	16.7	18.1	12.8	19.0	18.7	18.7	18.6	9.5	7.9	17.1	14.2	18.5	19.0	19.7	17.9	12.9	7.5	18.3	19.4	19.4	12.6	19.0	36.2	12.7		88.3	81.8	82.3	82.3	34	species-U.S.Largo71
35	14.6	14.1	14.2	14.0	11.1	12.6	11.8	17.3	14.4	11.6	13.7	14.3	14.4	14.2	14.5	14.4	10.8	17.6	16.6	15.2	14.0	14.6	15.5	14.0	14.2	17.1	14.5	14.8	16.0	14.3	14.6	35.4	14.2	11.4		84.6	86.4	86.4	35	Herts33
36	21.1	14.8	20.7	14.7	17.5	19.6	10.5	23.7	19.6	10.7	13.6	20.0	8.0	7.7	7.8	7.9	19.3	23.4	18.7	21.5	7.7	7.9	16.4	14.7	19.5	23.4	15.2	8.3	0.0	20.5	7.9	34.5	19.8	19.4	16.0		92.4	92.6	36	I-2
37	19.7	12.9	19.2	12.8	16.3	18.7	7.8	22.6	18.9	7.7	12.0	19.1	2.1	1.9	0.3	0.3	17.7	23.0	17.6	19.7	0.7	0.3	14.4	12.8	18.8	22.4	13.0	0.7	7.7	19.3	0.3	35.1	19.0	18.7	14.4	7.7		99.3	37	99-0655
38	19.0	12.9	18.5	12.8	16.1	18.4	7.4	22.4	18.5	7.4	12.0	18.4	1.6	1.5	0.8	0.7	17.5	22.7	17.4	19.3	1.2	0.7	14.2	12.8	18.4	22.1	12.8	1.2	7.5	18.6	0.7	34.8	18.2	18.5	14.2	7.5	0.7		38	98-1154
	1	2	3	4	5	6	7	8	9	10	11	12	13	14	15	16	17	18	19	20	21	22	23	24	25	26	27	28	29	30	31	32	33	34	35	36	37	38		

表 2－23 38 株 NDV 基因组 P 基因编码区氨基酸序列同源性比较

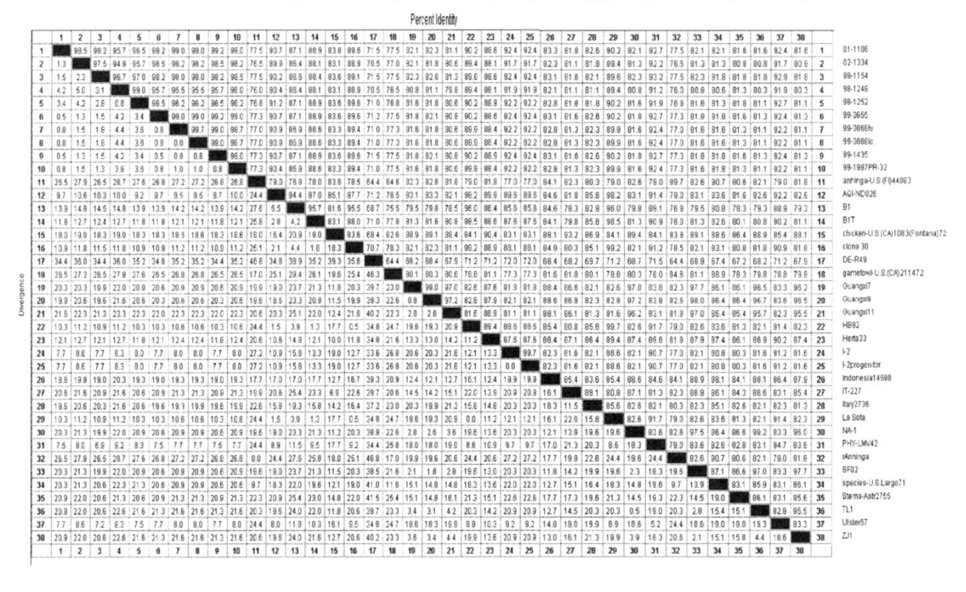

Percent Identity（上三角）/ Divergence（下三角）

	1	2	3	4	5	6	7	8	9	10	11	12	13	14	15	16	17	18	19	20	21	22	23	24	25	26	27	28	29	30	31	32	33	34	35	36	37	38		
1		98.5	98.2	95.7	96.5	99.2	99.0	99.0	99.2	99.0	77.5	90.7	87.1	88.9	83.6	89.6	71.5	77.5	82.1	82.3	81.1	90.2	88.6	92.4	92.4	83.3	81.8	82.6	90.2	82.1	92.7	77.5	82.1	82.1	81.6	81.6	92.4	81.6	1	01-1108
2	1.3		97.5	94.9	95.7	98.5	98.2	98.2	98.5	98.2	76.5	89.9	86.4	88.1	83.1	88.9	70.5	77.0	82.1	81.8	80.6	89.4	88.1	91.7	91.7	82.3	81.1	81.8	89.4	81.3	92.2	76.5	81.3	81.3	80.8	80.8	91.7	80.8	2	02-1334
3	1.5	2.3		96.7	97.0	98.2	98.0	98.0	98.2	98.5	77.5	90.2	86.6	88.4	83.6	89.1	71.5	77.5	82.3	82.6	81.3	89.6	88.6	92.4	92.4	83.1	81.6	82.1	89.6	82.3	93.2	77.5	82.3	81.8	81.8	81.8	92.9	81.6	3	98-1154
4	4.2	5.0	3.1		99.0	95.7	95.5	95.5	95.7	96.0	76.0	90.4	88.4	88.1	83.1	88.9	70.5	76.5	80.8	81.1	79.8	89.4	86.1	91.9	91.9	82.1	81.1	81.1	89.4	80.8	91.2	76.0	80.8	80.6	81.3	80.3	91.9	80.3	4	98-1249
5	3.4	4.2	2.8	0.8		96.5	96.2	96.2	96.5	96.2	76.6	91.2	87.1	88.9	83.6	89.6	71.0	76.8	81.6	81.8	80.6	90.2	86.9	92.2	92.2	82.8	81.8	81.8	90.2	81.6	91.9	76.8	81.6	81.3	81.8	81.1	92.7	81.1	5	98-1252
6	0.5	1.3	1.5	4.2	3.4		99.0	99.0	99.2	99.0	77.3	90.7	87.1	88.9	83.6	89.6	71.2	77.5	81.8	82.1	80.8	90.2	88.6	92.4	92.4	83.1	81.6	82.6	90.2	81.8	92.7	77.3	81.8	81.8	81.6	81.3	92.4	81.3	6	99-0655
7	0.8	1.5	1.8	4.4	3.6	0.8		99.7	99.0	98.7	77.0	90.9	86.9	88.6	83.3	89.4	71.0	77.3	81.6	81.8	80.6	89.9	88.4	92.2	92.2	82.8	81.3	82.3	89.9	81.6	92.4	77.0	81.6	81.6	81.3	81.1	92.2	81.1	7	99-0868hi
8	0.8	1.5	1.8	4.4	3.6	0.8	0.0		99.0	98.7	77.0	90.9	86.9	88.6	83.3	89.4	71.0	77.3	81.6	81.8	80.6	89.9	88.4	92.2	92.2	82.8	81.3	82.3	89.9	81.6	92.4	77.0	81.6	81.6	81.3	81.1	92.2	81.1	8	99-0868lo
9	0.5	1.3	1.5	4.2	3.4	0.5	0.8	0.8		99.0	77.3	90.7	87.1	88.9	83.6	89.6	71.5	77.5	81.8	82.1	80.8	90.2	88.9	92.4	92.4	83.1	81.6	82.6	90.2	81.8	92.7	77.3	81.8	81.8	81.6	81.3	92.4	81.3	9	99-1435
10	0.8	1.5	1.3	3.9	3.6	0.8	1.0	1.0	0.8		77.3	90.4	86.9	88.6	83.3	89.4	71.0	77.5	81.6	81.8	80.6	89.9	88.4	92.2	92.2	82.8	81.3	82.3	89.9	81.6	92.4	77.3	81.6	81.8	81.3	81.1	92.2	81.1	10	99-1997PR-32
11	26.5	27.9	26.5	28.7	27.6	26.8	27.2	27.2	26.6	26.8		79.0	78.8	78.0	83.8	78.5	64.4	84.6	82.3	82.6	81.8	79.0	81.8	77.0	77.0	84.1	82.3	80.3	79.0	82.6	79.0	99.7	82.6	90.7	80.6	82.1	79.0	81.8	11	anhinga-U.S.(Fl)44083
12	9.7	10.6	10.3	10.0	9.2	9.7	9.5	9.5	9.7	10.0	24.4		94.4	97.0	85.1	97.7	71.2	78.5	83.1	83.3	82.1	98.2	89.9	89.6	89.6	84.6	81.8	85.6	98.2	83.1	91.4	79.0	83.1	83.6	81.6	82.6	92.2	82.6	12	AQI-ND026
13	13.9	14.8	14.5	14.8	13.9	13.9	14.2	14.2	13.9	14.2	27.6	5.5		95.7	81.6	95.5	68.7	75.5	79.5	79.8	78.5	96.0	88.4	85.6	85.6	84.6	78.3	82.8	96.0	79.8	89.1	76.8	79.5	80.8	78.3	79.3	88.9	79.3	13	B1
14	11.8	12.7	12.4	12.7	11.8	11.8	12.1	12.1	11.8	12.1	25.8	2.8	4.2		83.1	98.0	71.0	77.8	81.3	81.6	80.8	98.5	88.6	87.6	87.6	84.1	79.8	85.8	98.5	81.3	90.9	78.0	81.3	82.6	80.1	80.8	90.2	81.1	14	B1T
15	18.0	19.0	18.3	19.0	18.3	18.3	18.5	18.6	18.3	18.6	18.0	16.4	20.9	19.0		83.6	68.4	82.6	88.9	89.1	88.4	84.1	90.4	83.1	83.1	88.1	93.2	86.9	84.1	89.4	84.1	83.8	89.1	88.6	86.4	88.9	85.4	83.1	15	chicken-U.S.(CA)1083(Fontana)72
16	10.9	11.8	11.5	11.8	10.9	10.9	11.2	11.2	10.9	11.2	25.1	2.1	4.4	1.8	18.3		70.7	78.3	82.1	82.3	81.1	99.2	88.9	88.1	88.1	84.8	80.3	85.1	99.2	82.1	91.2	78.5	82.1	93.1	80.8	81.8	90.9	81.8	16	clone 30
17	34.4	36.0	34.4	36.0	35.2	34.8	35.2	35.2	34.4	35.2	46.8	34.8	38.9	35.2	39.3	35.6		64.4	68.2	68.4	67.9	71.2	71.2	72.0	72.0	68.4	68.2	69.7	71.2	68.7	71.5	64.4	68.9	67.4	67.2	68.2	71.2	67.9	17	DE-R49
18	28.5	27.2	26.5	27.9	27.6	26.5	26.8	26.8	26.5	26.5	17.0	25.1	29.4	28.1	19.6	25.4	46.3		80.1	80.3	80.6	78.8	81.1	77.3	77.3	81.6	81.8	80.1	78.8	80.3	76.0	84.6	81.1	88.9	78.3	79.8	78.8	79.6	18	gamefowl-U.S.(CA)211472
19	20.3	20.3	19.9	22.0	20.9	20.6	20.9	20.9	20.6	20.9	19.9	19.0	23.7	21.3	11.8	20.3	39.7	23.0		99.0	97.0	82.6	87.6	81.8	81.8	88.4	86.6	82.1	82.6	97.0	83.8	82.3	97.7	86.1	86.1	96.5	83.3	96.2	19	Guangxi7
20	19.9	20.6	19.6	21.6	20.6	20.3	20.6	20.6	20.3	20.6	19.6	18.5	23.3	20.9	11.5	19.9	39.3	22.6	0.8		97.2	82.8	87.9	82.1	82.1	88.6	86.9	82.3	82.8	97.2	83.8	82.6	98.0	86.4	86.4	96.7	83.6	96.5	20	Guangxi9
21	21.6	22.3	21.3	23.3	22.3	22.0	22.3	22.3	22.0	22.3	20.6	20.3	25.1	22.0	12.4	21.6	40.2	22.3	2.8	2.6		81.6	86.9	81.1	81.1	88.1	86.1	81.3	81.6	96.2	83.1	81.9	97.0	86.4	85.4	95.7	82.3	95.5	21	Guangxi11
22	10.3	11.2	10.9	11.2	10.3	10.3	10.6	10.6	10.3	10.6	24.4	1.5	3.9	1.3	17.7	0.5	34.8	24.7	19.6	19.3	20.9		89.4	88.6	88.6	85.4	80.8	85.6	99.7	82.6	91.7	79.0	82.6	83.6	81.3	82.1	91.4	82.3	22	HB92
23	12.1	12.7	12.1	12.7	11.8	12.1	12.4	12.4	11.8	12.4	20.6	10.6	14.8	12.1	10.0	11.8	34.8	21.6	13.3	13.0	14.2	11.2		87.6	87.6	88.4	87.1	86.4	89.4	87.4	89.6	81.8	87.9	87.4	86.1	86.9	90.2	87.4	23	Herts33
24	7.7	8.6	7.7	6.3	8.0	7.7	8.0	8.0	7.7	8.0	27.2	10.9	15.8	13.3	19.0	12.7	33.6	26.8	20.6	20.3	21.6	12.1	13.3		99.7	82.3	81.6	82.1	88.6	82.1	90.7	77.0	82.1	80.8	80.3	81.8	91.2	81.6	24	I-2
25	7.7	8.6	7.7	8.3	8.0	7.7	8.0	8.0	7.7	8.0	27.2	10.9	15.8	13.3	19.0	12.7	33.6	26.8	20.6	20.3	21.6	12.1	13.3	0.0		82.3	81.6	82.1	88.6	82.1	90.7	77.0	82.1	80.8	80.3	81.6	91.2	81.6	25	I-2progenitor
26	18.8	19.9	19.0	20.3	19.3	19.0	19.3	19.3	19.0	19.3	17.7	17.0	17.0	17.7	12.7	18.7	39.3	20.9	12.4	12.1	12.7	16.1	12.4	19.9	19.9		85.4	83.6	85.4	88.6	84.6	84.1	88.9	88.1	84.1	88.1	86.4	87.9	26	Indonesia14698
27	20.6	21.6	20.9	21.6	20.6	20.9	21.3	21.3	20.9	21.3	19.9	20.8	25.4	23.3	6.9	22.6	39.7	20.6	14.5	14.2	15.1	22.0	13.9	20.9	20.9	16.1		89.1	80.8	87.1	81.3	82.3	86.9	86.1	84.3	88.6	83.1	85.4	27	IT-227
28	19.6	20.6	20.3	21.6	20.6	19.6	19.9	19.9	19.6	19.9	22.6	15.9	19.3	15.8	14.2	16.4	37.2	23.0	20.3	19.9	21.3	15.6	14.8	20.3	20.3	18.3	11.5		85.6	82.6	82.1	80.3	82.3	85.1	82.6	82.1	82.3	81.3	28	Italy2736
29	10.3	11.2	10.9	11.2	10.3	10.3	10.6	10.6	10.3	10.6	24.4	1.5	3.9	1.3	17.7	0.5	34.8	24.7	19.8	19.3	20.9	0.0	11.2	12.1	12.1	16.1	22.0	15.8		82.6	91.7	79.0	82.6	83.6	81.3	82.1	91.4	82.3	29	La Sota
30	20.3	21.3	19.9	22.0	20.9	20.6	20.9	20.9	20.6	20.9	19.6	19.0	23.3	21.3	11.2	20.3	38.9	22.6	2.8	2.6	3.6	19.6	13.6	20.3	20.3	12.1	13.9	19.6	19.6		83.6	82.6	97.5	86.4	86.6	99.2	83.3	96.0	30	NA-1
31	7.5	8.0	6.9	9.2	8.3	7.5	7.7	7.7	7.5	7.7	24.4	8.9	11.5	9.5	17.7	9.2	34.4	25.8	18.0	18.0	19.0	8.6	10.9	9.7	9.7	17.0	21.3	20.3	8.6	18.3		79.0	83.6	82.6	82.8	83.1	94.7	83.6	31	PHY-LMV42
32	26.5	27.9	26.5	28.7	27.6	26.8	27.2	27.2	26.8	26.8	0.0	24.4	27.6	25.8	18.0	25.1	46.8	17.0	19.9	19.6	20.6	24.4	20.6	27.2	27.2	17.7	19.9	22.6	24.4	19.6	24.4		82.6	90.7	80.6	82.1	78.0	81.8	32	rAnhinga
33	20.3	21.3	19.9	22.0	20.9	20.6	20.9	20.9	20.6	20.9	19.6	19.0	23.7	21.3	11.5	20.3	38.5	21.6	2.1	1.8	2.8	19.6	13.0	20.3	20.3	11.8	14.2	19.9	19.6	2.3	18.3	19.6		87.1	86.6	97.0	83.3	97.7	33	SF02
34	20.3	21.3	20.6	22.3	21.3	20.6	20.9	20.9	20.6	20.6	9.7	18.3	22.0	19.6	12.1	19.0	41.0	11.8	15.1	14.8	14.8	18.3	13.6	22.0	22.0	12.7	15.1	16.4	18.3	14.8	19.6	9.7	13.9		83.1	85.9	83.1	86.1	34	species-U.S.Largo71
35	20.9	22.0	20.6	21.3	20.6	20.9	21.3	21.3	20.9	21.3	22.3	20.9	25.4	23.0	14.8	22.0	41.5	25.4	15.1	14.8	16.1	21.3	15.1	22.6	22.6	17.7	17.3	19.6	21.3	14.5	19.3	22.3	14.5	19.0		86.1	83.1	85.6	35	Sterna-Astr2755
36	20.9	22.0	20.6	22.6	21.6	21.3	21.6	21.6	21.3	21.6	20.3	19.6	24.0	22.0	11.8	20.6	39.7	23.3	3.4	3.1	4.2	20.3	14.2	20.9	20.9	12.7	14.5	20.3	20.3	0.5	19.0	20.3	2.8	15.4	15.1		82.8	95.5	36	TL1
37	7.7	8.6	7.2	6.3	7.5	7.7	8.0	8.0	7.7	8.0	24.4	8.0	11.8	10.3	16.1	9.5	34.8	24.7	18.6	18.3	19.9	8.9	10.3	9.2	9.2	14.8	19.0	19.9	8.9	18.6	5.2	24.4	18.6	19.0	19.0	19.3		83.3	37	Ulster67
38	20.9	22.0	20.6	22.6	21.6	21.3	21.6	21.6	21.3	21.6	20.6	19.6	24.0	21.6	12.7	20.6	40.2	23.3	3.6	3.4	4.4	19.9	13.6	20.9	20.9	13.0	16.1	21.3	19.9	3.9	18.3	20.6	2.1	15.1	15.8	4.4	18.6		38	ZJ1
	1	2	3	4	5	6	7	8	9	10	11	12	13	14	15	16	17	18	19	20	21	22	23	24	25	26	27	28	29	30	31	32	33	34	35	36	37	38		

表 2-24　38 株 NDV 基因组 M 基因编码区核苷酸序列同源性比较

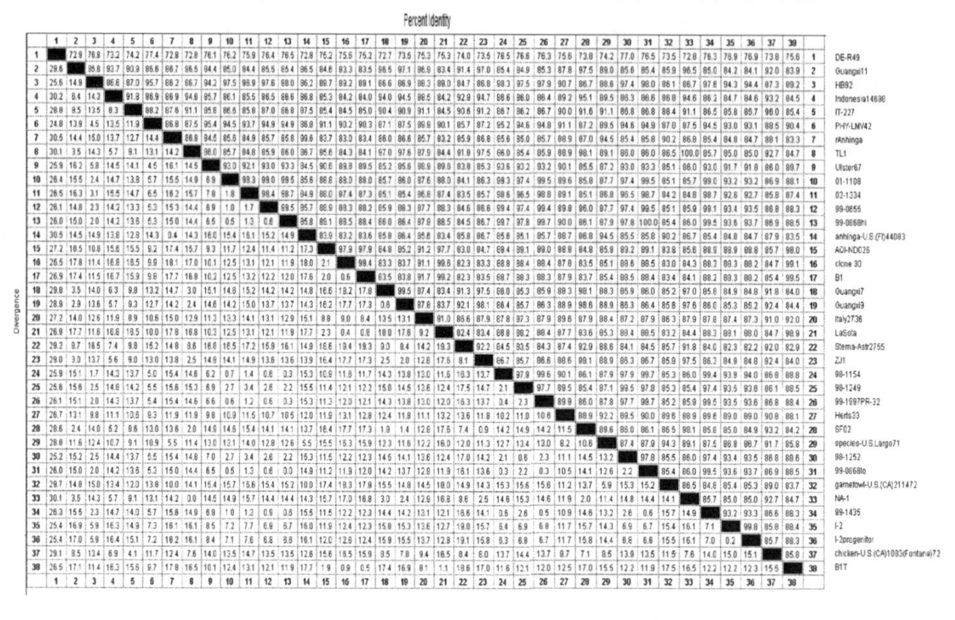

Percent Identity（右上）／Divergence（左下）

	1	2	3	4	5	6	7	8	9	10	11	12	13	14	15	16	17	18	19	20	21	22	23	24	25	26	27	28	29	30	31	32	33	34	35	36	37	38		
1		72.9	76.8	73.2	74.2	77.4	72.8	72.8	76.1	76.2	75.9	76.4	76.5	72.8	76.2	75.6	75.2	72.7	73.6	75.3	[illegible]	[illegible]	[illegible]	[illegible]	[illegible]	[illegible]	[illegible]	[illegible]	[illegible]	[illegible]	[illegible]	[illegible]	[illegible]	[illegible]	[illegible]	[illegible]	[illegible]	[illegible]	1	DE-R49
2	29.6		85.8	93.7	90.9	86.6	86.7	96.5	84.4	85.0	84.4	85.5	85.4	86.5	84.8	83.3	83.5	96.5	97.1	86.9	[illegible]	[illegible]	[illegible]	[illegible]	[illegible]	[illegible]	[illegible]	[illegible]	[illegible]	[illegible]	[illegible]	[illegible]	[illegible]	[illegible]	[illegible]	[illegible]	[illegible]	[illegible]	2	Guangxi11
3	25.6	14.9		86.6	87.0	95.7	86.2	86.7	94.2	97.5	98.9	97.6	98.0	86.2	89.7	89.2	89.1	86.6	86.9	88.3	[illegible]	[illegible]	[illegible]	[illegible]	[illegible]	[illegible]	[illegible]	[illegible]	[illegible]	[illegible]	[illegible]	[illegible]	[illegible]	[illegible]	[illegible]	[illegible]	[illegible]	[illegible]	3	HB92
4	30.2	6.4	14.3		91.8	86.9	86.9	94.8	85.7	86.1	85.5	86.5	86.6	86.8	85.3	84.2	84.0	94.0	94.5	88.5	[illegible]	[illegible]	[illegible]	[illegible]	[illegible]	[illegible]	[illegible]	[illegible]	[illegible]	[illegible]	[illegible]	[illegible]	[illegible]	[illegible]	[illegible]	[illegible]	[illegible]	[illegible]	4	Indonesia14698
5	28.8	9.5	13.5	8.3		88.2	87.6	91.1	85.8	86.6	85.8	87.0	86.8	87.5	85.4	84.5	85.0	90.4	90.9	91.1	[illegible]	[illegible]	[illegible]	[illegible]	[illegible]	[illegible]	[illegible]	[illegible]	[illegible]	[illegible]	[illegible]	[illegible]	[illegible]	[illegible]	[illegible]	[illegible]	[illegible]	[illegible]	5	IT-227
6	24.8	13.9	4.5	13.5	11.9		86.8	87.5	95.4	94.5	93.7	94.9	94.9	86.8	91.1	90.2	90.3	87.1	87.5	89.9	[illegible]	[illegible]	[illegible]	[illegible]	[illegible]	[illegible]	[illegible]	[illegible]	[illegible]	[illegible]	[illegible]	[illegible]	[illegible]	[illegible]	[illegible]	[illegible]	[illegible]	[illegible]	6	PHY-LMV42
7	30.5	14.4	15.0	13.7	12.7	14.4		86.8	84.5	85.6	84.9	85.7	85.8	99.6	83.7	83.0	83.4	86.0	86.6	85.7	[illegible]	[illegible]	[illegible]	[illegible]	[illegible]	[illegible]	[illegible]	[illegible]	[illegible]	[illegible]	[illegible]	[illegible]	[illegible]	[illegible]	[illegible]	[illegible]	[illegible]	[illegible]	7	rAnhinga
8	30.1	3.5	14.3	5.7	9.1	13.1	14.2		86.0	85.7	84.8	85.9	86.0	86.7	85.6	84.3	84.1	97.0	97.6	87.9	[illegible]	[illegible]	[illegible]	[illegible]	[illegible]	[illegible]	[illegible]	[illegible]	[illegible]	[illegible]	[illegible]	[illegible]	[illegible]	[illegible]	[illegible]	[illegible]	[illegible]	[illegible]	8	TL1
9	25.9	16.2	5.8	14.5	14.1	4.5	16.1	14.5		93.0	92.1	93.0	93.3	84.5	90.6	89.8	89.5	85.2	85.6	88.9	[illegible]	[illegible]	[illegible]	[illegible]	[illegible]	[illegible]	[illegible]	[illegible]	[illegible]	[illegible]	[illegible]	[illegible]	[illegible]	[illegible]	[illegible]	[illegible]	[illegible]	[illegible]	9	Ulster67
10	26.4	15.5	2.4	14.7	13.8	5.7	15.5	14.9	6.9		98.3	99.0	99.5	85.6	86.8	88.0	88.0	85.7	86.0	87.6	[illegible]	[illegible]	[illegible]	[illegible]	[illegible]	[illegible]	[illegible]	[illegible]	[illegible]	[illegible]	[illegible]	[illegible]	[illegible]	[illegible]	[illegible]	[illegible]	[illegible]	[illegible]	10	01-1108
11	26.5	16.3	3.1	15.5	14.7	6.5	16.2	15.7	7.8	1.8		98.4	98.7	84.9	86.0	87.4	87.3	85.1	85.4	86.8	[illegible]	[illegible]	[illegible]	[illegible]	[illegible]	[illegible]	[illegible]	[illegible]	[illegible]	[illegible]	[illegible]	[illegible]	[illegible]	[illegible]	[illegible]	[illegible]	[illegible]	[illegible]	11	02-1334
12	26.1	14.8	2.3	14.2	13.3	5.3	15.3	14.4	6.9	1.0	1.7		99.5	85.7	88.9	88.3	88.2	85.9	86.3	87.7	[illegible]	[illegible]	[illegible]	[illegible]	[illegible]	[illegible]	[illegible]	[illegible]	[illegible]	[illegible]	[illegible]	[illegible]	[illegible]	[illegible]	[illegible]	[illegible]	[illegible]	[illegible]	12	99-0655
13	26.0	15.0	2.0	14.2	13.6	5.3	15.0	14.4	6.5	0.5	1.3	0.6		85.8	89.1	88.5	88.4	86.0	86.4	87.9	[illegible]	[illegible]	[illegible]	[illegible]	[illegible]	[illegible]	[illegible]	[illegible]	[illegible]	[illegible]	[illegible]	[illegible]	[illegible]	[illegible]	[illegible]	[illegible]	[illegible]	[illegible]	13	99-0868hi
14	30.5	14.5	14.9	13.8	12.8	14.3	0.4	14.3	16.0	15.4	16.1	15.2	14.9		83.9	83.2	83.6	85.8	86.4	85.8	[illegible]	[illegible]	[illegible]	[illegible]	[illegible]	[illegible]	[illegible]	[illegible]	[illegible]	[illegible]	[illegible]	[illegible]	[illegible]	[illegible]	[illegible]	[illegible]	[illegible]	[illegible]	14	anhinga-U.S.(Fl)44083
15	27.2	16.5	10.8	15.6	15.5	9.2	17.4	15.7	9.3	11.7	12.4	11.4	11.2	17.3		97.9	97.9	84.8	85.2	91.2	[illegible]	[illegible]	[illegible]	[illegible]	[illegible]	[illegible]	[illegible]	[illegible]	[illegible]	[illegible]	[illegible]	[illegible]	[illegible]	[illegible]	[illegible]	[illegible]	[illegible]	[illegible]	15	AQI-ND026
16	26.5	17.8	11.4	16.6	16.5	9.9	18.1	17.0	10.1	12.5	13.1	12.1	11.9	18.0	2.1		99.4	83.3	83.7	91.1	[illegible]	[illegible]	[illegible]	[illegible]	[illegible]	[illegible]	[illegible]	[illegible]	[illegible]	[illegible]	[illegible]	[illegible]	[illegible]	[illegible]	[illegible]	[illegible]	[illegible]	[illegible]	16	clone 30
17	26.9	17.4	11.5	16.7	15.9	9.8	17.7	16.8	10.2	12.5	13.2	12.2	12.0	17.6	2.0	0.6		83.5	83.8	91.7	[illegible]	[illegible]	[illegible]	[illegible]	[illegible]	[illegible]	[illegible]	[illegible]	[illegible]	[illegible]	[illegible]	[illegible]	[illegible]	[illegible]	[illegible]	[illegible]	[illegible]	[illegible]	17	B1
18	29.8	3.5	14.0	6.3	9.8	13.2	14.7	3.0	15.1	14.8	15.2	14.2	14.2	14.8	16.6	18.2	17.8		99.5	87.4	[illegible]	[illegible]	[illegible]	[illegible]	[illegible]	[illegible]	[illegible]	[illegible]	[illegible]	[illegible]	[illegible]	[illegible]	[illegible]	[illegible]	[illegible]	[illegible]	[illegible]	[illegible]	18	Guangxi7
19	28.9	2.9	13.6	5.7	9.3	12.7	14.2	2.4	14.6	14.2	15.0	13.7	13.7	14.3	16.2	17.7	17.3	0.6		[illegible]	[illegible]	[illegible]	[illegible]	[illegible]	[illegible]	[illegible]	[illegible]	[illegible]	[illegible]	[illegible]	[illegible]	[illegible]	[illegible]	[illegible]	[illegible]	[illegible]	[illegible]	[illegible]	19	Guangxi9
20	[illegible]	[illegible]	[illegible]	[illegible]	[illegible]	[illegible]	[illegible]	[illegible]	[illegible]	[illegible]	[illegible]	[illegible]	[illegible]	[illegible]	[illegible]	[illegible]	[illegible]	[illegible]	[illegible]		[illegible]	[illegible]	[illegible]	[illegible]	[illegible]	[illegible]	[illegible]	[illegible]	[illegible]	[illegible]	[illegible]	[illegible]	[illegible]	[illegible]	[illegible]	[illegible]	[illegible]	[illegible]	20	Italy2736
21	[illegible]	[illegible]	[illegible]	[illegible]	[illegible]	[illegible]	[illegible]	[illegible]	[illegible]	[illegible]	[illegible]	[illegible]	[illegible]	[illegible]	[illegible]	[illegible]	[illegible]	[illegible]	[illegible]	[illegible]		[illegible]	[illegible]	[illegible]	[illegible]	[illegible]	[illegible]	[illegible]	[illegible]	[illegible]	[illegible]	[illegible]	[illegible]	[illegible]	[illegible]	[illegible]	[illegible]	[illegible]	21	LaSota
22	[illegible]	[illegible]	[illegible]	[illegible]	[illegible]	[illegible]	[illegible]	[illegible]	[illegible]	[illegible]	[illegible]	[illegible]	[illegible]	[illegible]	[illegible]	[illegible]	[illegible]	[illegible]	[illegible]	[illegible]	[illegible]		[illegible]	[illegible]	[illegible]	[illegible]	[illegible]	[illegible]	[illegible]	[illegible]	[illegible]	[illegible]	[illegible]	[illegible]	[illegible]	[illegible]	[illegible]	[illegible]	22	Sterna-Astr2755
23	[illegible]	[illegible]	[illegible]	[illegible]	[illegible]	[illegible]	[illegible]	[illegible]	[illegible]	[illegible]	[illegible]	[illegible]	[illegible]	[illegible]	[illegible]	[illegible]	[illegible]	[illegible]	[illegible]	[illegible]	[illegible]	[illegible]		[illegible]	[illegible]	[illegible]	[illegible]	[illegible]	[illegible]	[illegible]	[illegible]	[illegible]	[illegible]	[illegible]	[illegible]	[illegible]	[illegible]	[illegible]	23	ZJ1
24	[illegible]	[illegible]	[illegible]	[illegible]	[illegible]	[illegible]	[illegible]	[illegible]	[illegible]	[illegible]	[illegible]	[illegible]	[illegible]	[illegible]	[illegible]	[illegible]	[illegible]	[illegible]	[illegible]	[illegible]	[illegible]	[illegible]	[illegible]		[illegible]	[illegible]	[illegible]	[illegible]	[illegible]	[illegible]	[illegible]	[illegible]	[illegible]	[illegible]	[illegible]	[illegible]	[illegible]	[illegible]	24	98-1154
25	[illegible]	[illegible]	[illegible]	[illegible]	[illegible]	[illegible]	[illegible]	[illegible]	[illegible]	[illegible]	[illegible]	[illegible]	[illegible]	[illegible]	[illegible]	[illegible]	[illegible]	[illegible]	[illegible]	[illegible]	[illegible]	[illegible]	[illegible]	[illegible]		[illegible]	[illegible]	[illegible]	[illegible]	[illegible]	[illegible]	[illegible]	[illegible]	[illegible]	[illegible]	[illegible]	[illegible]	[illegible]	25	98-1249
26	[illegible]	[illegible]	[illegible]	[illegible]	[illegible]	[illegible]	[illegible]	[illegible]	[illegible]	[illegible]	[illegible]	[illegible]	[illegible]	[illegible]	[illegible]	[illegible]	[illegible]	[illegible]	[illegible]	[illegible]	[illegible]	[illegible]	[illegible]	[illegible]	[illegible]		[illegible]	[illegible]	[illegible]	[illegible]	[illegible]	[illegible]	[illegible]	[illegible]	[illegible]	[illegible]	[illegible]	[illegible]	26	99-1997PR-32
27	[illegible]	[illegible]	[illegible]	[illegible]	[illegible]	[illegible]	[illegible]	[illegible]	[illegible]	[illegible]	[illegible]	[illegible]	[illegible]	[illegible]	[illegible]	[illegible]	[illegible]	[illegible]	[illegible]	[illegible]	[illegible]	[illegible]	[illegible]	[illegible]	[illegible]	[illegible]		[illegible]	[illegible]	[illegible]	[illegible]	[illegible]	[illegible]	[illegible]	[illegible]	[illegible]	[illegible]	[illegible]	27	Herts33
28	[illegible]	[illegible]	[illegible]	[illegible]	[illegible]	[illegible]	[illegible]	[illegible]	[illegible]	[illegible]	[illegible]	[illegible]	[illegible]	[illegible]	[illegible]	[illegible]	[illegible]	[illegible]	[illegible]	[illegible]	[illegible]	[illegible]	[illegible]	[illegible]	[illegible]	[illegible]	[illegible]		[illegible]	[illegible]	[illegible]	[illegible]	[illegible]	[illegible]	[illegible]	[illegible]	[illegible]	[illegible]	28	SF02
29	[illegible]	[illegible]	[illegible]	[illegible]	[illegible]	[illegible]	[illegible]	[illegible]	[illegible]	[illegible]	[illegible]	[illegible]	[illegible]	[illegible]	[illegible]	[illegible]	[illegible]	[illegible]	[illegible]	[illegible]	[illegible]	[illegible]	[illegible]	[illegible]	[illegible]	[illegible]	[illegible]	[illegible]		[illegible]	[illegible]	[illegible]	[illegible]	[illegible]	[illegible]	[illegible]	[illegible]	[illegible]	29	species-U.S.Largo71
30	[illegible]	[illegible]	[illegible]	[illegible]	[illegible]	[illegible]	[illegible]	[illegible]	[illegible]	[illegible]	[illegible]	[illegible]	[illegible]	[illegible]	[illegible]	[illegible]	[illegible]	[illegible]	[illegible]	[illegible]	[illegible]	[illegible]	[illegible]	[illegible]	[illegible]	[illegible]	[illegible]	[illegible]	[illegible]		[illegible]	[illegible]	[illegible]	[illegible]	[illegible]	[illegible]	[illegible]	[illegible]	30	98-1252
31	[illegible]	[illegible]	[illegible]	[illegible]	[illegible]	[illegible]	[illegible]	[illegible]	[illegible]	[illegible]	[illegible]	[illegible]	[illegible]	[illegible]	[illegible]	[illegible]	[illegible]	[illegible]	[illegible]	[illegible]	[illegible]	[illegible]	[illegible]	[illegible]	[illegible]	[illegible]	[illegible]	[illegible]	[illegible]	[illegible]		[illegible]	[illegible]	[illegible]	[illegible]	[illegible]	[illegible]	[illegible]	31	99-0868lo
32	[illegible]	[illegible]	[illegible]	[illegible]	[illegible]	[illegible]	[illegible]	[illegible]	[illegible]	[illegible]	[illegible]	[illegible]	[illegible]	[illegible]	[illegible]	[illegible]	[illegible]	[illegible]	[illegible]	[illegible]	[illegible]	[illegible]	[illegible]	[illegible]	[illegible]	[illegible]	[illegible]	[illegible]	[illegible]	[illegible]	[illegible]		[illegible]	[illegible]	[illegible]	[illegible]	[illegible]	[illegible]	32	gamefowl-U.S.(CA)211472
33	[illegible]	[illegible]	[illegible]	[illegible]	[illegible]	[illegible]	[illegible]	[illegible]	[illegible]	[illegible]	[illegible]	[illegible]	[illegible]	[illegible]	[illegible]	[illegible]	[illegible]	[illegible]	[illegible]	[illegible]	[illegible]	[illegible]	[illegible]	[illegible]	[illegible]	[illegible]	[illegible]	[illegible]	[illegible]	[illegible]	[illegible]	[illegible]		[illegible]	[illegible]	[illegible]	[illegible]	[illegible]	33	NA-1
34	[illegible]	[illegible]	[illegible]	[illegible]	[illegible]	[illegible]	[illegible]	[illegible]	[illegible]	[illegible]	[illegible]	[illegible]	[illegible]	[illegible]	[illegible]	[illegible]	[illegible]	[illegible]	[illegible]	[illegible]	[illegible]	[illegible]	[illegible]	[illegible]	[illegible]	[illegible]	[illegible]	[illegible]	[illegible]	[illegible]	[illegible]	[illegible]	[illegible]		[illegible]	[illegible]	[illegible]	[illegible]	34	99-1435
35	[illegible]	[illegible]	[illegible]	[illegible]	[illegible]	[illegible]	[illegible]	[illegible]	[illegible]	[illegible]	[illegible]	[illegible]	[illegible]	[illegible]	[illegible]	[illegible]	[illegible]	[illegible]	[illegible]	[illegible]	[illegible]	[illegible]	[illegible]	[illegible]	[illegible]	[illegible]	[illegible]	[illegible]	[illegible]	[illegible]	[illegible]	[illegible]	[illegible]	[illegible]		[illegible]	[illegible]	[illegible]	35	I-2
36	[illegible]	[illegible]	[illegible]	[illegible]	[illegible]	[illegible]	[illegible]	[illegible]	[illegible]	[illegible]	[illegible]	[illegible]	[illegible]	[illegible]	[illegible]	[illegible]	[illegible]	[illegible]	[illegible]	[illegible]	[illegible]	[illegible]	[illegible]	[illegible]	[illegible]	[illegible]	[illegible]	[illegible]	[illegible]	[illegible]	[illegible]	[illegible]	[illegible]	[illegible]	[illegible]		[illegible]	[illegible]	36	I-2progenitor
37	[illegible]	[illegible]	[illegible]	[illegible]	[illegible]	[illegible]	[illegible]	[illegible]	[illegible]	[illegible]	[illegible]	[illegible]	[illegible]	[illegible]	[illegible]	[illegible]	[illegible]	[illegible]	[illegible]	[illegible]	[illegible]	[illegible]	[illegible]	[illegible]	[illegible]	[illegible]	[illegible]	[illegible]	[illegible]	[illegible]	[illegible]	[illegible]	[illegible]	[illegible]	[illegible]	[illegible]		[illegible]	37	chicken-U.S.(CA)1083(Fontana)72
38	[illegible]	[illegible]	[illegible]	[illegible]	[illegible]	[illegible]	[illegible]	[illegible]	[illegible]	[illegible]	[illegible]	[illegible]	[illegible]	[illegible]	[illegible]	[illegible]	[illegible]	[illegible]	[illegible]	[illegible]	[illegible]	[illegible]	[illegible]	[illegible]	[illegible]	[illegible]	[illegible]	[illegible]	[illegible]	[illegible]	[illegible]	[illegible]	[illegible]	[illegible]	[illegible]	[illegible]	[illegible]		38	B1T
	1	2	3	4	5	6	7	8	9	10	11	12	13	14	15	16	17	18	19	20	21	22	23	24	25	26	27	28	29	30	31	32	33	34	35	36	37	38		

表 2-25　38 株 NDV 基因组 M 基因编码区氨基酸序列同源性比较

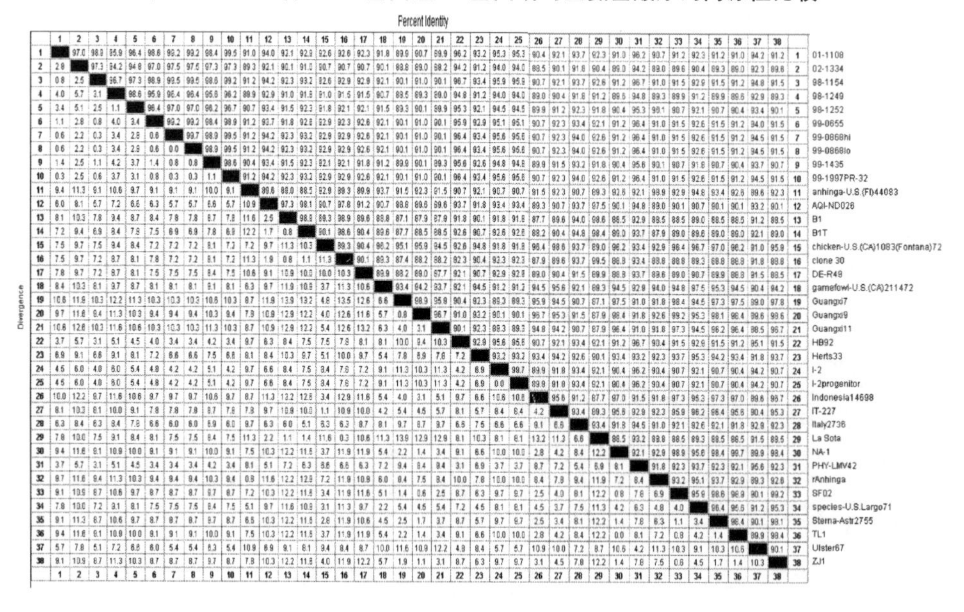

Percent Identity（右上）／Divergence（左下）

	1	2	3	4	5	6	7	8	9	10	11	12	13	14	15	16	17	18	19	20	21	22	23	24	25	26	27	28	29	30	31	32	33	34	35	36	37	38		
1		97.0	98.9	95.9	96.4	98.6	99.2	99.2	98.4	99.5	91.0	94.0	92.1	92.9	92.6	92.6	92.3	91.8	89.9	90.7	89.9	96.2	93.2	95.3	95.3	90.4	92.1	93.7	92.3	91.0	96.2	90.7	91.2	92.3	91.2	91.0	94.2	91.2	1	01-1108
2	2.8		97.3	94.2	94.8	97.0	97.5	97.5	97.3	97.3	89.3	92.1	90.1	91.0	90.7	90.7	90.7	90.1	88.8	89.0	88.2	94.2	91.2	94.0	94.0	88.5	90.1	91.6	90.4	89.0	94.2	89.0	89.6	90.4	89.3	89.0	92.3	89.6	2	02-1334
3	0.8	2.5		96.7	97.3	98.9	99.5	99.5	98.6	99.2	91.2	94.2	92.3	93.2	92.6	92.9	92.9	92.1	90.1	91.0	90.1	96.7	93.4	95.9	95.9	90.7	92.1	93.7	92.6	91.2	96.7	91.0	91.5	92.9	91.5	91.2	94.8	91.5	3	98-1154
4	4.0	5.7	3.1		98.6	95.9	96.4	96.4	95.6	96.2	89.9	92.9	91.0	91.8	91.0	91.5	91.5	90.7	88.5	89.3	89.0	94.8	91.2	94.0	94.0	89.0	90.4	91.8	91.2	89.6	94.8	89.3	89.9	91.2	89.9	89.6	92.9	89.3	4	98-1249
5	3.4	5.1	2.5	1.1		96.4	97.0	97.0	96.2	96.7	90.7	93.4	91.5	92.3	91.8	92.1	92.1	91.5	89.3	90.1	89.9	95.3	92.1	94.5	94.5	89.9	91.2	92.3	91.8	90.4	95.3	90.1	90.7	92.1	90.7	90.4	93.4	90.1	5	98-1252
6	1.1	2.8	0.8	4.0	3.4		99.2	99.2	98.4	98.9	91.2	93.7	91.8	92.6	92.9	92.3	92.6	92.1	90.1	91.0	90.1	95.9	92.9	95.1	95.1	90.7	92.3	93.4	92.1	91.2	96.4	91.0	91.5	92.6	91.5	91.2	94.0	91.5	6	99-0655
7	0.6	2.2	0.3	3.4	2.8	0.6		99.7	98.9	99.5	91.2	94.2	92.3	93.2	92.9	92.9	92.6	92.1	90.1	91.0	90.1	96.4	93.4	95.6	95.6	90.7	92.3	94.0	92.6	91.2	96.4	91.0	91.5	92.6	91.5	91.2	94.5	91.5	7	99-0868hi
8	0.6	2.2	0.3	3.4	2.8	0.6	0.0		98.9	99.5	91.2	94.2	92.3	93.2	92.9	92.9	92.6	92.1	90.1	91.0	90.1	96.4	93.4	95.6	95.6	90.7	92.3	94.0	92.6	91.2	96.4	91.0	91.5	92.6	91.5	91.2	94.5	91.5	8	99-0868lo
9	1.4	2.5	1.1	4.2	3.7	1.4	0.8	0.8		98.6	90.4	93.4	91.5	92.3	92.1	92.1	91.8	91.2	89.9	90.1	89.3	95.6	92.6	94.8	94.8	89.9	91.5	93.2	91.8	90.4	95.6	90.1	90.7	91.8	90.7	90.4	93.7	90.7	9	99-1435
10	0.3	2.5	0.6	3.7	3.1	0.8	0.3	0.3	1.1		91.2	94.2	92.3	93.2	92.9	92.9	92.6	92.1	90.1	91.0	90.1	96.4	93.4	95.6	95.6	90.7	92.3	94.0	92.6	91.2	96.4	91.0	91.5	92.6	91.5	91.2	94.5	91.5	10	99-1997PR-32
11	9.4	11.3	9.1	10.6	9.7	9.1	9.1	9.1	10.0	9.1		89.6	88.0	88.5	92.9	89.3	89.9	93.7	91.5	92.3	91.5	90.7	92.1	90.7	90.7	91.5	92.3	90.7	89.3	92.8	92.1	98.9	92.9	94.8	93.4	92.8	89.6	92.3	11	anhinga-U.S.(Fl)44083
12	6.0	8.1	6.7	7.2	6.6	6.3	5.7	5.7	6.6	5.7	10.9		97.3	98.1	90.7	97.8	91.2	90.7	88.8	89.6	89.6	93.7	91.8	93.4	93.4	89.3	90.7	93.7	97.5	90.1	94.8	89.0	90.1	90.7	90.1	90.1	93.2	90.1	12	AQI-ND026
13	8.1	10.3	7.8	9.4	8.7	8.4	7.8	7.8	8.7	7.8	11.6	2.5		98.9	89.3	98.9	89.6	88.8	87.1	87.9	87.9	91.8	90.1	91.8	91.8	87.7	89.6	94.0	98.6	88.5	92.9	88.5	88.5	89.0	88.5	88.5	91.2	88.5	13	B1
14	7.2	9.4	6.9	8.4	7.8	7.5	6.9	6.9	7.8	6.9	12.2	1.7	0.8		90.1	98.6	90.4	89.6	87.7	88.5	88.5	92.6	90.7	92.6	92.6	88.2	90.4	94.8	98.4	89.0	93.7	87.9	89.0	89.6	89.0	89.0	92.1	89.0	14	B1T
15	7.5	9.7	7.5	9.4	8.4	7.2	7.2	7.2	8.1	7.2	7.2	9.7	11.3	10.3		89.3	90.4	96.2	95.1	95.9	94.5	92.6	94.8	91.8	91.8	96.4	98.6	93.7	89.0	96.2	93.4	92.9	96.4	96.7	97.0	96.2	91.0	95.9	15	chicken-U.S.(CA)1083(Fontana)72
16	7.5	9.7	7.2	8.7	8.1	7.8	7.2	7.2	8.1	7.2	11.3	1.9	0.8	1.1	11.3		90.1	89.3	87.4	88.2	88.2	92.3	90.4	92.3	92.3	87.9	89.6	93.7	99.5	88.8	93.4	88.8	88.8	89.3	88.8	88.8	91.8	88.8	16	clone 30
17	7.8	9.7	7.2	8.7	8.1	7.5	7.5	7.5	8.4	7.5	10.6	9.1	10.9	10.0	10.0	10.3		89.9	88.2	89.0	87.7	92.1	90.7	92.9	92.9	89.0	90.4	91.5	89.9	88.8	93.7	89.6	89.0	90.7	89.9	88.8	91.5	88.5	17	DE-R49
18	8.4	10.3	8.1	9.7	8.7	8.1	8.1	8.1	9.1	8.1	6.3	9.7	11.9	10.9	3.7	11.3	10.6		93.4	94.2	93.7	92.1	94.5	91.2	91.2	94.5	95.6	92.1	88.3	94.5	92.9	94.0	94.8	97.5	95.3	94.5	90.4	94.2	18	gamefowl-U.S.(CA)211472
19	10.6	11.9	10.3	12.2	11.3	10.3	10.3	10.3	10.6	10.3	8.7	11.9	13.9	13.2	4.8	13.5	12.6	6.6		98.9	95.8	90.4	92.3	89.3	89.3	95.9	94.5	90.7	87.1	97.5	91.0	91.8	98.4	94.5	97.3	97.5	89.0	97.8	19	Guangxi7
20	9.7	11.6	9.4	11.3	10.3	9.4	9.4	9.4	10.3	9.4	7.9	10.9	12.9	12.2	4.0	12.6	11.6	5.7	0.8		96.7	91.0	93.2	90.1	90.1	96.7	95.3	91.5	87.9	98.4	91.8	92.6	99.2	95.3	98.1	98.4	88.6	98.6	20	Guangxi9
21	10.6	12.8	10.3	11.6	10.6	10.3	10.3	10.3	11.3	10.3	8.7	10.9	12.9	12.2	5.4	12.6	13.2	6.3	4.0	3.1		90.1	92.3	89.3	89.3	94.8	94.2	90.7	87.9	96.4	91.0	91.8	97.3	94.5	96.2	96.4	88.5	96.7	21	Guangxi11
22	3.7	5.7	3.1	5.1	4.5	4.0	3.4	3.4	4.2	3.4	9.7	6.3	8.4	7.5	7.5	7.8	8.1	8.1	10.0	9.4	10.3		92.9	95.6	95.6	90.7	92.1	93.4	92.1	91.2	96.7	90.4	91.5	92.9	91.5	91.2	95.1	91.5	22	HB92
23	6.9	9.1	6.6	9.1	8.1	7.2	6.6	6.6	7.5	6.8	8.1	8.4	10.3	9.7	5.1	10.0	9.7	5.4	7.8	6.9	7.6	7.2		93.2	93.2	93.4	94.2	92.6	90.1	93.4	93.2	92.3	93.7	95.3	94.2	93.4	91.8	93.7	23	Herts33
24	4.5	6.0	4.0	6.0	5.4	4.8	4.2	4.2	5.1	4.2	9.7	6.6	8.4	7.5	8.4	7.8	7.2	9.1	11.3	10.3	11.3	4.2	6.9		98.7	89.9	91.8	93.4	92.1	90.4	96.2	90.4	90.7	92.1	90.7	90.4	94.2	90.7	24	I-2
25	4.5	6.0	4.0	6.0	5.4	4.8	4.2	4.2	5.1	4.2	9.7	6.6	8.4	7.5	8.4	7.8	7.2	9.1	11.3	10.3	11.3	4.2	6.9	0.0		89.9	91.8	93.4	92.1	90.4	96.2	90.4	90.7	92.1	90.7	90.4	94.2	90.7	25	I-2progenitor
26	10.0	12.2	9.7	11.6	10.6	9.7	9.7	9.7	10.6	9.7	8.7	11.3	13.2	12.6	3.4	12.9	11.6	5.4	4.0	3.1	5.1	9.7	6.6	10.6	10.6		95.6	91.2	87.7	97.0	91.5	91.8	97.3	95.3	97.3	97.0	89.6	96.7	26	Indonesia14698
27	8.1	10.3	8.1	10.0	9.1	7.8	7.8	7.8	8.7	7.8	7.8	9.7	10.9	10.0	1.1	10.9	10.0	4.2	5.4	4.5	5.7	8.1	5.7	8.4	8.4	4.2		93.4	89.3	95.6	92.9	92.3	95.9	96.2	96.4	95.6	90.4	95.3	27	IT-227
28	6.3	8.4	6.3	8.4	7.6	6.6	6.0	6.0	6.9	6.0	9.7	6.3	6.0	5.1	6.3	6.3	8.7	8.1	9.7	8.7	9.7	6.6	7.5	6.6	6.6	9.1	6.6		93.4	91.8	94.5	91.0	92.1	92.6	92.1	91.8	92.9	92.3	28	Italy2736
29	7.8	10.0	7.5	9.1	8.4	8.1	7.5	7.5	8.4	7.5	11.3	2.2	1.1	1.4	11.6	0.3	10.6	11.3	13.9	12.9	12.9	8.1	10.3	8.1	8.1	13.2	11.3	6.6		88.5	93.2	88.8	88.5	89.3	88.5	88.5	91.5	88.5	29	La Sota
30	9.4	11.6	9.1	10.9	10.0	9.1	9.1	9.1	10.0	9.1	7.5	10.3	12.2	11.5	3.7	11.9	11.9	5.4	2.2	1.4	3.4	9.1	6.6	10.0	10.0	2.8	4.2	8.4	12.2		92.1	92.9	98.9	95.6	98.4	99.7	89.9	98.4	30	NA-1
31	3.7	5.7	3.1	5.1	4.5	3.4	3.4	3.4	4.2	3.4	8.1	5.1	7.2	6.3	6.6	6.6	6.3	7.2	9.4	8.4	9.4	3.1	6.9	3.7	3.7	8.7	7.2	5.4	6.9	8.1		91.8	92.3	93.7	92.3	92.1	96.6	92.3	31	PHY-LMV42
32	9.7	11.6	9.4	11.3	10.3	9.4	9.4	9.4	10.3	9.4	0.8	11.6	12.2	12.9	7.2	11.9	10.9	6.0	8.4	7.5	8.4	10.0	7.8	10.0	10.0	8.4	7.8	9.4	11.9	7.2	8.4		93.2	95.1	93.7	92.9	89.3	92.6	32	rAnhinga
33	9.1	10.9	8.7	10.6	9.7	8.7	8.7	8.7	9.7	8.7	7.2	10.3	12.2	11.6	3.4	11.9	11.6	5.1	1.4	0.6	2.5	8.7	6.3	9.7	9.7	2.5	4.0	8.1	12.2	0.8	7.6	6.9		95.9	98.6	98.9	90.1	99.2	33	SF02
34	7.8	10.0	7.2	9.1	8.1	7.5	7.5	7.5	8.4	7.5	5.1	9.7	11.6	10.9	3.1	11.3	9.7	2.2	5.4	4.5	5.4	7.2	4.5	8.1	8.1	4.5	3.7	7.5	11.3	4.2	6.3	4.8	4.0		96.4	95.6	91.2	95.3	34	species-U.S.Largo71
35	9.1	11.3	8.7	10.6	9.7	8.7	8.7	8.7	9.7	8.7	6.5	10.3	12.2	11.5	2.8	11.9	10.6	4.5	2.5	1.7	3.7	8.7	5.7	9.7	9.7	2.5	3.4	8.1	12.2	1.4	7.8	6.3	1.1	3.4		98.4	90.1	98.1	35	Sterna-Astr2755
36	9.4	11.6	9.1	10.9	10.0	9.1	9.1	9.1	10.0	9.1	7.5	10.3	12.2	11.5	3.7	11.9	11.9	5.4	2.2	1.4	3.4	9.1	6.6	10.0	10.0	2.8	4.2	8.4	12.2	0.0	8.1	7.2	0.8	4.2	1.4		89.9	98.4	36	TL1
37	5.7	7.8	5.1	7.2	6.6	6.0	5.4	5.4	6.3	5.4	10.9	6.9	9.1	8.1	9.4	8.4	8.7	10.0	11.6	10.9	12.2	4.8	8.4	5.7	5.7	10.9	10.0	7.2	8.7	10.6	4.2	11.3	10.3	9.1	10.3	10.6		90.1	37	Ulster67
38	9.1	10.9	8.7	11.3	10.3	8.7	8.7	8.7	9.7	8.7	7.8	10.3	12.2	11.8	4.0	11.9	12.2	5.7	1.9	1.1	3.1	8.7	6.3	9.7	9.7	3.1	4.5	7.8	12.2	1.4	7.8	7.5	0.6	4.5	1.7	1.4	10.3		38	ZJ1
	1	2	3	4	5	6	7	8	9	10	11	12	13	14	15	16	17	18	19	20	21	22	23	24	25	26	27	28	29	30	31	32	33	34	35	36	37	38		

表 2－26　38 株 NDV 基因组 F 基因编码区核苷酸序列同源性比较

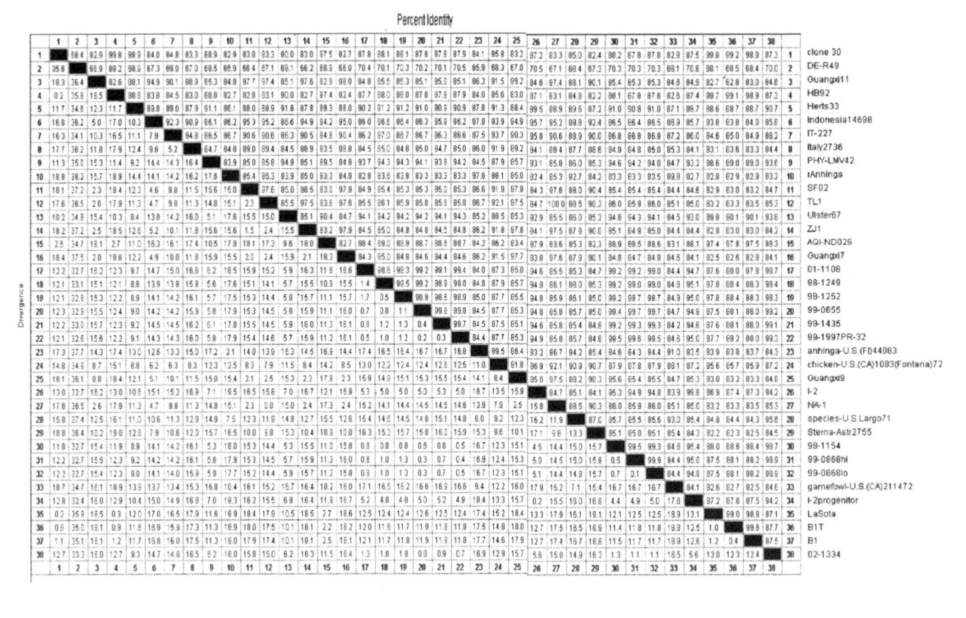

Percent Identity（上三角）；Divergence（下三角）

	1	2	3	4	5	6	7	8	9	10	11	12	13	14	15	16	17	18	19	20	21	22	23	24	25	26	27	28	29	30	31	32	33	34	35	36	37	38		
1	■	68.4	82.9	99.8	88.9	84.0	84.8	83.3	88.9	82.9	83.0	83.3	90.0	83.0	97.5	82.7	87.8	88.1	88.1	87.8	87.8	87.9	84.1	85.8	83.2	87.2	83.3	85.0	82.4	88.2	87.8	87.8	82.8	87.5	99.8	99.2	98.9	87.3	1	clone 30
2	35.6	■	68.9	68.2	68.9	67.3	69.0	67.0	68.5	65.9	66.4	67.1	69.1	66.2	68.9	66.0	70.4	70.1	70.3	70.2	70.1	70.5	65.9	68.3	67.0	70.5	67.1	68.4	67.3	70.3	70.3	70.3	68.1	70.8	68.1	68.5	68.4	70.0	2	DE-R49
3	18.3	36.4	■	82.6	88.1	94.9	90.1	88.9	85.3	84.8	97.7	97.4	85.1	97.6	82.9	98.0	84.8	85.5	85.3	85.1	85.0	85.1	86.3	91.5	99.2	84.6	97.4	88.1	90.1	85.4	85.3	85.3	84.8	84.9	82.7	82.8	83.0	84.6	3	Guangxi11
4	0.2	35.8	18.5	■	88.8	83.8	84.5	83.0	88.8	82.7	82.8	83.1	90.0	82.7	97.4	82.4	87.7	88.0	88.0	87.8	87.8	87.9	84.0	85.6	83.0	87.1	83.1	84.8	82.2	88.1	87.8	87.8	82.8	87.4	99.7	99.1	98.9	87.3	4	HB92
5	11.7	34.8	12.3	11.7	■	89.8	89.0	87.9	91.1	86.1	88.0	88.9	91.8	87.8	89.3	88.0	90.2	91.2	91.2	91.0	90.9	90.9	87.8	91.3	88.4	89.5	88.9	89.6	87.2	91.0	90.8	91.0	87.1	89.7	88.6	88.7	88.7	90.7	5	Herts33
6	16.8	36.2	5.0	17.0	10.3	■	92.3	90.9	86.1	86.2	95.3	95.2	86.6	94.9	84.2	95.0	88.0	86.6	86.4	86.3	85.9	86.2	87.8	93.9	94.9	85.7	95.2	89.8	92.4	86.5	86.4	86.5	86.9	85.7	83.8	83.8	84.0	85.8	6	Indonesia14698
7	16.3	34.1	10.3	16.5	11.1	7.9	■	94.8	86.5	86.7	90.6	90.6	86.3	90.5	84.8	90.4	86.2	87.0	86.7	86.7	86.3	86.6	87.5	93.7	90.3	85.8	90.6	88.9	90.0	86.8	86.8	86.9	87.2	86.0	84.6	85.0	84.9	86.2	7	IT-227
8	17.7	36.2	11.8	17.9	12.4	9.6	5.2	■	84.7	84.8	89.0	89.4	84.5	88.9	83.5	88.8	84.5	85.0	84.8	85.0	84.7	85.0	86.0	91.9	89.2	84.1	89.4	87.7	88.8	84.9	84.8	85.0	85.3	84.1	83.1	83.6	83.3	84.4	8	Italy2736
9	11.3	35.0	15.3	11.4	9.2	14.4	14.3	16.4	■	83.9	85.0	85.8	94.9	85.1	89.5	84.8	93.7	94.3	94.3	94.1	93.8	94.2	84.5	87.9	85.7	93.1	85.8	86.0	85.3	94.6	94.2	94.0	84.7	93.2	88.6	89.0	89.0	93.6	9	PHY-LMV42
10	18.8	38.2	15.7	18.9	14.4	14.1	14.2	16.2	17.6	■	85.4	85.3	83.9	85.0	83.3	84.9	82.8	83.6	83.8	83.3	83.3	83.3	97.6	88.1	85.0	82.4	85.3	92.7	84.2	83.3	83.3	83.5	89.8	82.7	82.8	82.9	82.9	83.2	10	rAnhinga
11	18.1	37.2	2.3	18.4	12.3	4.6	9.8	11.5	15.6	16.0	■	97.6	85.0	98.5	83.0	97.9	84.9	85.4	85.3	85.3	85.0	85.3	86.6	91.9	97.9	84.3	97.6	88.0	90.4	85.4	85.4	85.4	84.4	84.6	82.9	83.0	83.2	84.7	11	SF02
12	17.6	36.5	2.6	17.9	11.3	4.7	9.8	11.3	14.8	15.1	2.3	■	85.5	97.5	83.6	97.6	85.5	86.1	85.9	85.8	85.8	85.8	86.7	92.1	97.5	84.7	100.0	88.5	90.3	86.0	85.9	86.0	85.1	85.0	83.2	83.3	83.5	85.3	12	TL1
13	10.2	34.9	15.4	10.3	8.4	13.8	14.2	16.0	5.1	17.6	15.5	15.0	■	85.1	90.4	84.7	94.1	94.2	94.2	94.2	94.1	94.3	85.2	88.5	85.3	92.9	85.5	86.0	85.3	94.8	94.3	94.1	84.5	93.0	89.8	90.1	90.1	93.6	13	Ulster67
14	18.2	37.2	2.5	18.5	12.6	5.2	10.1	11.8	15.6	15.6	1.5	2.4	15.5	■	83.2	97.9	84.5	85.0	84.8	84.8	84.5	84.8	86.2	91.8	97.8	84.1	97.5	87.8	90.0	85.1	84.9	85.0	84.4	84.4	82.8	83.0	83.0	84.2	14	ZJ1
15	2.6	34.7	18.1	2.7	11.0	16.3	16.1	17.4	10.5	17.9	18.1	17.3	9.6	18.0	■	82.7	88.4	89.0	88.9	88.7	88.5	88.7	84.2	86.2	83.4	87.9	83.6	85.3	82.3	88.9	88.5	88.6	83.1	88.1	97.4	97.8	97.5	88.3	15	AQI-ND026
16	18.4	37.5	2.0	18.6	12.2	4.9	10.0	11.8	15.9	15.5	2.0	2.4	15.9	2.1	18.3	■	84.3	85.0	84.8	84.6	84.4	84.6	86.2	91.5	97.7	83.8	97.6	87.9	90.1	84.8	84.7	84.8	84.6	84.1	82.5	82.6	82.8	84.1	16	Guangxi7
17	12.2	32.7	16.2	12.3	9.7	14.7	15.0	16.6	6.2	18.5	15.9	15.2	5.9	16.3	11.6	16.6	■	98.6	98.3	99.2	99.1	99.4	84.0	87.3	85.0	94.6	85.5	85.3	84.7	99.2	99.2	99.0	84.4	94.7	87.6	88.0	87.8	98.7	17	01-1108
18	12.1	33.1	15.1	12.1	8.8	13.9	13.8	15.8	5.6	17.6	15.1	14.1	5.7	15.5	10.9	15.5	1.4	■	99.5	99.2	98.9	99.0	84.8	87.9	85.7	94.9	86.1	86.0	85.3	99.2	99.0	99.0	84.8	95.1	87.8	88.4	88.3	98.4	18	98-1249
19	12.1	32.8	15.3	12.2	8.9	14.1	14.2	16.1	5.7	17.5	15.3	14.4	5.8	15.7	11.1	15.7	1.7	0.5	■	98.9	98.5	98.9	85.0	87.7	85.5	94.8	85.9	86.1	85.0	99.2	98.7	98.7	84.9	95.0	87.8	88.4	88.3	98.3	19	98-1252
20	12.3	32.9	15.5	12.4	9.0	14.2	14.2	15.9	5.8	17.9	15.3	14.5	5.8	15.9	11.1	16.0	0.7	0.8	1.1	■	99.8	99.8	84.5	87.7	85.3	94.8	85.8	85.7	85.0	99.4	99.7	99.7	84.7	94.9	87.5	88.1	88.0	99.2	20	99-0655
21	12.2	33.0	15.7	12.3	9.2	14.5	14.5	16.2	6.1	17.8	15.5	14.5	5.9	16.0	11.3	16.1	0.8	1.2	1.3	0.4	■	99.7	84.5	87.5	85.1	94.6	85.8	85.4	84.8	99.2	99.3	99.3	84.2	94.6	87.6	88.1	88.0	99.1	21	99-1435
22	12.1	32.6	15.6	12.2	9.1	14.3	14.3	16.0	5.8	17.9	15.4	14.6	5.7	15.9	11.2	16.1	0.5	1.0	1.2	0.2	0.3	■	84.4	87.7	85.3	94.9	85.8	85.7	84.6	99.5	99.6	99.5	84.6	95.0	87.7	88.2	88.0	99.3	22	99-1997PR-32
23	17.3	37.7	14.3	17.4	13.0	12.6	13.3	15.0	17.2	2.1	14.0	13.9	16.3	14.5	16.9	14.4	17.4	16.5	16.4	16.7	16.7	16.8	■	89.5	86.4	83.2	86.7	94.2	85.4	84.6	84.3	84.4	91.0	83.5	83.9	83.8	83.7	84.3	23	anhinga-U.S.(Fl)44083
24	14.8	34.9	8.7	15.1	8.8	6.2	6.3	8.3	12.3	12.5	8.3	7.9	11.5	8.4	14.2	8.5	13.0	12.2	12.4	12.4	12.6	12.5	11.0	■	91.8	86.9	92.1	90.9	90.7	87.9	87.8	87.9	88.1	87.2	85.6	85.7	85.9	87.2	24	chicken-U.S.(CA)1083(Fontana)72
25	18.1	36.1	0.8	18.4	12.1	5.1	10.1	11.5	15.0	15.4	2.1	2.5	15.3	2.3	17.8	2.3	15.9	14.9	15.1	15.3	15.5	15.4	14.1	8.4	■	85.0	97.5	88.2	90.3	85.6	85.4	85.5	84.7	85.3	83.0	83.2	83.3	84.6	25	Guangxi9
26	13.0	32.7	16.2	13.0	10.6	15.1	15.2	16.9	7.1	19.5	16.5	15.6	7.0	16.7	12.1	16.9	5.3	5.0	5.0	5.0	5.3	5.0	18.7	13.5	15.9	■	84.7	85.1	84.1	95.3	94.9	94.8	83.9	99.8	86.9	87.4	87.3	94.2	26	I-2
27	17.6	36.5	2.6	17.9	11.3	4.7	9.8	11.3	14.8	15.1	2.3	0.0	15.0	2.4	17.3	2.4	15.2	14.1	14.4	14.5	14.5	14.6	13.9	7.9	2.5	15.8	■	88.5	90.3	86.0	85.9	86.0	85.1	85.0	83.2	83.3	83.5	85.3	27	NA-1
28	15.8	37.4	12.5	16.1	11.0	10.6	11.3	12.9	14.9	7.5	12.3	11.9	14.8	12.7	15.5	12.6	15.4	14.8	14.5	14.8	15.1	14.8	6.0	9.2	12.3	16.2	11.9	■	87.0	85.7	85.5	85.6	93.0	85.4	84.8	84.4	84.3	85.8	28	species-U.S.Largo71
29	18.8	36.4	10.2	19.0	12.8	7.9	10.8	12.0	15.7	16.5	10.0	9.8	15.3	10.4	18.9	10.0	16.3	15.3	15.7	15.8	16.0	15.9	15.3	9.6	10.1	17.1	9.8	13.3	■	85.1	85.0	85.1	85.4	84.3	82.2	82.3	82.5	84.5	29	Sterna-Astr2755
30	11.8	32.7	15.4	11.9	8.9	14.1	14.2	16.1	5.3	18.0	15.3	14.4	5.3	15.5	11.0	15.8	0.8	0.8	0.8	0.6	0.8	0.5	16.7	12.3	15.1	4.5	14.4	15.0	15.7	■	99.5	99.3	84.6	95.4	88.0	88.6	88.4	98.7	30	98-1154
31	12.2	32.7	15.5	12.3	9.2	14.2	14.2	16.1	5.8	17.9	15.3	14.5	5.7	15.9	11.3	16.0	0.8	1.0	1.3	0.3	0.7	0.4	16.9	12.4	15.3	5.0	14.5	15.0	15.6	0.6	■	99.9	84.4	95.0	87.5	88.1	88.2	98.9	31	99-0868hi
32	12.2	32.7	15.4	12.3	9.0	14.1	14.0	15.9	5.9	17.7	15.2	14.4	5.9	15.7	11.2	15.8	0.9	1.0	1.3	0.3	0.7	0.5	16.7	12.3	15.1	5.1	14.4	14.9	15.7	0.7	0.1	■	84.4	94.8	87.5	88.1	88.2	98.9	32	99-0868lo
33	18.7	34.7	16.1	18.9	13.9	13.7	13.4	15.3	16.8	10.4	16.1	15.2	16.7	16.4	18.2	16.0	17.1	16.5	16.2	16.6	16.9	16.6	9.4	12.2	16.0	17.9	15.2	7.1	15.4	16.7	16.7	16.7	■	84.1	82.6	82.7	82.5	84.6	33	gamefowl-U.S.(CA)211472
34	12.8	32.4	16.0	12.9	10.4	15.0	14.9	16.8	7.0	18.3	16.2	15.5	6.9	16.4	11.9	16.7	5.2	4.8	4.8	5.0	5.2	4.9	18.4	13.3	15.7	0.2	15.5	16.0	16.8	4.4	4.9	5.0	17.8	■	87.2	87.6	87.5	94.2	34	I-2progenitor
35	0.2	35.9	18.5	0.3	12.0	17.0	16.5	17.9	11.6	18.9	18.4	17.9	10.5	18.5	2.7	18.6	12.5	12.4	12.4	12.6	12.5	12.4	17.4	15.2	18.4	13.3	17.9	16.1	19.1	12.1	12.5	12.5	18.9	13.1	■	99.0	98.8	87.1	35	LaSota
36	0.8	35.0	18.1	0.9	11.6	16.9	15.9	17.3	11.3	18.9	18.0	17.5	10.1	18.1	2.2	18.2	12.0	11.6	11.7	11.9	11.8	11.8	17.5	14.8	18.0	12.7	17.5	16.5	16.9	11.4	11.8	11.8	18.8	12.5	1.0	■	99.6	87.7	36	B1T
37	1.1	35.1	18.1	1.2	11.7	16.8	16.0	17.5	11.3	19.0	17.9	17.4	10.1	18.1	2.5	18.1	12.1	11.7	11.8	11.9	11.9	11.8	17.7	14.6	17.9	12.7	17.4	16.7	16.8	11.5	11.7	11.7	18.9	12.6	1.2	0.4	■	87.5	37	B1
38	12.7	33.3	16.0	12.7	9.3	14.7	14.8	16.5	8.2	18.0	15.8	15.0	8.2	16.3	11.5	16.4	1.3	1.8	1.8	0.8	0.9	0.7	16.9	12.9	15.7	5.6	15.0	14.9	16.3	1.3	1.1	1.1	16.5	5.6	13.0	12.3	12.4	■	38	02-1334
	1	2	3	4	5	6	7	8	9	10	11	12	13	14	15	16	17	18	19	20	21	22	23	24	25	26	27	28	29	30	31	32	33	34	35	36	37	38		

表 2－27　38 株 NDV 基因组 F 基因编码区氨基酸序列同源性比较

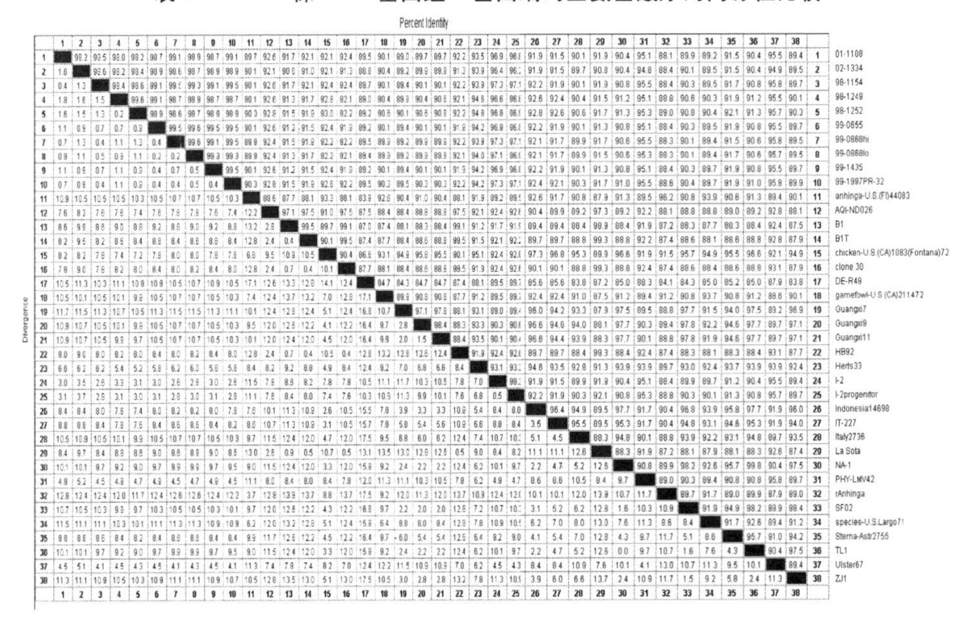

Percent Identity（上三角）；Divergence（下三角）

	1	2	3	4	5	6	7	8	9	10	11	12	13	14	15	16	17	18	19	20	21	22	23	24	25	26	27	28	29	30	31	32	33	34	35	36	37	38		
1	■	98.2	99.5	98.0	98.2	98.7	99.1	98.9	98.7	99.1	89.7	92.6	91.7	92.1	92.1	92.4	89.5	90.1	89.0	89.7	89.7	92.2	93.5	96.9	96.6	91.9	91.5	90.1	91.9	90.4	95.1	88.1	89.9	89.2	91.5	90.4	95.5	89.4	1	01-1108
2	1.6	■	98.6	98.2	98.4	98.9	98.6	98.7	98.9	98.9	90.1	92.1	90.6	91.0	92.1	91.3	88.8	90.4	89.2	89.9	89.8	91.3	93.9	96.4	96.1	91.9	91.5	89.7	90.8	90.4	94.8	88.4	90.1	89.5	91.5	90.4	94.9	89.5	2	02-1334
3	0.4	1.3	■	98.4	98.6	99.1	99.5	99.3	99.1	99.5	90.1	92.6	91.7	92.1	92.4	92.4	89.7	90.1	89.4	90.1	90.1	92.2	93.9	97.3	97.1	92.2	91.9	90.1	91.9	90.8	95.5	88.4	90.3	89.5	91.7	90.8	95.8	89.7	3	98-1154
4	1.8	1.6	1.5	■	99.6	99.1	98.7	98.9	98.7	98.7	90.1	92.6	91.3	91.7	92.8	92.1	89.0	90.4	89.9	90.4	90.6	92.1	94.6	96.6	96.6	92.6	92.4	90.4	91.5	91.2	95.1	88.8	90.6	90.3	91.9	91.2	95.5	90.1	4	98-1249
5	1.6	1.5	1.3	0.2	■	98.9	98.6	98.7	98.9	98.9	90.3	92.8	91.5	91.9	93.0	92.2	89.2	90.8	90.1	90.6	90.8	92.2	94.8	96.8	96.6	92.8	92.6	90.6	91.7	91.3	95.3	89.0	90.8	90.4	92.1	91.3	95.7	90.3	5	98-1252
6	1.1	0.9	0.7	0.7	0.9	■	99.5	99.6	99.5	99.5	90.1	92.6	91.2	91.5	92.4	91.9	89.2	90.1	89.4	90.1	90.1	91.9	94.2	96.9	96.6	92.2	91.9	90.1	91.3	90.8	95.1	88.4	90.3	89.5	91.9	90.8	95.5	89.7	6	99-0655
7	0.7	1.3	0.4	1.1	1.3	0.4	■	99.6	99.1	99.5	89.9	92.4	91.5	91.9	92.2	92.2	89.5	89.9	89.2	89.9	89.9	92.2	93.9	97.3	97.1	92.1	91.7	89.9	91.7	90.6	95.5	88.3	90.1	89.4	91.5	90.6	95.8	89.5	7	99-0868hi
8	0.9	1.1	0.5	0.9	1.1	0.2	0.2	■	99.3	99.3	89.9	92.4	91.3	91.7	92.2	92.1	89.4	89.9	89.2	89.9	89.9	92.1	94.0	97.1	96.9	92.1	91.7	89.9	91.5	90.6	95.3	88.3	90.1	89.4	91.7	90.6	95.7	89.5	8	99-0868lo
9	1.1	0.9	0.7	1.1	0.9	0.4	0.7	0.5	■	99.5	90.1	92.6	91.2	91.5	92.4	91.9	89.2	90.1	89.4	90.1	90.1	91.9	94.2	96.9	96.6	92.2	91.9	90.1	91.3	90.8	95.1	88.4	90.3	89.7	91.9	90.8	95.5	89.7	9	99-1435
10	0.7	0.9	0.4	1.1	0.9	0.4	0.4	0.5	0.4	■	90.3	92.8	91.5	91.9	92.8	92.2	89.5	90.3	89.5	90.3	90.3	92.2	94.2	97.3	97.1	92.4	92.1	90.3	91.7	91.0	95.5	88.6	90.4	89.7	91.9	91.0	95.8	89.9	10	99-1997PR-32
11	10.9	10.5	10.5	10.5	10.3	10.5	10.7	10.7	10.5	10.3	■	88.6	87.7	88.1	93.3	88.1	83.9	92.6	90.4	91.0	90.4	88.1	91.9	89.2	89.5	92.6	91.7	90.8	87.9	91.3	89.5	96.2	90.8	93.9	90.6	91.3	89.4	90.1	11	anhinga-U.S.(Fl)44083
12	7.6	8.2	7.6	7.6	7.4	7.6	7.8	7.8	7.6	7.4	12.2	■	97.1	97.5	91.0	97.5	87.5	88.4	88.4	88.6	88.8	97.5	92.1	92.4	92.6	90.4	89.9	89.2	97.3	89.2	92.2	88.1	88.8	88.8	89.0	89.2	92.8	88.1	12	AQI-ND026
13	8.6	9.9	8.8	9.0	8.8	9.2	8.8	9.0	9.2	8.8	13.2	2.8	■	99.5	89.7	99.1	87.0	87.4	88.1	88.3	88.4	99.1	91.2	91.7	91.9	89.4	89.4	88.4	98.9	88.4	91.9	87.2	88.3	87.7	88.3	88.4	92.4	87.5	13	B1
14	8.2	9.5	8.2	8.6	8.4	8.8	8.4	8.6	8.8	8.4	12.8	2.4	0.4	■	90.1	99.5	87.4	87.7	88.4	88.6	88.8	99.5	91.5	92.1	92.2	89.7	89.7	88.8	99.3	88.8	92.2	87.4	88.6	88.1	88.6	88.8	92.8	87.9	14	B1T
15	8.2	8.2	7.8	7.4	7.2	7.6	8.0	8.0	7.8	7.6	6.6	9.5	10.9	10.5	■	90.4	86.6	93.1	94.9	95.6	95.5	90.1	95.1	92.4	92.8	97.3	96.8	95.3	89.9	96.6	91.9	91.5	95.7	94.9	95.5	96.6	92.1	94.9	15	chicken-U.S.(CA)1083(Fontana)72
16	7.8	9.0	7.8	8.2	8.0	8.4	8.0	8.2	8.4	8.0	12.8	2.4	0.7	0.4	10.1	■	87.7	88.1	88.4	88.6	88.8	99.5	91.9	92.4	92.8	90.1	90.1	88.8	99.3	88.8	92.4	87.4	88.6	88.4	88.6	88.8	93.1	87.9	16	clone 30
17	10.5	11.3	10.3	11.1	10.9	10.9	10.5	10.7	10.9	10.5	17.1	12.6	13.3	12.8	14.1	12.4	■	84.7	84.3	84.7	84.7	87.4	88.1	89.5	89.7	85.6	85.6	83.8	87.2	85.0	88.3	84.1	84.3	85.0	85.2	85.0	87.9	83.8	17	DE-R49
18	10.5	10.1	10.5	10.1	9.9	10.5	10.7	10.7	10.5	10.3	7.4	12.4	13.7	13.2	7.0	12.8	17.1	■	89.9	90.8	90.6	87.7	91.2	89.5	89.7	92.4	92.4	91.0	87.5	91.2	89.4	91.2	90.8	93.7	90.8	91.2	88.6	90.1	18	gamefowl-U.S.(CA)211472
19	11.7	11.5	11.3	10.7	10.5	11.3	11.5	11.5	11.3	11.1	10.1	12.4	12.8	12.4	5.1	12.4	16.8	10.7	■	97.1	97.8	88.1	93.1	89.0	89.4	96.0	94.2	93.3	87.9	97.5	89.5	88.8	97.7	91.5	94.0	97.5	89.2	96.9	19	Guangxi7
20	10.9	10.7	10.5	10.1	9.9	10.5	10.7	10.7	10.5	10.3	9.5	12.0	12.6	12.2	4.1	12.2	16.4	9.7	2.8	■	98.4	88.3	93.3	90.3	90.6	96.6	94.6	94.0	88.1	97.7	90.3	89.4	97.8	92.2	94.6	97.7	89.7	97.1	20	Guangxi9
21	10.9	10.7	10.5	9.9	9.7	10.5	10.7	10.7	10.5	10.3	10.1	12.0	12.4	12.0	4.5	12.0	16.4	9.9	2.0	1.5	■	88.4	93.5	90.1	90.4	96.6	94.4	93.9	88.3	97.7	90.1	88.8	97.8	91.9	94.6	97.7	89.7	97.1	21	Guangxi11
22	8.0	9.0	8.0	8.2	8.0	8.4	8.0	8.2	8.4	8.0	12.8	2.4	0.7	0.4	10.5	0.4	12.8	13.2	12.8	12.6	12.4	■	91.9	92.4	92.6	89.7	89.7	88.4	99.3	88.4	92.4	87.4	88.3	88.1	88.3	88.4	93.1	87.7	22	HB92
23	6.6	6.2	6.2	5.4	5.2	5.8	6.2	6.0	5.8	5.8	8.4	8.2	9.2	8.8	4.9	8.4	12.4	9.2	7.0	6.8	6.6	8.4	■	93.1	93.3	94.8	93.5	92.8	91.3	93.9	93.9	89.7	93.0	92.4	93.7	93.9	93.9	92.4	23	Herts33
24	3.0	3.5	2.6	3.3	3.1	3.0	2.6	2.8	3.0	2.6	11.5	7.6	8.6	8.2	7.8	7.8	10.5	11.1	11.7	10.3	10.5	7.8	7.0	■	99.3	91.9	91.5	89.9	91.9	90.4	95.1	88.4	89.9	89.7	91.2	90.4	95.5	89.4	24	I-2
25	3.1	3.7	2.8	3.1	3.0	3.1	2.8	3.0	3.1	2.8	11.1	7.6	8.4	8.0	7.4	7.6	10.3	10.9	11.3	9.9	10.1	7.6	6.8	0.5	■	92.2	91.9	90.3	92.1	90.8	95.3	88.8	90.3	90.1	91.3	90.8	95.7	89.7	25	I-2progenitor
26	8.4	8.4	8.0	7.6	7.4	8.0	8.2	8.2	8.0	7.8	7.8	10.1	11.3	10.9	2.6	10.5	15.5	7.8	3.9	3.3	3.3	10.9	5.4	8.4	8.0	■	96.4	94.9	89.5	97.7	91.7	90.4	96.8	93.9	95.8	97.7	91.9	96.0	26	Indonesia14698
27	8.8	8.8	8.4	7.8	7.6	8.4	8.6	8.6	8.4	8.2	8.6	10.7	11.3	10.9	3.1	10.5	15.7	7.8	5.8	5.4	5.6	10.9	6.6	8.8	8.4	3.5	■	95.5	89.5	95.3	91.7	90.4	94.8	93.1	94.6	95.3	91.9	94.0	27	IT-227
28	10.5	10.9	10.5	10.1	9.9	10.5	10.7	10.7	10.5	10.3	9.7	11.5	12.4	12.0	4.7	12.0	17.5	9.5	6.8	6.0	6.2	12.4	7.4	10.7	10.3	5.1	4.5	■	88.3	94.8	90.1	88.8	93.9	92.2	93.1	94.8	89.7	93.5	28	Italy2736
29	8.4	9.7	8.4	8.8	8.6	9.0	8.8	8.8	9.0	8.6	13.0	2.8	0.9	0.5	10.7	0.5	13.1	13.5	13.0	12.8	12.8	0.5	9.0	8.4	8.2	11.1	11.1	12.6	■	88.3	91.9	87.2	88.1	87.9	88.1	88.3	92.8	87.4	29	La Sota
30	10.1	10.1	9.7	9.2	9.0	9.7	9.9	9.9	9.7	9.5	9.0	11.5	12.4	12.0	3.3	12.0	15.9	9.2	2.4	2.2	2.2	12.4	6.2	10.1	9.7	2.2	4.7	5.2	12.6	■	90.8	89.9	98.2	92.8	95.7	99.8	90.4	97.5	30	NA-1
31	4.9	5.2	4.5	4.9	4.7	4.9	4.5	4.7	4.9	4.5	11.1	8.0	8.4	8.0	8.4	7.8	12.0	11.3	11.1	10.3	10.5	7.8	6.2	4.9	4.7	8.6	8.6	10.5	8.4	9.7	■	89.0	90.3	89.4	90.8	90.8	95.8	89.7	31	PHY-LMV42
32	12.8	12.4	12.4	12.0	11.7	12.4	12.6	12.6	12.4	12.2	3.7	12.8	13.9	13.7	8.8	13.7	17.5	9.2	12.0	11.3	12.0	13.7	10.9	12.4	12.0	10.1	10.1	12.0	13.9	10.7	11.7	■	89.7	91.7	89.0	89.9	87.9	89.0	32	rAnhinga
33	10.7	10.5	10.3	9.9	9.7	10.3	10.5	10.5	10.3	10.1	9.7	12.0	12.8	12.2	4.3	12.2	16.8	9.7	2.2	2.0	2.0	12.6	7.2	10.7	10.3	3.1	5.2	6.2	12.8	1.6	10.3	10.9	■	91.9	94.9	98.2	89.9	98.4	33	SF02
34	11.5	11.1	11.1	10.3	10.1	11.1	11.3	11.3	10.9	10.9	6.2	12.0	13.2	12.8	5.1	12.4	15.9	6.4	8.8	8.0	8.4	12.6	7.8	10.9	10.5	6.2	7.0	8.0	13.0	7.6	11.3	8.6	8.4	■	91.7	92.6	89.4	91.2	34	species-U.S.Largo71
35	8.8	8.8	8.6	8.4	8.2	8.4	8.8	8.6	8.4	8.4	9.9	11.7	12.6	12.2	4.5	12.2	16.4	9.7	6.0	5.4	5.4	12.6	6.4	9.2	9.0	4.1	5.4	7.0	12.8	4.3	9.7	11.7	5.1	8.6	■	95.7	91.0	94.2	35	Sterna-Astr2755
36	10.1	10.1	9.7	9.2	9.0	9.7	9.9	9.9	9.7	9.5	9.0	11.5	12.4	12.0	3.3	12.0	15.9	9.2	2.4	2.2	2.2	12.4	6.2	10.1	9.7	2.2	4.7	5.2	12.6	0.0	9.7	10.7	1.6	7.6	4.3	■	90.4	97.5	36	TL1
37	4.5	5.1	4.1	4.5	4.3	4.5	4.1	4.3	4.5	4.1	11.3	7.4	7.8	7.4	8.2	7.0	12.4	12.2	11.5	10.9	10.9	7.0	6.2	4.5	4.3	8.4	8.4	10.9	7.6	10.1	4.1	13.0	10.7	11.3	9.5	10.1	■	89.4	37	Ulster67
38	11.3	11.1	10.9	10.5	10.3	10.9	11.1	11.1	10.9	10.7	10.5	12.8	13.5	13.0	5.1	13.0	17.5	10.5	3.0	2.8	2.8	13.2	7.8	11.3	10.9	3.9	6.0	6.6	13.7	2.4	10.9	11.7	1.5	9.2	5.8	2.4	11.3	■	38	ZJ1
	1	2	3	4	5	6	7	8	9	10	11	12	13	14	15	16	17	18	19	20	21	22	23	24	25	26	27	28	29	30	31	32	33	34	35	36	37	38		

表 2－28　38 株 NDV 基因组 HN 基因编码区核苷酸序列同源性比较

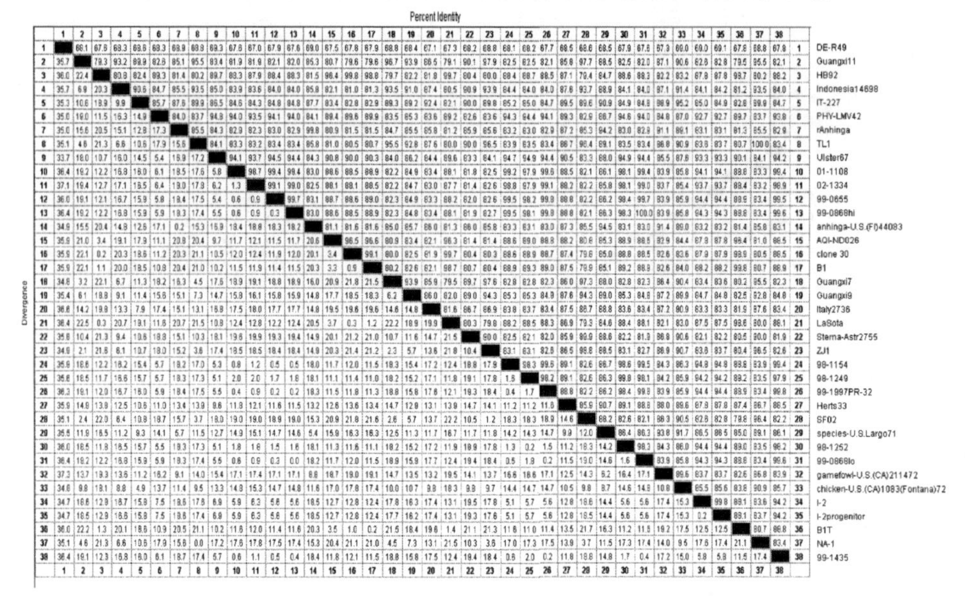

Percent Identity（上三角）；Divergence（下三角）

	1	2	3	4	5	6	7	8	9	10	11	12	13	14	15	16	17	18	19	20	21	22	23	24	25	26	27	28	29	30	31	32	33	34	35	36	37	38		
1		68.1	67.6	68.3	68.6	68.3	68.9	68.8	68.3	67.6	67.0	67.9	67.6	69.0	67.5	67.8	67.9	68.8	68.4	67.1	67.3	68.2	68.8	68.1	68.2	67.7	68.5	68.6	68.5	67.9	67.6	67.3	69.0	69.0	69.1	67.8	68.8	67.8	1	DE-R49
2	35.7		79.3	93.2	88.9	82.6	85.1	95.5	83.4	81.9	81.9	82.1	82.0	85.3	80.7	79.6	79.6	96.7	93.9	86.5	79.1	90.1	97.9	82.5	82.5	82.1	85.8	97.7	88.5	82.5	82.0	87.1	90.6	82.8	82.8	79.5	95.6	82.1	2	Guangxi11
3	36.0	22.4		80.8	82.4	89.3	81.4	80.2	89.7	88.3	87.9	88.4	88.3	81.5	96.4	99.8	98.8	79.7	82.2	81.8	99.7	80.4	80.0	88.4	88.7	88.5	87.1	79.4	84.7	88.6	88.3	82.2	83.2	87.8	87.8	98.7	80.2	98.2	3	HB92
4	35.7	6.9	20.3		90.6	84.7	85.5	93.5	85.0	83.9	83.6	84.0	84.0	85.8	82.1	81.0	81.3	93.5	91.0	87.4	80.5	90.9	93.9	84.4	84.0	84.0	87.6	93.7	88.9	84.1	84.0	87.1	91.4	84.1	84.2	81.2	93.5	84.0	4	Indonesia14698
5	35.3	10.6	18.9	9.9		85.7	87.6	89.9	86.5	84.6	84.3	84.8	84.8	87.7	83.4	82.8	82.9	89.3	89.2	92.4	82.1	90.0	89.8	85.2	85.0	84.7	89.5	89.6	90.9	84.9	84.8	88.9	95.2	85.0	84.9	82.8	89.9	84.7	5	IT-227
6	35.0	19.0	11.5	16.3	14.9		84.0	83.7	94.8	94.0	93.5	94.1	94.0	84.1	89.4	89.6	89.9	83.5	85.3	83.6	89.2	82.6	83.6	94.3	94.4	94.1	89.3	82.9	86.7	94.6	94.0	84.8	87.0	92.7	92.7	89.7	83.7	93.8	6	PHY-LMV42
7	35.0	15.6	20.5	15.1	12.8	17.3		85.5	84.3	82.9	82.3	83.0	82.9	99.8	80.9	81.5	81.5	84.7	85.5	85.8	81.2	85.9	85.6	83.2	83.0	82.9	87.2	85.3	94.2	83.0	82.9	91.1	89.1	83.1	83.1	81.3	85.5	82.9	7	rAnhinga
8	35.1	4.8	21.3	6.6	10.6	17.9	15.6		84.1	83.3	83.2	83.4	83.4	85.8	81.0	80.5	80.7	95.5	92.8	87.6	80.0	90.0	96.5	83.9	83.5	83.4	86.7	98.4	89.1	83.5	83.4	86.8	90.9	83.8	83.7	80.7	100.0	83.4	8	TL1
9	33.7	18.0	10.7	16.0	14.5	5.4	16.9	17.2		94.1	93.7	94.5	94.4	84.3	90.8	90.0	90.3	84.0	86.2	84.4	89.6	83.3	84.1	94.7	94.9	94.4	90.5	83.3	88.0	94.9	94.4	85.5	87.6	93.3	93.3	90.1	84.1	94.2	9	Ulster67
10	36.4	19.2	12.2	16.8	16.0	6.1	18.5	17.6	5.8		98.7	99.4	99.4	83.0	88.6	88.5	88.9	82.2	84.9	83.4	88.1	81.8	82.5	99.2	97.9	99.6	88.5	82.1	86.1	98.1	99.4	83.9	85.8	94.1	94.1	88.8	83.3	99.4	10	01-1108
11	37.1	19.4	12.7	17.1	16.5	6.4	19.0	17.8	6.2	1.3		99.1	99.0	82.5	88.1	88.1	88.5	82.2	84.7	83.0	87.7	81.4	82.6	98.8	97.9	99.1	88.2	82.2	85.8	98.1	99.0	83.7	85.4	93.7	93.7	88.4	83.2	98.9	11	02-1334
12	36.0	19.1	12.1	16.7	15.9	5.8	18.4	17.5	5.4	0.6	0.9		99.7	83.1	88.7	88.6	89.0	82.3	84.9	83.3	88.2	82.0	82.6	99.5	98.2	99.8	88.8	82.2	86.2	98.4	99.7	83.9	85.9	94.4	94.4	88.9	83.4	99.5	12	99-0655
13	36.4	19.2	12.2	16.8	15.9	5.9	18.3	17.4	5.5	0.6	0.9	0.3		83.0	88.6	88.5	88.9	82.3	84.8	83.4	88.1	81.9	82.7	99.5	98.1	99.8	88.8	82.1	86.3	98.3	100.0	83.9	85.8	94.3	94.3	88.8	83.4	99.6	13	99-0868hi
14	34.9	15.5	20.4	14.8	12.6	17.1	0.2	15.3	15.9	18.4	18.8	18.3	18.2		81.1	81.6	81.6	85.0	85.7	86.0	81.3	86.0	85.8	83.3	83.1	83.0	87.3	85.5	94.5	83.1	83.0	91.4	89.0	83.2	83.2	81.4	85.8	83.1	14	anhinga-U.S.(F)44083
15	35.9	21.0	3.4	19.1	17.9	11.1	20.8	20.4	9.7	11.7	12.1	11.5	11.7	20.6		96.5	96.6	80.9	83.4	82.1	96.3	81.4	81.4	88.6	89.0	88.8	88.2	80.6	85.3	88.9	88.5	82.9	84.4	87.8	87.8	98.4	81.0	88.5	15	AQI-ND026
16	35.9	22.1	0.2	20.3	18.6	11.2	20.3	21.1	10.5	12.0	12.4	11.9	12.0	20.1	3.4		99.1	80.0	82.5	81.9	99.7	80.4	80.3	88.6	88.9	88.7	87.4	79.6	85.0	88.8	88.5	82.6	83.6	87.9	87.9	98.9	80.5	88.5	16	clone 30
17	35.9	22.1	1.1	20.0	18.5	10.8	20.4	21.0	10.2	11.5	11.9	11.4	11.5	20.3	3.3	0.9		80.2	82.6	82.1	98.7	80.7	80.4	88.9	89.3	89.0	87.5	79.9	85.1	89.2	88.9	82.6	84.0	88.2	88.2	99.8	80.7	88.9	17	B1
18	34.8	3.2	22.1	6.7	11.3	18.2	16.3	4.5	17.6	18.9	19.1	18.8	18.9	16.0	20.9	21.8	21.5		93.9	85.9	79.5	89.7	97.6	82.8	82.8	82.3	86.0	97.3	88.0	82.8	82.3	86.4	90.4	83.4	83.6	80.2	95.5	82.3	18	Guangxi7
19	35.4	6.1	18.8	9.1	11.4	15.6	15.1	7.3	14.7	15.8	16.1	15.8	15.9	14.8	17.7	18.5	18.3	6.2		86.0	82.0	89.0	94.3	85.3	85.3	84.9	87.6	94.3	89.0	85.3	84.6	87.2	89.9	84.7	84.8	82.5	92.8	84.8	19	Guangxi9
20	36.6	14.2	19.8	13.3	7.9	17.4	15.1	13.1	16.8	17.5	18.0	17.7	17.7	14.8	19.5	19.6	19.6	14.6	14.8		81.6	86.7	86.9	83.8	83.7	83.4	87.5	86.7	88.8	83.6	83.4	87.2	90.9	83.3	83.3	81.9	87.6	83.4	20	Italy2736
21	36.4	22.5	0.3	20.7	19.1	11.6	20.7	21.5	10.8	12.4	12.8	12.2	12.4	20.5	3.7	0.3	1.2	22.2	18.9	19.9		80.3	79.8	88.2	88.5	88.3	86.9	79.3	84.6	88.4	88.1	82.1	83.0	87.5	87.5	98.8	80.0	88.1	21	LaSota
22	35.8	10.4	21.3	9.4	10.8	18.8	15.1	10.3	18.1	19.6	19.9	19.3	19.4	14.9	20.1	21.2	21.0	10.7	11.6	14.7	21.5		90.0	82.5	82.1	82.0	85.9	89.9	88.6	82.2	81.9	86.8	90.6	82.1	82.2	80.5	90.0	81.9	22	Sterna-Astr2755
23	34.9	2.1	21.6	6.1	10.7	18.0	15.2	3.6	17.4	18.5	18.5	18.4	18.4	14.9	20.3	21.4	21.2	2.3	5.7	13.6	21.8	10.4		83.1	83.1	82.8	86.5	98.8	88.5	83.1	82.7	86.9	90.7	83.8	83.7	80.4	96.5	82.6	23	ZJ1
24	35.9	18.8	12.2	18.2	15.4	5.7	18.2	17.0	5.3	0.8	1.2	0.5	0.5	18.0	11.7	12.0	11.5	18.3	15.4	17.2	12.4	18.8	17.9		98.3	99.6	89.1	82.6	86.7	98.6	99.5	84.3	86.3	94.8	94.8	88.8	83.9	99.4	24	98-1154
25	35.8	18.5	11.7	16.6	15.7	5.7	18.3	17.3	5.1	2.0	2.0	1.7	1.8	18.1	11.1	11.4	11.0	18.2	15.2	17.1	11.8	19.1	17.8	1.6		98.2	89.1	82.6	86.3	99.8	98.1	84.2	85.9	94.2	94.2	89.2	83.5	97.9	25	98-1249
26	36.3	19.1	12.0	16.7	16.0	5.9	18.4	17.5	5.5	0.4	0.9	0.2	0.2	18.3	11.5	11.8	11.3	18.8	15.8	17.6	12.1	19.3	18.4	0.4	1.7		88.8	82.2	86.2	98.4	99.8	83.9	85.9	94.4	94.4	88.9	83.4	99.8	26	99-1997PR-32
27	35.9	14.9	13.9	12.5	10.6	11.0	13.4	13.9	9.6	11.9	12.1	11.6	11.5	13.2	12.6	13.6	13.4	14.7	12.9	13.1	13.9	14.7	14.1	11.2	11.2	11.6		85.9	90.7	89.1	88.8	88.0	89.6	87.8	87.8	87.4	86.7	86.5	27	Herts33
28	35.1	2.4	22.0	6.4	10.8	18.7	15.7	3.7	18.0	19.0	19.0	18.9	19.0	15.3	20.9	21.8	21.6	2.8	5.7	13.7	22.2	10.5	1.2	18.3	18.3	18.9	14.6		88.2	82.6	82.1	86.3	90.5	82.6	82.8	79.8	96.4	82.2	28	SF02
29	35.5	11.9	16.5	11.2	9.3	14.1	5.7	11.5	12.7	14.9	15.1	14.7	14.6	5.4	15.9	16.3	16.3	12.5	11.3	11.7	16.7	11.7	11.8	14.2	14.3	14.7	9.9	12.0		86.4	86.3	93.8	91.7	86.5	86.5	85.0	89.1	86.1	29	species-U.S.Largo71
30	36.0	18.5	11.8	16.5	15.7	5.5	18.3	17.3	5.1	1.8	1.8	1.5	1.6	18.1	11.3	11.6	11.1	18.2	15.2	17.2	11.9	18.9	17.8	1.3	0.2	1.5	11.2	18.3	14.2		98.3	84.3	86.0	94.4	94.4	89.0	83.5	98.2	30	98-1252
31	36.4	18.2	12.2	16.8	15.9	5.9	18.3	17.4	5.5	0.6	0.9	0.3	0.0	18.2	11.7	12.0	11.5	18.9	15.9	17.7	12.4	19.4	18.4	0.5	1.8	0.2	11.5	19.0	14.6	1.6		83.9	85.8	94.3	94.3	88.8	83.4	99.6	31	99-0868lo
32	37.3	13.7	18.3	13.6	11.2	16.2	9.1	14.0	15.4	17.1	17.4	17.1	17.1	8.8	18.7	19.0	19.1	14.7	13.5	13.2	19.5	14.1	13.7	16.6	16.6	17.1	12.5	14.3	6.2	16.4	17.1		89.6	83.7	83.7	82.6	86.8	83.9	32	gamefowl-U.S.(CA)211472
33	34.6	9.8	18.1	8.8	4.9	13.7	11.4	9.5	13.3	14.8	15.3	14.7	14.8	11.6	17.0	17.8	17.4	10.0	10.7	9.8	18.3	9.8	9.7	14.4	14.7	14.7	10.5	9.8	8.7	14.6	14.8	10.8		85.5	85.6	83.8	90.9	85.7	33	chicken-U.S.(CA)1083(Fontana)72
34	34.7	16.6	12.9	16.7	15.8	7.5	18.6	17.8	6.9	5.9	6.3	5.6	5.6	18.5	12.7	12.8	12.4	17.8	16.3	17.4	13.1	19.5	17.8	5.1	5.7	5.6	12.8	18.6	14.4	5.6	5.6	17.4	15.3		99.8	88.1	83.6	94.2	34	I-2
35	34.7	16.5	12.9	16.6	15.8	7.5	18.6	17.4	6.9	5.9	6.3	5.6	5.6	18.5	12.7	12.8	12.4	17.7	16.2	17.4	13.1	19.3	17.6	5.1	5.7	5.6	12.8	18.5	14.4	5.6	5.6	17.4	15.3	0.2		88.1	83.7	94.2	35	I-2progenitor
36	36.0	22.2	1.3	20.1	18.6	10.9	20.5	21.1	10.2	11.6	12.0	11.4	11.6	20.3	3.5	1.0	0.2	21.5	18.4	19.6	1.4	21.1	21.3	11.8	11.0	11.4	13.5	21.7	16.3	11.2	11.5	19.2	17.5	12.5	12.5		80.7	88.8	36	B1T
37	35.1	4.6	21.3	6.6	10.6	17.9	15.6	0.0	17.2	17.6	17.8	17.5	17.4	15.3	20.4	21.1	21.0	4.5	7.3	13.1	21.5	10.3	3.6	17.0	17.3	17.5	13.9	3.7	11.5	17.3	17.4	14.0	9.5	17.6	17.4	21.1		83.4	37	NA-1
38	36.4	19.1	12.3	16.8	18.0	6.1	18.7	17.4	5.7	0.6	1.1	0.5	0.4	18.4	11.8	12.1	11.5	18.8	15.8	17.5	12.4	19.4	18.4	0.6	2.0	0.2	11.8	18.8	14.8	1.7	0.4	17.2	15.0	5.8	5.8	11.5	17.4		38	99-1435
	1	2	3	4	5	6	7	8	9	10	11	12	13	14	15	16	17	18	19	20	21	22	23	24	25	26	27	28	29	30	31	32	33	34	35	36	37	38		

表 2－29　38 株 NDV 基因组 HN 基因编码区氨基酸序列同源性比较

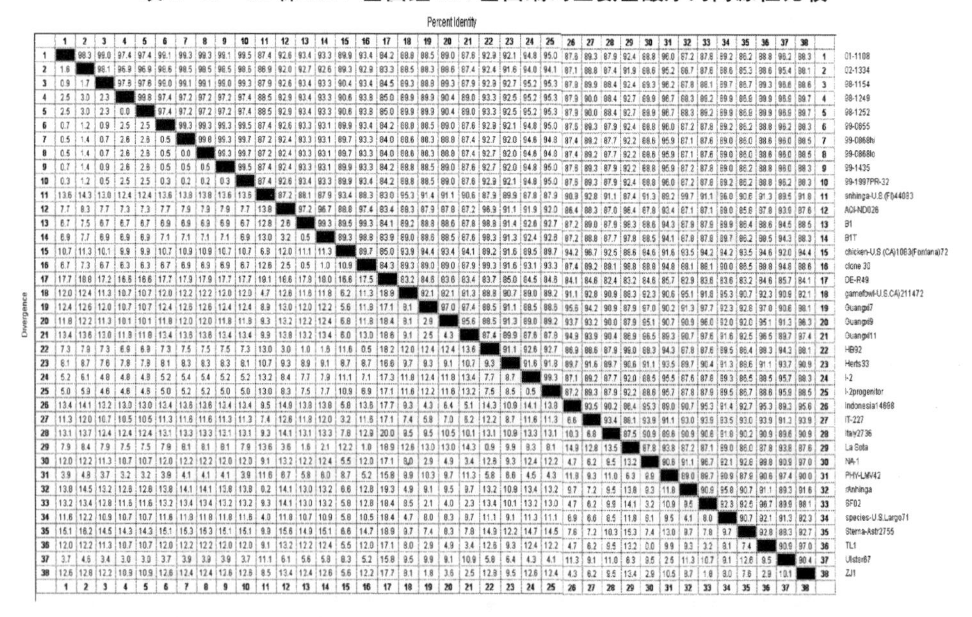

Percent Identity（上三角）；Divergence（下三角）

	1	2	3	4	5	6	7	8	9	10	11	12	13	14	15	16	17	18	19	20	21	22	23	24	25	26	27	28	29	30	31	32	33	34	35	36	37	38		
1		98.3	99.0	97.4	97.4	99.1	99.3	99.3	99.1	99.5	87.4	92.6	93.4	93.3	89.9	93.4	84.2	88.8	88.5	89.0	87.6	92.9	92.1	94.8	95.0	87.6	89.3	87.9	92.4	88.8	96.0	87.2	87.8	89.2	86.2	88.8	96.2	88.3	1	01-1108
2	1.6		98.1	96.9	96.9	98.6	98.5	98.5	98.5	98.6	86.9	92.0	92.7	92.6	89.3	92.9	83.3	88.5	88.3	88.6	87.4	92.4	91.6	94.0	94.1	87.1	88.8	87.4	91.9	88.6	95.2	86.7	87.6	88.6	85.3	88.6	95.4	88.1	2	02-1334
3	0.9	1.7		97.8	97.6	99.0	99.1	99.1	99.0	99.3	87.9	92.6	93.4	93.3	90.4	93.4	84.5	89.3	88.8	89.3	87.9	92.9	92.7	95.2	95.3	87.9	89.9	88.4	92.4	89.3	96.2	87.6	88.1	89.7	86.7	89.3	96.6	88.6	3	98-1154
4	2.5	3.0	2.3		99.8	97.4	97.2	97.2	97.2	97.4	88.5	92.9	93.4	93.3	90.6	93.8	85.0	89.9	88.9	89.9	90.4	93.3	92.5	95.2	95.3	87.9	90.0	88.4	92.7	89.9	96.7	88.3	88.2	89.9	86.9	89.9	96.6	89.7	4	98-1249
5	2.5	3.0	2.3	0.0		97.4	97.2	97.2	97.2	97.4	88.5	92.9	93.4	93.3	90.6	93.8	85.0	89.9	88.9	89.9	90.4	93.3	92.5	95.2	95.3	87.9	90.0	88.4	92.7	89.9	96.7	88.3	88.2	89.9	86.9	89.9	96.6	89.7	5	98-1252
6	0.7	1.2	0.9	2.5	2.5		99.3	99.3	99.3	99.5	87.4	92.6	93.3	93.1	89.9	93.4	84.2	88.8	88.5	89.0	87.6	92.9	92.1	94.8	95.0	87.6	89.3	87.9	92.4	88.8	96.0	87.2	87.8	89.2	86.2	88.8	96.2	88.3	6	99-0655
7	0.5	1.4	0.7	2.6	2.6	0.5		99.8	99.3	99.7	87.2	92.4	93.3	93.1	89.7	93.3	84.0	88.6	88.3	88.8	87.4	92.7	92.0	94.6	94.8	87.4	89.2	87.7	92.2	88.6	95.9	87.1	87.6	89.0	86.0	88.6	96.0	88.5	7	99-0868hi
8	0.5	1.4	0.7	2.6	2.6	0.5	0.0		99.3	99.7	87.2	92.4	93.3	93.1	89.7	93.3	84.0	88.6	88.3	88.8	87.4	92.7	92.0	94.6	94.8	87.4	89.2	87.7	92.2	88.6	95.9	87.1	87.6	89.0	86.0	88.6	96.0	88.5	8	99-0868lo
9	0.7	1.4	0.9	2.6	2.6	0.5	0.5	0.5		99.5	87.4	92.4	93.3	93.1	89.9	93.3	84.2	88.8	88.5	89.0	87.6	92.7	92.0	94.8	95.0	87.6	89.3	87.9	92.2	88.8	95.9	87.2	87.8	89.0	86.2	88.8	96.0	88.3	9	99-1435
10	0.3	1.2	0.5	2.5	2.5	0.3	0.2	0.2	0.3		87.4	92.6	93.4	93.3	89.9	93.4	84.2	88.8	88.5	89.0	87.6	92.9	92.1	94.8	95.0	87.6	89.3	87.9	92.4	88.8	96.0	87.2	87.8	89.2	86.2	88.8	96.2	88.3	10	99-1997PR-32
11	13.6	14.3	13.0	12.4	12.4	13.6	13.8	13.8	13.6	13.6		87.2	88.1	87.9	93.4	88.3	83.0	95.3	91.4	91.1	90.6	87.9	89.9	87.8	87.9	90.9	92.8	91.1	87.4	91.3	89.2	99.7	91.1	96.0	90.6	91.3	89.5	91.8	11	anhinga-U.S.(F)44083
12	7.7	8.3	7.7	7.3	7.3	7.7	7.9	7.9	7.9	7.7	13.8		97.2	96.7	88.8	97.4	83.4	88.3	87.9	87.8	87.2	96.9	91.1	91.9	92.0	86.4	88.3	87.0	96.4	87.8	93.4	87.1	87.1	89.0	85.6	87.8	93.9	87.6	12	AQI-ND026
13	6.7	7.5	6.7	6.7	6.7	6.9	6.9	6.9	6.9	6.7	12.8	2.6		99.3	89.5	99.3	84.1	89.0	88.6	88.5	87.8	98.1	91.4	92.6	92.7	87.2	89.0	87.9	98.3	88.6	94.3	87.9	87.9	89.9	86.4	88.6	94.5	88.5	13	B1
14	6.9	7.7	6.9	6.9	6.9	7.1	7.1	7.1	7.1	6.9	13.0	3.2	0.5		89.3	98.8	83.9	89.0	88.6	88.5	87.6	98.3	91.3	92.4	92.8	87.2	88.8	87.7	97.8	88.5	94.1	87.8	87.8	89.7	86.2	88.5	94.3	88.3	14	B1T
15	10.7	11.3	10.1	9.9	9.9	10.7	10.9	10.9	10.7	10.7	6.9	12.0	11.1	11.3		89.7	85.0	93.9	94.4	93.4	94.1	89.2	91.6	89.5	89.7	94.2	96.7	92.5	88.6	94.6	91.6	93.5	94.2	94.2	93.5	94.6	92.0	94.4	15	chicken-U.S.(CA)1083(Fontana)72
16	6.7	7.3	6.7	6.3	6.3	6.7	6.9	6.9	6.9	6.7	12.6	2.5	0.5	1.0	10.9		84.3	89.3	89.0	89.0	87.9	99.3	91.6	93.1	93.3	87.4	89.2	88.1	98.8	89.0	94.8	88.1	88.1	90.0	86.5	88.8	94.8	88.8	16	clone 30
17	17.7	18.8	17.2	16.6	16.6	17.7	17.9	17.9	17.7	17.7	19.1	18.6	17.9	18.0	18.6	17.5		83.2	84.6	83.6	83.4	83.7	85.0	84.5	84.8	84.1	84.6	82.4	83.2	84.6	85.7	82.9	83.6	83.6	83.2	84.6	85.7	84.1	17	DE-R49
18	12.0	12.4	11.3	10.7	10.7	12.0	12.2	12.2	12.0	12.0	4.7	12.6	11.8	11.8	6.2	11.3	18.9		92.1	92.1	88.3	[illegible]	90.7	89.0	89.2	91.1	92.8	90.9	86.3	92.3	90.6	95.1	91.8	95.3	90.7	92.3	90.6	92.1	18	gamefowl-U.S.(CA)211472
19	12.4	12.6	12.0	10.7	10.7	12.4	12.6	12.6	12.4	12.4	8.9	13.0	12.0	12.2	5.6	11.8	17.1	8.1		97.0	87.4	88.5	91.1	88.5	88.5	95.6	94.2	90.9	87.9	97.0	90.2	91.3	97.2	92.8	97.0	90.6	90.1	[illegible]	19	Guangxi7
20	11.8	12.2	11.3	10.1	10.1	11.8	11.8	11.8	11.8	11.8	9.3	13.2	12.2	12.4	6.8	11.8	18.4	8.1	2.9		95.6	88.5	91.3	89.0	89.2	93.7	93.2	90.0	87.9	95.1	90.7	90.9	96.0	92.0	92.0	95.1	91.3	96.3	20	Guangxi9
21	13.4	13.6	13.0	11.9	11.9	13.4	13.6	13.6	13.4	13.4	9.5	13.2	12.4	12.4	8.0	13.0	18.6	9.1	2.5	4.3		87.4	89.9	87.6	87.8	94.9	93.9	90.4	86.9	96.5	89.3	90.2	97.6	91.6	92.5	96.5	89.7	97.4	21	Guangxi11
22	7.3	7.9	7.3	6.9	6.9	7.3	7.5	7.5	7.5	7.3	13.0	3.0	1.0	1.8	11.6	0.5	18.2	12.0	12.4	12.4	13.6		91.1	92.6	92.7	86.9	88.6	87.9	96.0	88.3	94.3	87.9	87.6	89.5	86.4	88.3	94.3	88.1	22	HB92
23	8.1	8.7	7.6	7.8	7.8	8.1	8.3	8.3	8.3	8.1	10.7	9.3	8.9	9.1	8.7	8.7	16.6	9.7	9.3	9.1	10.7	9.3		91.6	91.8	89.7	91.6	89.7	90.6	91.1	93.5	89.7	90.4	91.3	88.6	91.1	93.7	90.9	23	Herts33
24	5.2	6.1	4.8	4.8	4.8	5.2	5.4	5.4	5.2	5.2	13.2	8.4	7.7	7.9	11.1	7.1	17.3	11.8	12.4	11.8	13.4	7.7	8.7		99.3	87.1	89.2	87.7	92.0	88.5	95.6	87.6	87.8	89.3	86.5	88.5	95.7	88.3	24	I-2
25	5.0	5.9	4.6	4.6	4.6	5.0	5.2	5.2	5.0	5.0	13.0	8.3	7.5	7.7	10.9	6.9	17.1	11.6	12.2	11.6	13.2	7.5	8.5	0.5		87.2	89.3	87.9	92.2	88.6	95.7	87.8	87.9	89.5	86.7	88.6	95.9	88.5	25	I-2progenitor
26	13.4	14.1	13.2	13.0	13.0	13.4	13.6	13.6	13.4	13.4	9.5	14.9	13.8	13.8	5.8	13.6	17.7	9.3	4.3	6.4	5.1	14.3	10.9	14.1	13.9		93.5	90.2	86.4	95.3	89.0	90.7	95.3	91.4	92.7	95.3	89.3	95.6	26	Indonesia14698
27	11.3	12.0	10.7	10.5	10.5	11.3	11.6	11.6	11.3	11.3	7.4	12.6	11.8	12.0	3.2	11.8	17.6	7.6	5.8	7.0	6.2	12.2	8.7	11.6	11.3	6.6		93.4	86.1	93.4	91.1	93.0	93.9	93.5	93.0	93.9	91.3	93.9	27	IT-227
28	13.1	13.7	12.4	12.4	12.4	13.1	13.3	13.3	13.1	13.1	9.3	14.1	13.1	13.3	7.8	12.9	20.0	9.5	9.5	10.5	10.1	13.1	10.9	13.3	13.1	10.3	6.8		87.5	90.9	89.8	90.9	90.6	91.0	90.2	90.9	89.6	90.9	28	Italy2736
29	7.9	8.4	7.9	7.5	7.5	7.9	8.1	8.1	8.1	7.9	13.6	3.6	1.6	2.1	12.2	1.0	18.9	12.6	13.0	13.0	14.3	0.9	9.9	8.3	8.1	14.9	12.8	13.5		87.8	93.8	87.2	87.1	89.0	86.0	87.8	93.8	87.6	29	La Sota
30	12.0	12.2	11.3	10.7	10.7	12.0	12.2	12.2	12.0	12.0	9.1	13.2	12.2	12.4	5.5	12.0	17.1	9.0	2.9	4.9	3.4	12.8	9.3	12.4	12.2	4.7	6.2	9.5	13.2		90.8	91.1	96.7	92.1	92.8	99.8	90.9	97.0	30	NA-1
31	3.9	4.8	3.7	3.2	3.2	3.9	4.1	4.1	4.1	3.9	11.6	8.7	5.8	6.0	8.7	5.2	15.8	9.9	10.3	9.7	11.3	5.8	8.6	4.5	4.3	11.9	9.3	11.0	6.3	9.9		89.0	89.7	90.9	87.9	90.6	97.4	90.0	31	PHY-LMV42
32	13.8	14.5	13.2	12.6	12.6	13.8	14.1	14.1	13.8	13.8	0.2	14.1	13.0	13.2	6.6	12.8	19.3	4.9	9.1	9.5	9.7	13.2	10.8	13.4	13.2	9.7	7.2	9.5	13.8	9.3	11.8		90.9	95.8	90.7	91.1	89.3	91.6	32	rAnhinga
33	13.2	13.4	12.8	11.6	11.6	13.2	13.4	13.4	13.2	13.2	9.1	13.2	13.0	13.2	5.8	12.8	18.4	8.5	2.1	4.0	2.3	13.4	10.1	13.2	13.0	4.7	6.2	9.9	14.1	3.2	10.9	9.5		92.3	92.5	96.7	89.8	98.1	33	SF02
34	11.6	12.2	10.9	10.7	10.7	11.6	11.8	11.8	11.8	11.6	4.0	11.6	10.7	10.9	5.8	10.5	18.4	4.7	8.0	8.3	8.7	11.1	9.1	11.3	11.1	8.9	6.6	10.1	11.8	8.1	9.5	4.1	8.0		90.7	92.1	91.3	92.3	34	species-U.S.Largo71
35	15.1	16.2	14.5	14.3	14.3	15.1	15.3	15.3	15.1	15.1	9.9	15.6	14.9	15.1	8.6	14.7	18.9	9.7	7.4	8.3	7.8	14.9	12.2	14.7	14.5	7.6	7.2	10.3	15.3	7.4	13.0	9.7	7.8	9.7		92.8	88.3	92.7	35	Sterna-Astr2755
36	12.0	12.2	11.3	10.7	10.7	12.0	12.2	12.2	12.0	12.0	9.1	13.2	12.2	12.4	5.5	12.0	17.1	9.0	2.9	4.9	3.4	12.8	9.3	12.4	12.2	4.7	6.2	9.5	13.2	0.2	9.9	9.3	3.2	8.1	7.4		90.9	97.0	36	TL1
37	3.7	4.6	3.4	3.0	3.0	3.7	3.9	3.9	3.9	3.7	11.1	8.1	5.6	5.8	8.3	5.2	15.8	9.5	9.9	9.1	11.0	5.8	8.4	4.3	4.1	11.3	9.1	11.0	6.3	9.5	2.6	11.3	10.7	9.1	12.8	9.5		90.4	37	Ulster67
38	12.6	12.8	12.2	10.9	10.9	12.6	12.4	12.4	12.6	12.8	8.5	13.4	12.4	12.6	5.6	12.2	17.7	8.1	1.8	3.6	2.5	12.8	9.5	12.6	12.4	4.3	6.2	9.5	13.4	2.9	10.5	8.7	1.8	8.0	7.8	2.9	10.1		38	ZJ1
	1	2	3	4	5	6	7	8	9	10	11	12	13	14	15	16	17	18	19	20	21	22	23	24	25	26	27	28	29	30	31	32	33	34	35	36	37	38		

表 2-30　38 株 NDV 基因组 L 基因编码区核苷酸序列同源性比较

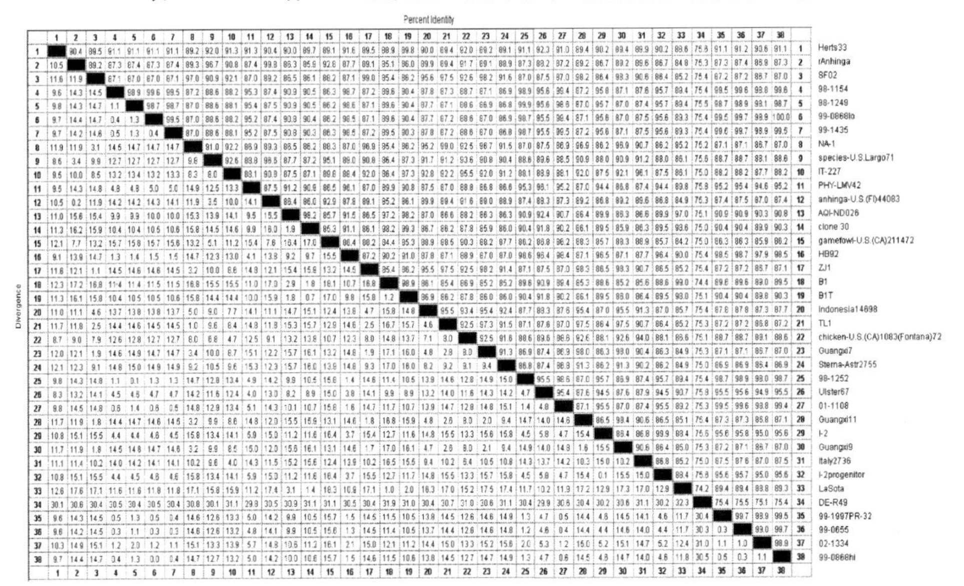

Percent Identity (upper right) / Divergence (lower left)

	1	2	3	4	5	6	7	8	9	10	11	12	13	14	15	16	17	18	19	20	21	22	23	24	25	26	27	28	29	30	31	32	33	34	35	36	37	38		
1		90.4	89.5	91.1	91.1	91.1	91.1	89.2	92.0	91.3	91.3	90.4	90.0	89.7	89.1	91.6	89.5	88.9	89.8	90.0	89.4	92.0	89.2	89.1	91.1	92.3	91.0	89.4	90.2	89.4	89.9	90.2	88.6	75.8	91.1	91.2	90.6	91.1	1	Herts33
2	10.5		89.2	87.3	87.4	87.3	87.4	89.3	96.7	90.8	87.4	99.8	86.3	85.9	92.6	87.7	89.1	85.1	86.0	89.9	89.4	91.7	89.1	88.9	87.3	88.2	87.2	89.2	86.7	89.2	89.6	86.7	84.8	75.3	87.3	87.4	86.9	87.3	2	rAnhinga
3	11.6	11.9		87.1	87.0	87.0	87.1	97.0	90.9	92.1	87.0	89.2	86.5	86.1	88.2	87.1	99.0	85.4	86.2	95.6	97.5	92.6	98.2	91.6	87.0	87.5	87.0	98.2	86.4	98.3	90.6	86.4	85.2	75.4	87.2	87.2	86.7	87.0	3	SF02
4	9.6	14.3	14.5		98.9	99.6	99.5	87.2	88.6	88.2	95.3	87.4	90.9	90.5	86.3	98.7	87.2	89.6	90.4	87.8	87.3	88.7	87.1	86.9	98.9	95.6	99.4	87.2	95.8	87.1	87.6	95.7	89.4	75.4	98.5	99.6	98.8	99.6	4	98-1154
5	9.8	14.3	14.7	1.1		98.7	98.7	87.0	88.6	88.1	95.4	87.5	90.9	90.5	86.2	98.6	87.1	89.6	90.4	87.7	87.1	88.6	86.9	86.8	99.9	95.6	98.6	87.0	95.7	87.0	87.4	95.7	89.4	75.5	98.7	98.9	98.1	98.7	5	98-1249
6	9.7	14.4	14.7	0.4	1.3		99.5	87.0	88.6	88.2	95.2	87.4	90.8	90.4	86.2	98.5	87.1	89.6	90.4	87.7	87.2	88.6	87.0	86.9	98.7	95.5	99.4	87.1	95.6	87.0	87.5	95.6	89.3	75.4	99.5	99.7	98.9	100.0	6	99-0868lo
7	9.7	14.2	14.6	0.5	1.3	0.4		87.0	88.6	88.1	95.2	87.5	90.8	90.3	86.3	98.5	87.2	89.5	90.3	87.8	87.2	88.6	87.0	86.8	98.7	95.5	99.5	87.2	95.6	87.1	87.5	95.6	89.3	75.4	99.6	99.7	98.9	99.5	7	99-1435
8	11.9	11.9	3.1	14.5	14.7	14.7	14.7		91.0	92.2	86.9	89.3	86.5	86.2	88.3	87.0	96.9	85.4	86.2	95.2	99.0	92.5	96.7	91.5	87.0	87.5	86.9	96.9	86.2	96.9	90.7	86.2	85.2	75.2	87.1	87.1	86.7	87.0	8	NA-1
9	8.6	3.4	9.9	12.7	12.7	12.7	12.7	9.8		92.6	88.8	96.5	87.7	87.2	95.1	89.0	90.8	86.4	87.3	91.7	91.2	93.6	90.8	90.4	88.6	89.6	88.5	90.9	88.0	90.9	91.2	88.0	86.1	75.6	88.7	88.7	88.1	88.6	9	species-U.S.Largo71
10	9.5	10.0	8.5	13.2	13.4	13.2	13.3	8.3	8.0		88.1	90.9	87.5	87.1	89.8	88.4	92.0	86.4	87.3	92.8	92.2	95.5	92.0	91.2	88.1	88.9	88.1	92.0	87.6	92.1	96.1	87.5	86.1	75.0	88.2	88.2	87.7	88.2	10	IT-227
11	9.5	14.3	14.8	4.8	4.8	5.0	5.0	14.9	12.5	13.3		87.5	91.2	90.9	86.5	96.1	87.0	89.9	90.8	87.5	87.0	88.8	86.8	86.6	95.3	96.1	95.2	87.0	94.4	86.8	87.4	94.4	89.8	75.8	95.2	95.4	94.6	95.2	11	PHY-LMV42
12	10.5	0.2	11.9	14.2	14.2	14.3	14.1	11.9	3.5	10.0	14.1		86.4	86.0	92.9	87.8	89.1	85.2	86.1	89.9	89.4	91.6	89.0	88.9	87.4	88.3	87.3	89.2	86.8	89.2	89.6	86.8	84.9	75.3	87.4	87.5	87.0	87.4	12	anhinga-U.S.(Fl)44083
13	11.0	15.6	15.4	9.9	9.9	10.0	10.0	15.3	13.9	14.1	9.5	15.5		98.2	85.7	91.5	86.5	97.2	98.2	87.0	86.6	88.2	86.3	86.3	90.9	92.4	90.7	86.4	89.9	86.3	86.6	89.9	97.0	75.1	90.9	90.9	90.3	90.8	13	AQI-ND026
14	11.3	16.2	15.9	10.4	10.4	10.6	10.6	15.8	14.5	14.6	9.9	16.0	1.9		85.3	91.1	86.1	98.2	99.3	86.7	86.2	87.8	85.9	86.0	90.4	91.8	90.2	86.1	89.5	85.9	86.3	89.5	98.6	75.0	90.4	90.4	89.9	90.3	14	clone 30
15	12.1	7.7	13.2	15.7	15.8	15.7	15.6	13.2	5.1	11.2	15.4	7.6	16.4	17.0		86.4	88.2	84.4	85.3	88.9	88.5	90.3	88.2	87.7	86.2	86.8	86.2	88.3	85.7	88.3	88.9	85.7	84.2	75.0	86.3	86.3	85.9	86.2	15	gamefowl-U.S.(CA)211472
16	9.1	13.9	14.7	1.3	1.4	1.5	1.5	14.7	12.3	13.0	4.1	13.8	9.2	9.7	15.5		87.2	90.2	91.0	87.8	87.1	88.9	87.0	87.0	98.6	96.4	98.4	87.1	96.5	87.1	87.7	96.4	90.0	75.4	98.5	98.7	97.9	98.5	16	HB92
17	11.6	12.1	1.1	14.5	14.6	14.6	14.5	3.2	10.0	8.6	14.8	12.1	15.4	15.9	13.2	14.5		85.4	86.2	95.5	97.5	92.5	98.2	91.4	87.1	87.5	87.0	98.3	86.5	98.3	90.7	86.5	85.2	75.4	87.2	87.2	86.7	87.1	17	ZJ1
18	12.3	17.2	16.8	11.4	11.4	11.5	11.5	16.8	15.5	15.5	11.0	17.0	2.9	1.8	18.1	10.7	16.8		98.9	86.1	85.4	86.9	85.2	85.2	89.6	90.9	89.4	85.3	88.6	85.2	85.6	88.6	99.0	74.4	89.6	89.6	89.0	89.5	18	B1
19	11.3	16.1	15.8	10.4	10.5	10.5	10.6	15.8	14.4	14.4	10.0	15.9	1.8	0.7	17.0	9.8	15.8	1.2		86.9	86.2	87.8	86.0	86.0	90.4	91.8	90.2	86.1	89.5	86.0	86.4	89.5	98.0	75.1	90.4	90.4	89.8	90.3	19	B1T
20	11.0	11.1	4.6	13.7	13.8	13.8	13.7	5.0	9.0	7.7	14.1	11.1	14.7	15.1	12.4	13.6	4.7	15.8	14.8		95.5	93.4	95.4	92.4	87.7	88.3	87.6	95.4	87.0	95.5	91.3	87.0	85.7	75.4	87.8	87.8	87.3	87.7	20	Indonesia14698
21	11.7	11.8	2.5	14.4	14.6	14.5	14.5	1.0	9.6	8.4	14.8	11.8	15.3	15.7	12.9	14.6	2.5	16.7	15.7	4.6		92.5	97.3	91.5	87.1	87.6	87.0	97.5	86.4	97.5	90.7	86.4	85.2	75.3	87.2	87.2	86.8	87.2	21	TL1
22	8.7	9.0	7.9	12.6	12.8	12.7	12.7	8.0	6.8	4.7	12.5	9.1	13.2	13.8	10.7	12.3	8.0	14.8	13.7	7.1	8.0		92.5	91.6	88.6	89.6	88.6	92.6	88.1	92.6	94.0	88.1	86.6	75.1	88.7	88.7	88.1	88.6	22	chicken-U.S.(CA)1083(Fontana)72
23	12.0	12.1	1.9	14.6	14.9	14.7	14.7	3.4	10.0	8.7	15.1	12.2	15.7	16.1	13.2	14.8	1.9	17.1	16.0	4.8	2.8	8.0		91.3	86.9	87.4	86.9	98.0	86.3	98.0	90.4	86.3	84.9	75.3	87.1	87.1	86.7	87.0	23	Guangxi7
24	12.1	12.3	9.1	14.8	15.0	14.9	14.9	9.2	10.5	9.6	15.3	12.3	15.7	16.0	13.9	14.6	9.3	17.0	16.0	8.2	9.2	9.1	9.4		86.8	87.4	86.8	91.3	86.2	91.3	90.2	86.2	84.9	75.0	86.9	86.9	86.4	86.9	24	Sterna-Astr2755
25	9.8	14.3	14.8	1.1	0.1	1.3	1.3	14.7	12.8	13.4	4.9	14.2	9.9	10.5	15.6	1.4	14.6	11.4	10.5	13.9	14.6	12.8	14.9	15.0		95.5	98.6	87.0	95.7	86.9	87.4	95.7	89.4	75.4	98.7	98.9	98.0	98.7	25	98-1252
26	8.3	13.2	14.1	4.5	4.6	4.7	4.7	14.2	11.6	12.4	4.0	13.0	8.2	8.9	15.0	3.8	14.1	9.9	8.9	13.2	14.0	11.6	14.3	14.2	4.7		95.4	87.6	94.5	87.6	87.9	94.5	90.7	75.8	95.5	95.6	94.9	95.5	26	Ulster67
27	9.8	14.5	14.8	0.6	1.4	0.6	0.5	14.8	12.9	13.4	5.1	14.3	10.1	10.7	15.8	1.6	14.7	11.7	10.7	13.9	14.7	12.8	14.8	15.1	1.4	4.8		87.1	95.5	87.0	87.4	95.5	89.2	75.3	99.5	99.6	98.8	99.4	27	01-1108
28	11.7	11.9	1.8	14.4	14.7	14.6	14.5	3.2	9.9	8.6	14.8	12.0	15.5	15.9	13.1	14.6	1.8	16.8	15.9	4.8	2.6	8.0	2.0	9.4	14.7	14.0	14.6		86.5	98.4	90.6	86.5	85.1	75.4	87.3	87.3	86.8	87.1	28	Guangxi11
29	10.8	15.1	15.5	4.4	4.4	4.6	4.5	15.8	13.4	14.1	5.9	15.0	11.2	11.6	16.4	3.7	15.4	12.7	11.6	14.8	15.5	13.3	15.6	15.8	4.5	5.8	4.7	15.4		88.4	86.8	99.9	88.4	75.6	95.6	95.8	95.0	95.6	29	I-2
30	11.7	11.9	1.8	14.5	14.8	14.7	14.6	3.2	9.9	8.5	15.0	12.0	15.6	16.1	13.1	14.6	1.7	17.0	16.1	4.7	2.6	8.0	2.1	9.4	14.9	14.0	14.8	1.6	15.5		90.6	86.4	85.0	75.3	87.2	87.1	86.7	87.0	30	Guangxi9
31	11.1	11.4	10.2	14.0	14.2	14.1	14.1	10.2	9.6	4.0	14.3	11.5	15.2	15.6	12.4	13.9	10.2	16.5	15.5	9.4	10.2	6.4	10.5	10.8	14.3	13.7	14.2	10.3	15.0	10.2		86.8	85.2	75.0	87.5	87.6	87.0	87.5	31	Italy2736
32	10.8	15.1	15.5	4.4	4.5	4.8	4.6	15.8	13.4	14.1	5.9	15.0	11.2	11.6	16.4	3.7	15.5	12.7	11.7	14.8	15.5	13.3	15.7	15.8	4.5	5.8	4.7	15.4	0.1	15.5	15.0		88.4	75.8	95.6	95.7	95.0	95.6	32	I-2progenitor
33	12.6	17.6	17.1	11.6	11.6	11.8	11.8	17.1	15.8	15.9	11.2	17.4	3.1	1.4	18.3	10.9	17.1	1.0	2.0	16.3	17.0	15.2	17.5	17.4	11.7	10.2	11.9	17.2	12.9	17.3	17.0	12.9		74.2	89.4	89.4	88.8	89.3	33	LaSota
34	30.1	30.6	30.4	30.5	30.4	30.5	30.4	30.8	30.1	31.1	29.8	30.5	30.9	31.1	31.1	30.5	30.4	31.9	31.0	30.4	30.7	31.0	30.6	31.1	30.4	29.9	30.6	30.4	30.2	30.6	31.1	30.2	32.3		75.4	75.5	75.1	75.4	34	DE-R49
35	9.6	14.3	14.5	0.5	1.3	0.5	0.4	14.6	12.6	13.3	5.0	14.2	9.9	10.5	15.7	1.5	14.5	11.5	10.5	13.8	14.5	12.6	14.6	14.9	1.3	4.7	0.5	14.4	4.6	14.5	14.1	4.6	11.7	30.4		99.7	98.9	99.5	35	99-1997PR-32
36	9.6	14.2	14.5	0.3	1.1	0.3	0.3	14.6	12.6	13.2	4.8	14.1	9.9	10.5	15.6	1.3	14.5	11.4	10.5	13.7	14.4	12.6	14.6	14.8	1.2	4.6	0.4	14.4	4.4	14.6	14.0	4.4	11.7	30.3	0.3		99.0	99.7	36	99-0655
37	10.3	14.9	15.1	1.2	2.0	1.2	1.1	15.1	13.3	13.9	5.7	14.8	10.6	11.2	16.1	2.1	15.0	12.1	11.2	14.4	15.0	13.3	15.2	15.6	2.0	5.3	1.2	15.0	5.2	15.1	14.7	5.2	12.4	31.0	1.1	1.0		98.9	37	02-1334
38	9.7	14.4	14.7	0.4	1.3	0.0	0.4	14.7	12.7	13.2	5.0	14.2	10.0	10.6	15.7	1.5	14.6	11.5	10.6	13.8	14.5	12.7	14.7	14.9	1.3	4.7	0.6	14.5	4.8	14.7	14.0	4.6	11.8	30.5	0.5	0.3	1.1		38	99-0868hi
	1	2	3	4	5	6	7	8	9	10	11	12	13	14	15	16	17	18	19	20	21	22	23	24	25	26	27	28	29	30	31	32	33	34	35	36	37	38		

表 2-31　38 株 NDV 基因组 L 基因编码区氨基酸序列同源性比较

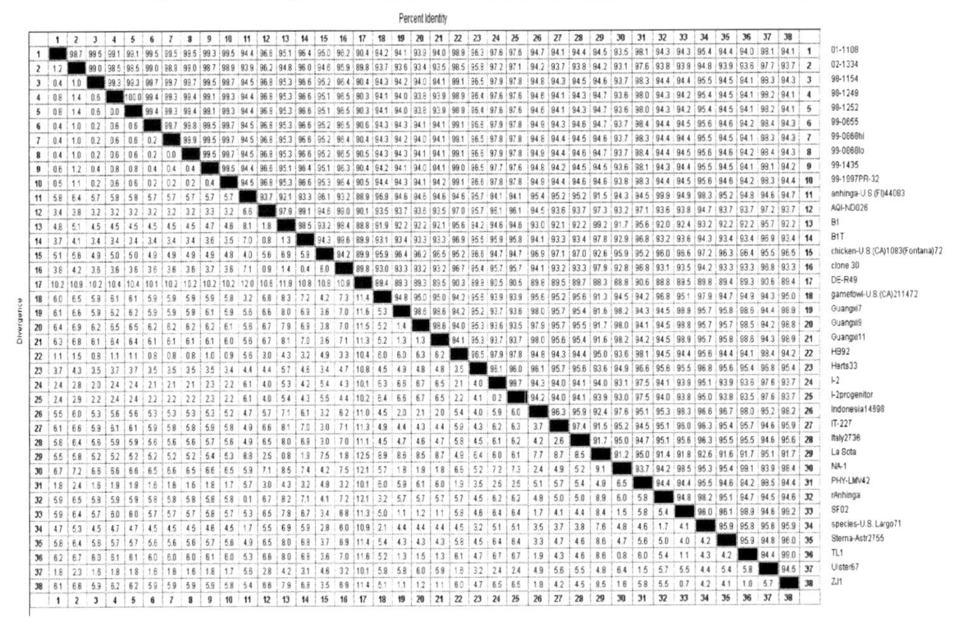

Percent Identity (upper right) / Divergence (lower left)

	1	2	3	4	5	6	7	8	9	10	11	12	13	14	15	16	17	18	19	20	21	22	23	24	25	26	27	28	29	30	31	32	33	34	35	36	37	38		
1		98.7	99.5	99.1	99.1	99.5	99.5	99.6	99.3	99.5	94.4	96.6	95.1	96.4	95.0	96.2	90.4	94.2	94.1	93.9	94.0	98.9	96.3	97.6	97.6	94.7	94.1	94.4	94.5	93.5	98.1	94.3	94.3	95.4	94.4	94.0	98.1	94.1	1	01-1108
2	1.2		99.0	98.5	98.5	99.0	98.9	99.0	98.7	98.9	93.9	96.2	94.8	96.0	94.6	95.9	89.8	93.7	93.6	93.4	93.5	98.5	95.8	97.2	97.1	94.2	93.7	93.8	94.2	93.1	97.6	93.8	93.9	94.8	93.9	93.6	97.7	93.7	2	02-1334
3	0.4	1.0		99.3	99.3	99.7	99.7	99.7	99.5	99.7	94.5	96.8	95.3	96.6	95.2	96.4	90.4	94.3	94.2	94.0	94.1	99.1	96.5	97.9	97.8	94.8	94.3	94.5	94.6	93.7	98.3	94.4	94.4	95.5	94.5	94.1	98.3	94.3	3	98-1154
4	0.8	1.4	0.6		100.0	99.4	99.3	99.4	99.1	99.3	94.4	96.8	95.3	96.6	95.1	96.5	90.3	94.1	94.0	93.8	93.9	98.9	96.4	97.6	97.6	94.6	94.1	94.3	94.7	93.6	98.0	94.3	94.2	95.4	94.5	94.1	98.2	94.1	4	98-1249
5	0.8	1.4	0.6	0.0		99.4	99.3	99.4	99.1	99.3	94.4	96.8	95.3	96.6	95.1	96.5	90.3	94.1	94.0	93.8	93.9	98.9	96.4	97.6	97.6	94.6	94.1	94.3	94.7	93.6	98.0	94.3	94.2	95.4	94.5	94.1	98.2	94.1	5	98-1252
6	0.4	1.0	0.2	0.6	0.6		99.7	99.8	99.5	99.7	94.5	96.8	95.3	96.6	95.2	96.5	90.6	94.3	94.3	94.1	94.1	99.1	96.6	97.9	97.8	94.9	94.3	94.6	94.7	93.7	98.4	94.4	94.5	95.6	94.6	94.2	98.4	94.3	6	99-0655
7	0.4	1.0	0.2	0.6	0.6	0.2		99.9	99.5	99.7	94.5	96.8	95.3	96.6	95.2	96.4	90.4	94.3	94.2	94.0	94.1	99.1	96.5	97.8	97.8	94.8	94.4	94.5	94.6	93.7	98.3	94.4	94.4	95.5	94.5	94.1	98.3	94.3	7	99-0868hi
8	0.4	1.0	0.2	0.6	0.6	0.2	0.0		99.5	99.7	94.5	96.8	95.3	96.6	95.2	96.5	90.5	94.3	94.3	94.1	94.1	99.1	96.6	97.9	97.8	94.9	94.4	94.6	94.7	93.7	98.4	94.4	94.5	95.6	94.6	94.2	98.4	94.3	8	99-0868lo
9	0.6	1.2	0.4	0.8	0.8	0.4	0.4	0.4		99.5	94.4	96.6	95.1	96.4	95.1	96.3	90.4	94.2	94.1	94.0	94.1	99.0	96.5	97.7	97.6	94.8	94.2	94.5	94.5	93.6	98.1	94.3	94.4	95.5	94.5	94.1	98.1	94.2	9	99-1435
10	0.5	1.1	0.2	0.6	0.6	0.2	0.2	0.2	0.4		94.5	96.8	95.3	96.6	95.3	96.4	90.5	94.4	94.3	94.1	94.2	99.1	96.6	97.8	97.8	94.9	94.4	94.6	94.6	93.8	98.3	94.4	94.5	95.6	94.6	94.2	98.3	94.4	10	99-1997PR-32
11	5.8	6.4	5.7	5.8	5.8	5.7	5.7	5.7	5.7	5.7		93.7	92.1	93.3	96.1	93.2	88.9	96.9	94.6	94.6	94.6	94.6	95.7	94.1	94.1	95.4	95.2	95.2	91.5	94.3	94.5	99.9	94.9	98.3	95.2	94.8	94.6	94.7	11	anhinga-U.S.(Fl)44083
12	3.4	3.8	3.2	3.2	3.2	3.2	3.2	3.2	3.3	3.2	6.6		97.9	99.1	94.6	99.0	90.1	93.5	93.7	93.6	93.5	97.0	95.7	96.1	96.1	94.5	93.6	93.7	97.3	93.2	97.1	93.6	93.8	94.7	93.7	93.7	97.2	93.7	12	AQI-ND026
13	4.8	5.1	4.5	4.5	4.6	4.5	4.5	4.5	4.7	4.6	8.1	1.8		98.5	93.2	98.4	88.8	91.9	92.2	92.2	92.1	95.6	94.2	94.6	94.6	93.0	92.1	92.2	99.2	91.7	95.6	92.0	92.4	93.2	92.2	92.2	95.7	92.2	13	B1
14	3.7	4.1	3.4	3.4	3.4	3.4	3.4	3.4	3.6	3.5	7.0	0.8	1.3		94.3	99.6	89.9	93.1	93.4	93.3	93.3	96.9	95.5	95.9	95.8	94.1	93.3	93.4	97.8	92.9	96.8	93.2	93.6	94.3	93.4	93.4	96.9	93.4	14	B1T
15	5.1	5.6	4.9	5.0	5.0	4.9	4.9	4.8	4.9	4.8	4.0	5.6	6.9	5.9		94.2	89.9	95.9	96.4	96.2	96.5	95.2	96.6	94.7	94.7	96.9	97.1	97.0	92.6	95.9	95.2	96.0	96.6	97.2	96.3	96.4	95.5	96.5	15	chicken-U.S.(CA)1083(Fontana)72
16	3.8	4.2	3.6	3.6	3.6	3.6	3.6	3.6	3.7	3.6	7.1	0.9	1.4	0.4	6.0		89.8	93.0	93.3	93.2	93.2	96.7	95.4	95.7	95.7	94.1	93.2	93.3	97.9	92.8	96.8	93.1	93.5	94.2	93.3	93.3	96.8	93.3	16	clone 30
17	10.2	10.9	10.2	10.4	10.4	10.1	10.2	10.2	10.2	10.2	12.0	10.6	11.9	10.8	10.8	10.9		89.4	89.3	89.3	89.5	90.3	89.9	90.5	90.5	89.6	89.5	89.7	88.3	88.8	90.6	88.8	89.5	89.8	89.4	89.3	90.6	89.4	17	DE-R49
18	6.0	6.5	5.9	6.1	6.1	5.9	5.9	5.9	5.9	5.8	3.2	6.8	8.3	7.2	4.2	7.3	11.4		94.8	95.0	95.0	94.2	95.5	93.9	93.9	95.6	95.2	95.6	91.3	94.5	94.2	96.8	95.1	97.9	94.7	94.9	94.3	95.0	18	gamefowl-U.S.(CA)211472
19	6.1	6.6	5.9	6.2	6.2	5.9	5.9	5.9	6.1	5.9	5.6	6.6	8.0	6.9	3.6	7.0	11.6	5.3		98.6	98.6	94.2	95.2	93.7	93.6	98.0	95.7	95.4	91.6	98.2	94.3	94.5	98.9	95.7	95.8	98.6	94.4	98.9	19	Guangxi7
20	6.4	6.9	6.2	6.5	6.5	6.2	6.2	6.2	6.2	6.1	5.6	6.7	7.9	6.9	3.8	7.0	11.5	5.2	1.4		98.6	94.0	95.3	93.6	93.5	97.9	95.7	95.5	91.7	98.0	94.1	94.5	98.8	95.7	95.7	98.5	94.2	98.8	20	Guangxi9
21	6.3	6.8	6.1	6.4	6.4	6.1	6.1	6.1	6.1	6.0	5.6	6.7	8.1	7.0	3.6	7.1	11.3	5.2	1.3	1.3		94.1	95.3	93.7	93.7	98.0	95.6	95.4	91.6	98.2	94.2	94.5	98.9	95.7	95.8	98.6	94.3	98.9	21	Guangxi11
22	1.1	1.5	0.8	1.1	1.1	0.8	0.8	0.8	1.0	0.9	5.6	3.0	4.3	3.2	4.9	3.3	10.4	6.0	6.0	6.3	6.2		96.5	97.9	97.8	94.8	94.3	94.4	95.0	93.6	98.1	94.5	94.4	95.6	94.4	94.1	98.4	94.2	22	HB92
23	3.7	4.3	3.5	3.7	3.7	3.5	3.5	3.5	3.5	3.4	4.4	4.4	5.7	4.6	3.4	4.7	10.8	4.5	4.9	4.8	4.8	3.5		96.1	96.0	96.1	95.7	95.6	93.6	94.9	96.6	95.6	95.5	96.8	95.6	95.4	96.8	95.4	23	Herts33
24	2.4	2.8	2.0	2.4	2.4	2.1	2.1	2.1	2.3	2.2	6.1	4.0	5.3	4.2	5.4	4.3	10.1	6.3	6.6	6.7	6.5	2.1	4.0		99.7	94.3	94.0	94.1	94.0	93.1	97.5	94.1	93.9	95.1	93.9	93.6	97.6	93.7	24	I-2
25	2.4	2.9	2.2	2.4	2.4	2.2	2.2	2.2	2.3	2.2	6.1	4.0	5.4	4.3	5.5	4.4	10.2	6.4	6.6	6.7	6.5	2.2	4.1	0.2		94.2	94.0	94.1	93.9	93.0	97.5	94.0	93.8	95.0	93.8	93.5	97.6	93.7	25	I-2progenitor
26	5.5	6.0	5.3	5.6	5.6	5.3	5.3	5.3	5.3	5.2	4.7	5.7	7.1	6.1	3.2	6.2	11.0	4.5	2.0	2.1	2.0	5.4	4.0	5.9	6.0		96.3	95.9	92.4	97.6	95.1	95.3	98.3	96.6	96.7	98.0	95.2	98.2	26	Indonesia14698
27	6.1	6.6	5.9	6.1	6.1	5.9	5.8	5.8	5.9	5.8	4.9	6.6	8.1	7.0	3.0	7.1	11.3	4.9	4.4	4.3	4.4	5.8	4.3	6.2	6.3	3.7		97.4	91.5	95.2	94.5	95.1	96.0	96.3	95.4	95.7	94.6	95.9	27	IT-227
28	5.8	6.4	5.6	5.9	5.9	5.6	5.6	5.6	5.7	5.6	4.9	6.5	8.0	6.9	3.0	7.0	11.1	4.5	4.7	4.6	4.7	5.8	4.5	6.1	6.2	4.2	2.6		91.7	95.0	94.7	95.1	95.6	96.3	95.5	95.5	94.6	95.6	28	Italy2736
29	5.5	5.8	5.2	5.2	5.2	5.2	5.2	5.2	5.4	5.3	8.8	2.5	0.8	1.9	7.5	1.8	12.6	8.9	8.6	8.5	8.7	4.9	6.4	6.0	6.1	7.7	8.7	8.5		91.2	95.0	91.4	91.8	92.6	91.6	91.7	95.1	91.7	29	La Sota
30	6.7	7.2	6.6	6.6	6.6	6.5	6.6	6.5	6.6	6.5	5.9	7.1	8.5	7.4	4.2	7.5	12.1	5.7	1.8	1.9	1.8	6.6	5.2	7.2	7.3	2.4	4.9	5.2	9.1		93.7	94.2	98.5	95.3	95.4	99.1	93.9	98.4	30	NA-1
31	1.8	2.4	1.6	1.9	1.9	1.6	1.6	1.6	1.8	1.7	5.7	3.0	4.3	3.2	4.8	3.2	10.1	6.0	5.9	6.1	6.0	1.9	3.5	2.5	2.5	5.1	5.7	5.4	4.9	6.5		94.4	94.4	95.5	94.6	94.2	98.5	94.4	31	PHY-LMV42
32	5.9	6.5	5.8	5.9	5.9	5.8	5.8	5.8	5.8	5.8	0.1	6.7	8.2	7.1	4.1	7.2	12.1	3.2	5.7	5.7	5.7	5.7	4.5	6.2	6.2	4.8	5.0	5.0	8.9	6.0	5.8		94.8	98.2	95.1	94.7	94.5	94.6	32	rAnhinga
33	5.9	6.4	5.7	6.0	6.0	5.7	5.7	5.7	5.8	5.7	5.3	6.5	7.8	6.7	3.4	6.8	11.3	5.0	1.1	1.2	1.1	5.8	4.6	6.4	6.4	1.7	4.1	4.4	8.4	1.5	5.8	5.4		96.0	96.1	98.9	94.6	99.2	33	SF02
34	4.7	5.3	4.5	4.7	4.7	4.5	4.5	4.5	4.6	4.5	1.7	5.5	6.9	5.9	2.8	6.0	10.9	2.1	4.4	4.4	4.4	4.5	3.2	5.1	5.1	3.5	3.7	3.8	7.6	4.8	4.6	1.7	4.1		95.9	95.8	95.6	95.9	34	species-U.S. Largo71
35	5.8	6.4	5.6	5.7	5.7	5.6	5.6	5.6	5.7	5.6	4.9	6.5	8.0	6.8	3.7	6.9	11.4	5.4	4.3	4.3	4.3	5.8	4.5	6.4	6.4	3.3	4.7	4.6	8.6	4.7	5.6	5.0	4.0	4.2		95.9	94.8	96.0	35	Sterna-Astr2755
36	6.2	6.7	6.0	6.1	6.1	6.0	6.0	6.0	6.1	6.0	5.3	6.6	8.0	6.8	3.6	7.0	11.6	5.2	1.3	1.5	1.3	6.1	4.7	6.7	6.7	1.9	4.3	4.6	8.6	0.8	6.0	5.4	1.1	4.3	4.2		94.4	99.0	36	TL1
37	1.8	2.3	1.6	1.8	1.8	1.6	1.6	1.6	1.8	1.7	5.6	2.8	4.2	3.1	4.6	3.2	10.1	5.9	5.8	6.0	5.9	1.6	3.2	2.4	2.4	4.9	5.6	5.5	4.8	6.4	1.5	5.7	5.5	4.4	5.4	5.8		94.5	37	Ulster67
38	6.1	6.6	5.9	6.2	6.2	5.9	5.9	5.9	5.9	5.8	5.4	6.6	7.9	6.8	3.5	6.9	11.4	5.1	1.1	1.2	1.1	6.0	4.7	6.5	6.5	1.8	4.2	4.5	8.5	1.6	5.8	5.5	0.7	4.2	4.1	1.0	5.7		38	ZJ1
	1	2	3	4	5	6	7	8	9	10	11	12	13	14	15	16	17	18	19	20	21	22	23	24	25	26	27	28	29	30	31	32	33	34	35	36	37	38		

2.7 F 基因的遗传变异分析

目前认为 F 蛋白是使病毒脂蛋白囊膜与宿主细胞表面包膜融合的主要因子，同时也是决定 NDV 毒力的主要决定因素。各毒株之间最重要的差异存在于 F 蛋白中 F_1/F_2 多肽裂解位点的边界标志区，该区域重要氨基酸序列的改变与 NDV 的毒力有关，强毒株裂解区域的氨基酸序列为^{112}R-R-Q-K/R-R-F^{117}，而弱毒株相对应的氨基酸序列为^{112}G-K/R-Q-G-R-L^{117}。将 TL1 的 F 基因所编码的氨基酸序列进行分析，发现 F 基因裂解位点的氨基酸序列为^{112}R-R-Q-K-R-F^{117}，说明 TL1 为强毒株，这与对其进行的毒力测定及动物回归试验结果是一致的。将 TL1 的 F 基因编码区序列与 GenBank 上所公布的其他 37 株 NDV 基因组的相应序列进行遗传进化分析，结果显示 TL1 与 ZJ1、NA-1、Guangxi7/2002、Guangxi9/2003、Guangxi 11/2003 及 SF02 等国内分离株亲缘关系较近，而与澳大利亚分离株 01-1108、99-1997PR-32、99-1435、02-1334、99-0655、99-0868hi、99-0868lo 及匈牙利分离株 DE-R49/99 的亲缘关系较远。结果见图 2 – 18。

3 讨 论

3.1 TL1 株的全基因组序列测定

NDV 内蒙古分离株 TL1 的全基因组序列长度为 15 192nt，为 6 的倍数，这一长度符合副黏病毒的“六规则”（the rule of six），与 GenBank 上所公布的 ZJ1（AF431744）、NA-1（DQ659677）、chicken/China/Guangxi7/2002（DQ485229）、chicken/U. S.（CA）/1083（Fontana）/72（AY562988）等 13 个毒株的全基因组长度相同；比 clone 30（Y18898）、Herts/33（AY741404）、chicken/N. Ireland/Ulster/67（AY562991）、La Sota（AY845400）等 22 个毒株多 6 个碱基，多出的 6 个核苷酸的位置及组成随毒株的不同均有所不同，共有 5 种形式；比匈牙利分离株 DE-R49/99 少 6 个碱基；比俄罗斯分离株 Sterna/Astr/2755/2001（AY865652）多 38 个碱基。因此，新城疫病毒基因组至少有 4 种长度，即 15 154、15 186、15 192及 15 198。15 186、15 192及 15 198 3 种长度符合副黏病毒的基因组长度为 6 的倍数这一规律，而基因组长度为 15 154nt 的 Sterna/Astr/2755/2001 并不符合，这无疑对“六规则”提出了挑战，NDV 是否还有其他长度的基因组模式，还有待进一步的工作。

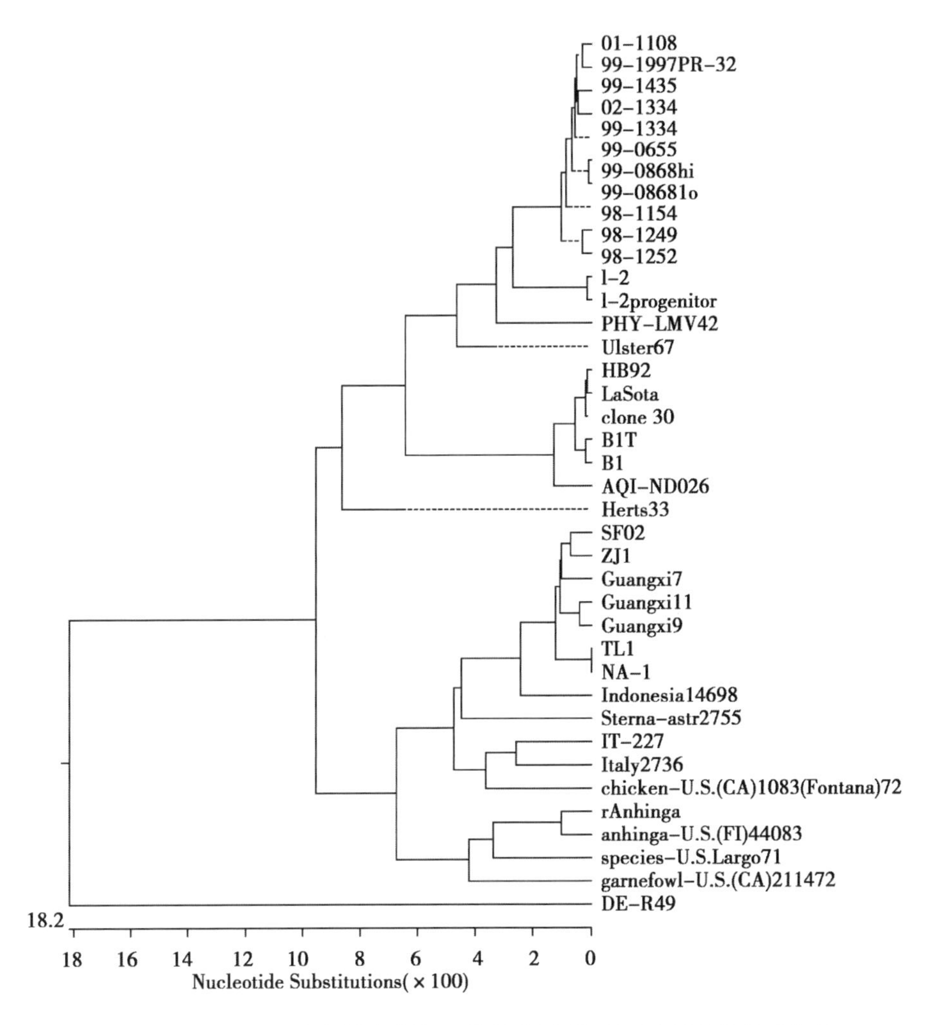

图 2-18　38 个新城疫病毒 F 基因编码区核苷酸序列的遗传进化树

3.2　NP 基因末端的核苷酸序列比较

TL1 株相对于 La Sota 等毒株多出了 6 个碱基，此 6 个碱基位于 NP 基因的非编码区内，并不参与 NP 蛋白的编码，因此对 NP 蛋白的表达影响不大。但此 6 个碱基是否会在蛋白质的翻译和调控过程中起作用，目前还不十分清楚。TL1 株多出的 6 个碱基为 C-C-C-T-C-C，相对于 La Sota 等毒株的 1 630 ~ 1 631nt位；而鹅源新城疫病毒 ZJ1 株多出的 6 个碱基为 T-C-C-C-A-C，相对于 La Sota 等毒株的 1 647 ~ 1 648nt位，鸡源新城疫病毒 Guangxi9/2003、Guangxi11/2003 株多出的 6

个碱基为 C-T-C-T-C-C，相对于 La Sota 等毒株的 1 630 ~ 1 631nt 位；鸡源新城疫病毒 Guangxi7/2002 株、鹅源新城疫病毒 NA-1 及 SF02 株与 TL1 株相对于 La Sota 等毒株所多出的 6 个碱基位置和组成都相同。同为目前国内流行的代表性毒株，而多出 6 个碱基的位置和组成却存在着差异，尤其 3 个广西分离株多出的位置相同但组成却存在着差异，表明新城疫病毒在不断地进行演化，不仅其毒力及宿主适应性在发生变化，而且其基因组的长度及基因组的结构同样在发生变化。其他基因组全长为 15 192nt 的毒株相对于 clone 30、B1、B1 T、La Sota、HB92 V4 等毒株来说，多出 6 碱基的位置和组成也有所不同。DE-R49/99 多出的 12 个碱基为 A-T-C-C-A-C-A-G-C-A-G-G，相对于 La Sota 等毒株的 2 301 ~ 2 302nt 位，也就是说在 P 基因的编码区内，而不像 TL1 等毒株多出的碱基位于 NP 基因非编码区内，这种在编码区内多出碱基，势必会影响 NDV 基因组的功能，从而会影响 NDV 的生物学活性。这种多出碱基的情况对于多数毒株来说，看似无规律性，其实对少数毒株而言也显现出了一定的相似性，尚需对更多毒株进行分析，以便阐明 NDV 基因组结构与功能的关系。

3.3 TL1 株基因组末端序列

副黏病毒基因组的末端是病毒复制、转录及包裹的顺式调控因子，国外学者发现 NDV 基因组及反义基因组的启动子位于末端的前 30 个碱基内。现在许多副黏病毒科成员（如 HPIV3、SV5、VSV、RV、RSV、SEV）与基因转录及基因组复制有关的启动子的不同的功能区（如 RNA 聚合酶结合位点、复制或转录起始位置、衣壳化信号、复制或转录增强信号及延伸信号等）已经被准确地描绘出来。通过比较 NDV 毒株基因组末端调控序列，发现 NDV 毒株的 3′端调控区序列（Leader 序列）存在较高的同源性，而 5′端调控区序列（Trailer 序列）同源性则较低。由于 3′端 Leader 序列主要启动基因转录及反义基因组复制，而 5′端 Trailer 序列则主要启动基因组的复制，因此 NDV 基因组 3′端 Leader 序列的高同源性和 5′端 Trailer 序列的低同源性可能反映 NDV 毒株之间基因组的复制能力的差异比基因转录及反义基因组复制能力的差异要大。对于传染性水疱性口炎病毒（VSV）而言，其基因组 5′端 Trailer 序列启动基因组复制的能力比 3′端 leader 序列启动反义基因组复制的能力要强 5 ~ 10 倍，而且当 Leader 序列启动基因转录及反义基因组复制的功能与 Trailer 序列启动基因组复制的功能发生冲突时，病毒 RNA 聚合酶首先启动基因组的复制。因此与基因转录及反义基因组的复制能力相比，病毒基因组的复制能力在病毒的繁衍中起着更重要的作用。

在 NDV 基因组末端序列中，几乎找不到区分 NDV 强弱毒株的依据。但是

Fujii 等将 SEV 基因组 Leader 序列的 20 nt 及 24 nt 核苷酸位从 U、U 分别变为 A、A，则拯救出的病毒的毒力下降 25 倍，而且它在小鼠肺上皮细胞上的复制能力下降 25 倍，但是在 CEF 上的复制能力不受影响，因此 SEV 的 Leader 序列与该病毒的毒力及宿主特异性有关。

通过比较 38 个 NDV 毒株的末端序列发现，除 Sterna/Astr/2755/2001 株缺少 leader 序列前 38 个碱基外，Herts/33 株的 leader 序列中的第 13 位由 A 变为 T，TL1 株与其他 35 株 NDV 毒株 leader 序列的前 15 碱基完全相同；对于 trailer 序列的后 26 个碱基，clone 30、B1、B1 T、La Sota、HB92 V4 等毒株的 15 161位由 T 变为 C，DE-R49/99 株的 15 175 位由 T 变为 A，PHY-LMV42 株的 15 165 位由 A 变为 C，Sterna/Astr/2755/2001 的 15 136 位由 C 变为 T，TL1、SF02、ZJ1 及 NA-1 株的 15 184位由 T 变为 C，各毒株的其他碱基均相同。TL1、SF02、ZJ1 及 NA-1 株在基因组 Trailer 序列的 15 184nt 位这种碱基变化使其 3′端及 5′端的前 12 个碱基连续完全互补，而其他的 33 个毒株只在基因组末端的前 8 个碱基中连续完全互补。据报道，传染性水疱性口炎病毒（VSV）基因组的复制能力与基因组末端序列的互补程度有关，互补程度越高、越是靠近末端的序列存在互补，则基因组的复制能力越强；而基因组末端外的序列互补现象对基因组的复制能力没有影响。这种在 TL1 株基因组末端序列上存在的比其他 NDV 毒株程度更高的互补现象可能使该病毒在细胞培养物及体内更能进行有效复制。值得注意的是在 Trailer 序列的 15 184 nt 位发生碱基变化的 4 个毒株中，3 个为鹅源分离株，是 2000 年左右在我国分离的代表性毒株，而 TL1 株为 2003 年在内蒙古地区分离的鸡源毒株。TL1 株在此方面表现出了与鹅源毒株的相似性，但 Guangxi7/2002、Guangxi9/2003、Guangxi11/2003 等几株国内近年来分离的鸡源毒株却不具有与鹅源毒株在此方面的相似性，是何种因素导致 NDV 在此结构上的变化，究竟鸡体的 TL1 株是经由鹅传播于鸡而来，还是来源于鸡本身或者其他禽类，仍需不断探究。

3.4　TL1 株与其他 NDV 毒株各基因的起始、终止及基因间隔区序列

比较 TL1 株与其他 NDV 毒株各基因的起始、终止及基因间隔区序列，发现 TL1 株的起始序列、终止序列与大多数毒株的同源性很高，显示 NDV 各基因的起始、终止序列在进化上的保守性。对于基因间隔区，TL1 株的 NP-P、P-M、M-F 基因间隔区序列与其他 NDV 毒株差异不大，但是 TL1 株的 F-HN、HN-L 基因间隔区与其他毒株差异却很大。现在对部分副黏病毒基因组的基因间隔区的研究表明，基因间隔区也是副黏病毒重要的基因转录调控区。基因间隔区的碱基变化能影响基因的转录、病毒的复制、病毒的毒力等。至于 TL1 株与其他参考 NDV

毒株在基因组的 F-HN 及 HN-L 基因间隔区序列上存在的这种差异有何意义，目前还不得而知，有待于进一步分析。

3.5 TL1 株主要编码基因同源性及遗传进化分析

从核苷酸和氨基酸同源性（表 2 - 18 至表 2 - 29）以及遗传进化树（图 2 - 18）可以看出，NDV 毒株 TL1 与 NA-1、SF02、ZJ1、Guangxi7/2002、Guangxi9/2003、及 Guangxi11/2003 株的同源性很高，而与 NDV 疫苗株 La Sota、Clone-30、B1 以及澳大利亚分离株 01-1108、99-1997PR-32、99-1435、02-1334、99-0655、99-0868hi、99-0868lo 及匈牙利分离株 DE-R49/99 的同源性相对较低。自 1996 年以来，我国的华中、华东、东北地区相继暴发了鹅源新城疫，NDV 对鹅表现出了高致病性和致死性。有报道证明从水禽中分离的 NDV 无毒株在经鸡体内连续传代后，该毒株变为对鸡具有很强致死性的毒株，经对其 F_0 裂解位点序列分析，也证实其序列特征已经变为强毒株的特征。刘文博等用标准毒 $F_{48}E_8$ 及鹅源分离毒 JS-2-98 对鹅进行攻毒，发现它们均对鹅有致病力，而且 $F_{48}E_8$ 比 JS-2-98 对鹅的致病力强，国外标准株 Iraq AG68 和 Herts/33 对鹅的致病力明显低于 $F_{48}E_8$ 及 JS-2-98。这个实验结果不能解释为何 $F_{48}E_8$ 从 20 世纪 40 年代至 90 年代的近 50 年期间对鹅不致病，而 50 年后致病。以上例证说明 NDV 可能在实验室和生产过程中经过鸡胚或家禽体内传代时发生了宿主特异性及毒力的改变，但鹅体内本身出现了遗传特性的改变引起其对 NDV 强毒株敏感的可能性也不能排除。鸡源新城疫病毒 TL1 株和鹅源新城疫病毒 NA-1 株、ZJ1、SF02 株表现出明显地亲缘关系，究竟是如何传播的，仍需对 NDV 种间传播机制进行进一步的探讨。TL1 与 NA-1、SF02、ZJ1、Guangxi7/2002、Guangxi9/2003、及 Guangxi11/2003 株同属于 VII 型强毒株。从遗传进化树还可看出，澳大利亚分离株形成一个较大分支，中国分离株及几个疫苗株也单独形成较大的分支，而基因组全长为 15 198nt 的匈牙利分离株 DE-R49/99 独自形成一个分支，说明不同的流行毒株明显地具有地区差异性。

新城疫病毒是在不断的进行演化的，毒力、宿主适应性及基因组的长度都在发生着变化。本试验显示 NDV 的演化和变异不仅涉及编码区，而且非编码区也存在同步演化的现象，更进一步说明 NDV 的演化是在基因组的整体水平上进行的。但是 NDV 基因组结构上也存在保守现象，这主要表现在其基因组的最末端序列和各基因的转录起始和终止序列上，这些序列是病毒复制重要的调控成分，它们的变异对病毒的生物学特性具有重要的影响。因此，NDV 的演化应该是处在一个变异与保守的动态平衡中。

第七部分　新城疫病毒 TL1 株 M、NP、F 和 HN 蛋白基因表达载体的构建及鉴定

新城疫病毒（Newcastle disease virus，NDV）是单股负链 RNA 病毒，病毒粒子直径约为 120～240nm，有囊膜的病毒粒子通常呈圆形，但常因囊膜破损而形态不规则。基因组位于由 NP、P 和 L 蛋白组成的直径约为 17nm 的卷曲的核衣壳内，核衣壳的外面是一个双层脂质囊膜，囊膜内衬有一层可以维持病毒形态结构的 M 蛋白，外层被具有血凝素和神经氨酸酶活性的 HN 蛋白和具有融合功能的 F 蛋白所覆盖。NDV 除了编码这 6 种结构蛋白之外，还编码非结构蛋白 V 和 W，其中 V 蛋白具有阻断干扰素抗病毒反应的功能，而 W 蛋白的功能目前还不十分清楚。

由于 ND 的严重为害，人们对其致病机理和免疫机理十分关注，近年来也取得了很多进展。但对于病毒感染细胞时 F、HN 蛋白的具体功能以及其他几个蛋白的作用，特别是作为一个整体与宿主之间的相互作用机理方面尚不是十分清楚。目前对 NDV 的研究只是针对单个基因的分子生物学，对各基因的功能及其编码蛋白之间的相互作用还不是很清楚。病毒样颗粒（Virus-Like Particles，VLP）或核心样颗粒（Core-Like Particles，CLP）是含有某种病毒的一个或多个结构蛋白的空心颗粒，没有病毒的核酸，不能自主复制，其在形态上与真正病毒粒子相同或相似。目前多数病毒的 VLP 在真核表达系统以及少数病毒的 VLP 在原核表达系统中都能够有效地实现自我组装，这为病毒的基础研究及疫苗的开发提供了便利条件。该技术自 20 世纪 80 年代一出现就受到了人们的普遍重视。目前 VLP 已应用于多种病毒的基础研究、形态发生学、疫苗制备和免疫特性的研究。

像其他副黏病毒一样，新城疫病毒是通过出芽的方式在宿主细胞膜表面形成病毒颗粒的，病毒的内部结构蛋白、囊膜蛋白以核衣壳的形式在出芽位点装配后，通过细胞膜的分裂而产生子代病毒，这是新城疫病毒繁殖和致病过程中的重要环节。这一过程需要病毒和细胞双方组份的参与才能完成。副黏病毒科的不同成员可能采用不同的机制来完成，仙台病毒（sendai virus，

SV）的 M 蛋白、N 蛋白、F 蛋白和 HN 蛋白共表达时，所形成的 VLP 在形态和密度上与真实的病毒粒子非常接近，同时 SV 的非结构蛋白 C 对 VLP 的出芽也具有促进作用。而 NDV 采用何种机制来完成病毒粒子的出芽？与同科不同属的病毒出芽机制有哪些异同？目前还不十分清楚。本研究构建了新城疫病毒 TL1 株 NP 基因、M 基因、HN 基因和 F 基因的真核表达载体，并对其进行了鉴定，可为 HN 蛋白的一些功能作用、NDV VLP 及出芽机制的研究奠定理论和技术基础。

1 材料与方法

1.1 材 料

1.1.1 病 毒

试验所用毒株 TL1 由本实验室分离鉴定和保存。通过 MDT、ICPI、IVPI 实验及动物回归试验等鉴定为强毒株。

1.1.2 菌株、细胞及质粒

大肠埃希氏菌 JM 109 菌种、BHK-21 细胞由本实验室保存；pGEM-T Easy 载体及 pCI-neo 载体购自 Promega 公司。

1.1.3 主要工具酶及试剂

SimplyP-总 RNA 提取试剂盒购自杭州博日有限公司；各种限制性内切酶购自 Promega 公司；One Step RNA PCR（AMV）试剂盒、T4 DNA 连接酶、dNTP 混合物、LA *Taq* 聚合酶、IPTG、X-Gal、λ-EcoT14 I Marker、DNA 凝胶回收试剂盒、核酸共沉剂购自大连宝生物工程有限公司；细胞基础培养基 DMEM 购自 Gibco 公司；无血清培养基 Opti-MEM 购自 Invitrogen 公司；转染级超纯质粒抽提试剂盒 High Purity Plasmid Purification Systems 购自 Marligen 公司；脂质体转染试剂 Lipofectamine™ 2000 购自 Invitrogen 公司；犊牛血清购自 Hyclone 公司；FITC 标记的羊抗鸡二抗购自 Sigma 公司；抗 NDV 阳性血清由本实验室自制；质粒小量抽提试剂盒购自杭州维特洁公司；其他试剂均为进口或国产分析纯试剂。

1.1.4 溶 液

本试验中使用的是无钙无镁 Hank's 液（又称 D-Hank's 液）。配方如下：NaCl 8.00g、KCl 0.40g、$Na_2HPO_4 \cdot 12H_2O$ 0.134g、$NaHCO_3$ 0.35g、1% 酚红 2ml，加去离子水至 1 000 ml。121℃ 高压灭菌 20min，0 ~ 4℃ 储存备用。

0.25%胰酶的配方如下：NaCl 8.00g、KCl 0.40g、柠檬酸钠 · $5H_2O$ 1.12g、NaH_2PO_4 · $2H_2O$ 0.056g、$NaHCO_3$ 1.00g、葡萄糖1g、胰酶2.5g，加去离子水至1 000ml。用滤器过滤除菌，分装后置 -20℃备用。其他溶液配制方法参见第二章1.1.4。

1.1.5　主要仪器和设备

E400倒置荧光显微镜（日本NIKON公司）、HEAL FORCE HF90 CO_2 培养箱（香港力康公司）、3K15型低温离心机（美国Sigma公司）、PL210J型高速冷冻离心机（中国托普）、生物安全柜（美国Thermo Forma公司）、Bio-Print型凝胶成像仪（法国VILBER LOURMAT公司）、CL-32L型全自动高压灭菌器（日本ALP公司）、AVPS 804型过滤式储存箱（法国Captair公司）、超低温冰箱（德国Kendro公司）、HPS-250生化培养箱（哈尔滨东明医疗仪器厂）、P×2 Thermal Cycler PCR仪（美国Thermo Electron公司）、TH2-82型恒温振荡器（上海跃进医疗器械厂）、DZJ型紫外灯（上海顾村电光仪器厂）、低温恒温循环器（宁波天恒公司）、818型数字酸度计（美国ORION公司）、SW-CJ-1F型净化工作台（苏州安泰空气技术有限公司）、HZS-H型恒温摇床（哈尔滨东联仪器厂）、LNG-T83型真空离心浓缩仪（江苏太仓科教仪器厂）、BSZ-2型自动双重蒸馏水器（上海博通公司）、DYY-III-2型稳压稳流电泳仪（北京六一仪器厂）、DYY-III-31A/31B型电泳槽（北京六一仪器厂）、AR5120电子天平（美国OHAUS公司）。

1.2 方　法

1.2.1　NDV TL1株的增殖及浓缩

参见第六部分1.2.1.1和1.2.1.2。

1.2.2　试剂和器材的DEPC处理

参见第六部分1.2.2.1、1.2.2.2和1.2.2.3。

1.2.3　病毒RNA的提取（试剂盒法）

参见第六部分1.2.3。

1.2.4　NDV TL1株NP、M、F、HN基因的扩增及纯化

1.2.4.1　引物的设计与合成

参考GenBank已公布的NDV全基因组序列，共设计了4对引物，由大连宝生物工程有限公司合成，引物序列（下划线加黑序列为酶切位点）见表2-30。

表 2-32　引物核苷酸序列

引物名称	引物序列	酶切位点
M 上游	5′-CG*GAATTC*ACGATCGCACCACTGCA-3′	*EcoR* I
M 下游	5′-AT*GTCGAC*CAGACTCTTCTACCCGTG -3′	*Sal* I
NP 上游	5′-CG*GAATTC*GAGCGCGAGGCCGAAGCTCGAA-3′	*EcoR* I
NP 下游	5′-AT*GTCGAC*CTGGGTGTTGTCGATCAGTAC-3′	*Sal* I
F 上游	5′-GGA*TCTAGA*ATGGGCTCCAAACCTTC-3′	*Xba* I
F 下游	5′-CCA*GTCGAC*ATCTGCATTATGCTCTTG-3′	*Sal* I
HN 上游	5′-CG*GAATTC*AGAGTCAATCATGGACCG-3′	*EcoR* I
HN 下游	5′-AT*GTCGAC*CCAAGTCTAGCTTCTTAAAC-3′	*Sal* I

1.2.4.2　NDV TL1 株 NP、M、F、HN 基因 cDNA 合成

参照 One Step RNA PCR（AMV）试剂盒进行。RT-PCR 反应组成及反应条件参见第二部分 1.2.4.2 中 NP、P、M、F、HN 基因的 cDNA 合成。

1.2.4.3　PCR 产物的纯化回收

参见第六部分 1.2.4.3。

1.2.5　NDV TL1 株 NP、M、F、HN 基因的克隆与鉴定

PCR 产物均用 DNA 凝胶回收试剂盒回收后与 pGEM-T easy 载体 4℃ 连接过夜。连接产物按常规方法转化大肠杆菌 JM 109。挑白色菌落接种到 2ml LB 培养基中，振摇培养后小提质粒用酶切和 PCR 方法鉴定，质粒分别命名为 pGEM-NP、pGEM-M、pGEM-F 和 pGEM-HN。

1.2.6　重组真核表达载体的构建

将重组质粒 pGEM-NP、pGEM-M、pGEM-F 和 pGEM-HN 分别用相应的两种限制性内切酶进行双酶切，同时用同样的限制性内切酶酶切真核表达载体 pCI-neo（图 2-19），目的基因与载体片段琼脂糖凝胶电泳后，用凝胶回收试剂盒回收纯化。

将回收的外源基因片段和表达载体片段经核酸共沉剂处理后用 T4 DNA 连接酶进行连接，将连接产物全部转化 JM 109 感受态细胞中，冰浴 30min，42℃ 热激 90s，冰浴 2min，加入 1ml 无抗生素的 LB，37℃ 摇床上培养 45min，8 000r/min 离心 2min，预留 200μl 左右上清悬浮沉淀，均匀涂布于含 Amp^+ 的 LB 琼脂平板上，37℃ 培养 14～16h。挑取白色菌落接种于含 Amp^+ 的液体 LB 培养基中，37℃ 振荡培养 12h。碱裂解法抽提质粒，经 PCR 和酶切鉴定后，将重组质粒分别命名为 pCI-NP、pCI-M、pCI-F 和 pCI-HN，送至大连宝生物工程有限公司测序。

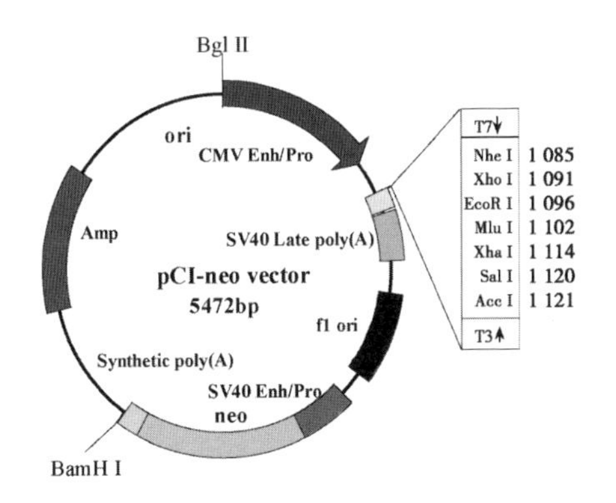

图 2-19　pCI-neo 载体环形结构图及序列参考位点

1.2.7　转染级超纯度真核表达质粒的制备

超纯质粒的制备按 Marligen 公司提供的 High Purity Plasmid Purification Systems 说明书进行：

（1）挑取转化菌单菌落接种含 Amp^{+} 的 5ml LB 培养基，每种重组质粒各接种 3 管，振荡培养过夜，离心收集全部过夜培养物。

（2）加入 0.4ml Suspension Buffer（El，含有 RNase A），完全悬浮细胞沉淀物，混匀。

（3）然后加入 0.4ml Lysis Solution（E2），小心上下颠倒 5 次混匀（不能振荡），室温放置 5min。

（4）加入 0.4ml Neutralization Buffer（E3），立即小心上下颠倒 5 次混匀（不能振荡）。

（5）室温下 12 500r/min 离心 10min。

（6）离心同时平衡柱子：往柱中加入 2ml Equilibration Buffer（E4），在重力作用下使其自然流净。

（7）将第（5）步离心产物上清液吸入到平衡好的柱子中，在重力作用下自然过柱，弃过柱液。

（8）2.5ml Wash Buffer（E5）洗柱两次，每次洗柱都使其在重力作用下自然流尽，弃过柱液。

（9）加 0.9ml Elution Buffer（E6）洗脱 DNA，重力作用下自然过柱，用 Eppendorf 管收集洗脱液（不要强行洗出柱中残留液体）。

（10）加 0.63ml 的异丙醇到洗脱液中，混匀，12 500r/min，4℃离心 30min，小心弃上清。

（11）用 1ml 70% 乙醇洗涤沉淀，12 500r/min ，4℃离心 5min。

（12）小心弃去上清，室温干燥 10min（可以在 37℃烘，不要太干，时间可延长）。

（13）50μl TE buffer（TE）溶解质粒 DNA，如有不溶解的杂质，则 12 500r/min，

室温离心 1min，再将上清转移到新的 EP 管即可。

（14）紫外分光光度计测定质粒 DNA 浓度后，－20℃保存备用。

1.2.8 脂质体介导重组质粒转染 BHK-21 细胞

脂质体介导重组质粒转染 BHK-21 细胞具体步骤，按 Invitrogen 公司的 Lipofectamine™2000 说明书进行：

（1）转染前一天，在 24 孔细胞培养板上接种 1×10^4 个细胞于 100μl 含胎牛血清不含抗生素的 DMEM 培养基（注：如果用了含血清又含抗生素的 DMEM，则在转染前应该用 0.01mol/L PBS 多漂洗细胞几次）。

（2）37℃ 5% CO_2 培养箱培养 18～24h 至 90%～95% 的细胞融合。

（3）转染　对于每孔细胞，在 EP 管中加入 50μl 无血清无抗生素 DMEM，稀释 1μg 相应的质粒 DNA，混合混匀。

（4）再在另外的 EP 管用 50μL 无血清无抗生素 DMEM 稀释 2μL 转染试剂 Lipofectamine™ 2000，用吸头小心混匀，室温作用 5min（注：此步骤所用培养基也禁止加入血清和抗生素，且质粒 DNA 与转染试剂间的比例通常推荐是 1∶2 或 1∶3，可以在 1∶0.5～1∶5 之间摸索）。

（5）5min 后立即将以上两种混合物混合，小心混匀，室温静置 20min。

（6）用灭菌 0.01mol/L PBS 洗涤细胞 2～3 次，将上述转染混合物共 100μl 加入到相应细胞孔，再加入 300μl 不含血清和抗生素的 DMEM，混合均匀，设空质粒对照和 NDV 感染 BHK-21 细胞阳性对照。

（7）37℃ 5% CO_2 培养箱培养 4～6h 后，每孔细胞再加入 100μl 含血清和抗生素的 DMEM，继续培养 18～48h 后，间接免疫荧光法检测有无外源基因的表达。

1.2.9 间接免疫荧光抗体法检测蛋白的表达

将 pCI-NP、pCI-M、pCI-F 和 pCI-HN 单独转染 18～48h 后，吸去 96 孔细胞培养板中的培养基，再用 0.01mol/L PBS 漂洗细胞 3 次，每次 3～5min；加入－20℃预冷的 80% 丙酮，－20℃固定 30min，0.01mol/L PBS 漂洗 3 次；用 1∶10 稀释的 SPF 鸡阴性血清室温封闭 1h，加入 1∶100 稀释的抗 NDV 鸡血清，37℃孵育 1h，用 PBS（含 5ml/L Tween-20）洗涤 3 次，每次 10min；加入 1∶200 稀

释的 FITC 标记的羊抗鸡 IgG 二抗，37℃避光孵育 1h，PBS（含 5ml/L Tween-20）洗涤 3 次，每次 10min；最后用含 100ml/L 甘油的 PBS 封闭，荧光显微镜观察并拍照。

2　结　果

2.1　PCR 扩增和重组质粒的构建与鉴定

PCR 扩增及双酶切鉴定结果显示与预期设计一致（图 2－20、图 2－21、图 2－22、图 2－23、图 2－24、图 2－25、图 2－26、图 2－27）。测序后拼接所得 M 基因片段长 1 310nt，该片段包含 M 基因编码区及其两端部分序列。TL1 毒株 M 基因全长为 1 232nt，其中包含一个长为 1 095nt 的开放阅读框架，编码 364 个氨基酸残基组成的蛋白，推算出的蛋白质分子量约为 39. 7ku，等电点 10. 44。编码多肽的碱性氨基酸占 14. 6%，酸性氨基酸占 8. 5%。ORF G + C% 含量为 48. 95%。M 蛋白含有 5 个半胱氨酸残基（Cys）残基和 7 对碱性氨基酸残基；拼接所得 NP 基因片段长度约为 1 528nt，其中包含一个长为 1 470nt的开放阅读框架，编码 489 个氨基酸残基组成的蛋白，推算出的蛋白质分子量约为 53. 2ku，等电点 5. 44。ORF G + C% 含量为 49. 59%。4 个半胱氨酸残基（Cys）高度保守，分别位于 55、78、139 和 213 位；4 个色氨酸（Trp）也高度保守，分别位于 49、173、360 和 487 位；拼接所得 HN 基因片段长度约为 1 740nt，其中包含一个长的开放阅读框架，编码 571 个氨基酸，其中包含 55 个碱性氨基酸、55 个酸性氨基酸、185 个疏水性氨基酸及 187 个极性氨基酸。推算出的蛋白质分子量约为 62. 9ku，等电点 7. 36。ORF G + C% 含量为 45. 57%；拼接所得 F 基因片段长度约为 1 672nt，包含完整的开放阅读框架（1 662nt），编码 553 个氨基酸，其中包含 43 个碱性氨基酸、38 个酸性氨基酸、208 个疏水性氨基酸及 192 个极性氨基酸。推算出的蛋白质分子量约为 59. 0ku，等电点 8. 18。ORF G + C% 含量为 44. 58%。

2.2　重组质粒的亚克隆与鉴定

将 pGEM-NP、pGEM-M、pGEM-F 和 pGEM-HN 重组质粒分别用相应的酶进行双酶切，电泳分离目的基因，切胶回收纯化，然后将目的基因分别与经同样双酶切的真核表达载体 pCI-neo 连接、转化、挑斑培养，提取质粒通过酶切和 PCR 方法鉴定。结果表明，4 种目的基因均成功亚克隆到真核表达载体 pCI-neo 上，

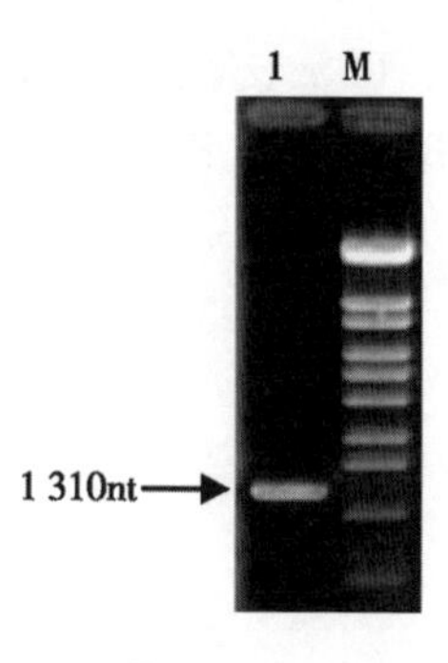

图 2－20　M 基因的 RT－PCR 扩增结果

M：λ－EcoT14 I marker Lane1：M gene

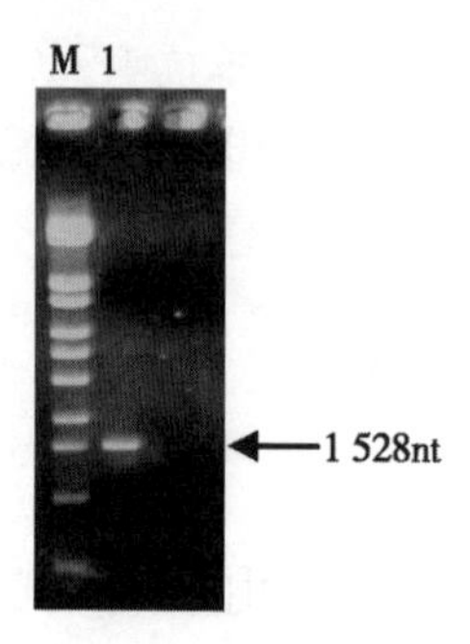

图 2－21　NP 基因的 RT－PCR 扩增结果

M：λ－EcoT14 I marker Lane1：NP gene

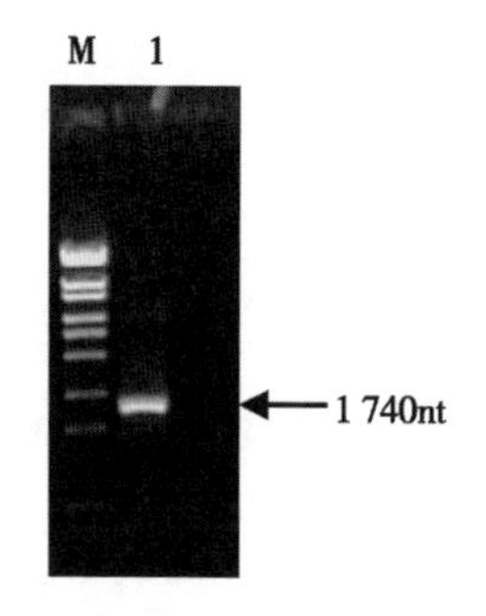

图 2－22　HN 基因的 RT－PCR 扩增结果

M：λ－EcoT14 I marker

Lane1：HN gene

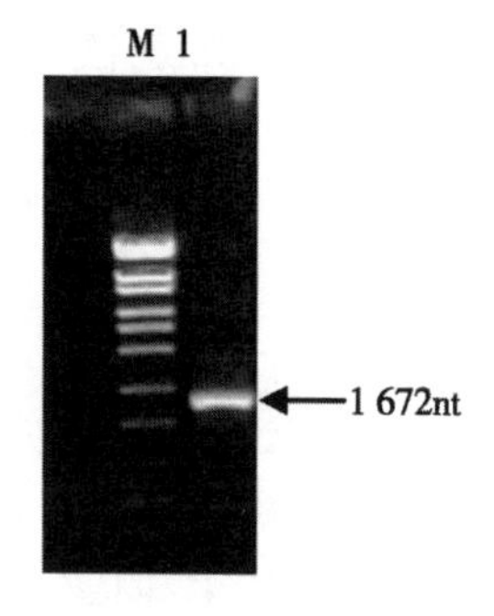

图 2－23　F 基因的 RT－PCR 扩增结果

M：λ－EcoT14 I marker

Lane1：F gene

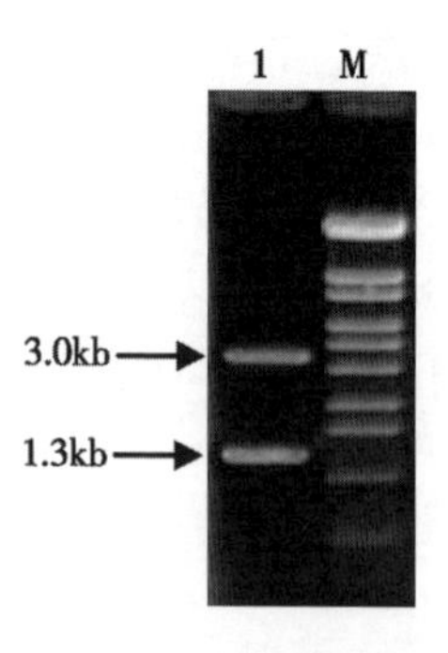

图 2－24　pGEM－M 重组质粒的酶切鉴定

M：λ－EcoT14 I marker

Lane1：pGEM－M /EcoR I＋Sal I

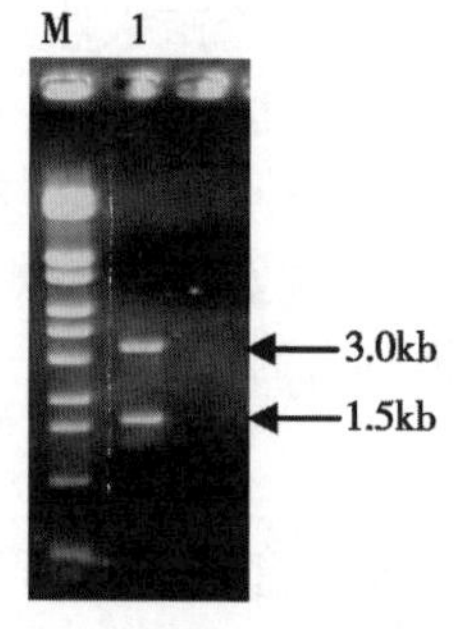

图 2－25　pGEM－NP 重组质粒的酶切鉴定

M：λ－EcoT14 I marker

Lane1：pGEM－NP /EcoR I＋Sal I

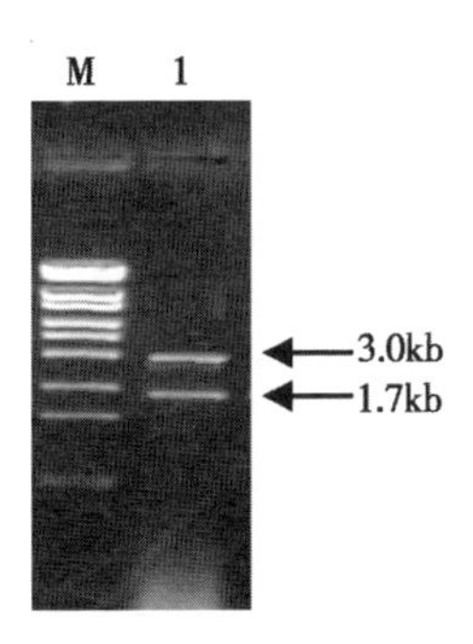

图 2-26　pGEM-HN 重组质粒的酶切鉴定

M：λ-EcoT14 I marker

Lane1：pGEM-HN/EcoR I + Sal I

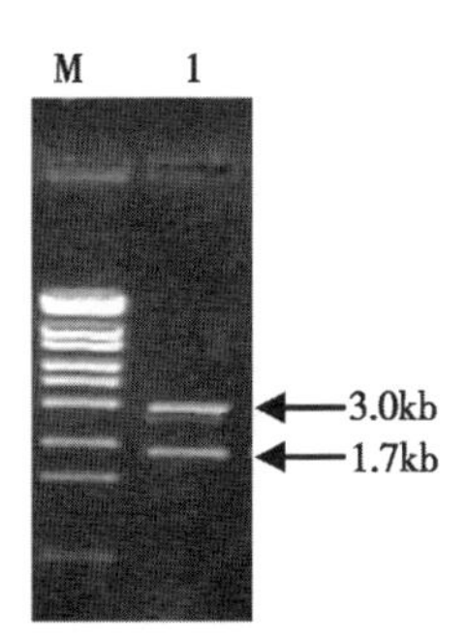

图 2-27　pGEM-F 重组质粒的酶切鉴定

M：λ-EcoT14 I marker

Lane1：pGEM-F/ Xba I + Sal I

将重组质粒分别命名为 pCI-NP、pCI-M、pCI-F 和 pCI-HN，见图 2-28、图 2-29、图 2-30、图 2-31。

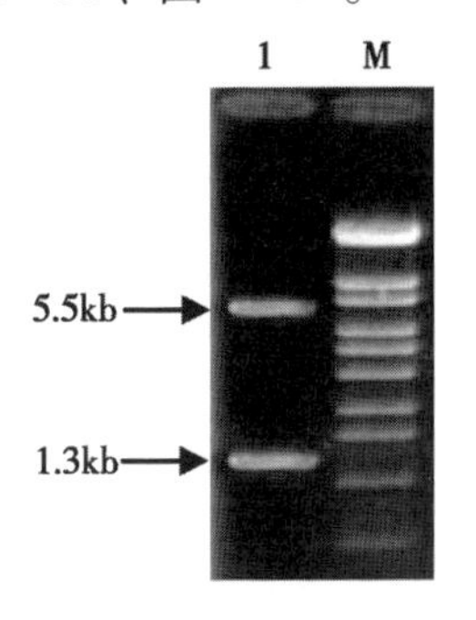

图 2-28　pCI-M 重组质粒的酶切鉴定

M：λ-EcoT14 I marker

Lane1：pCI-M/EcoR I + Sal I

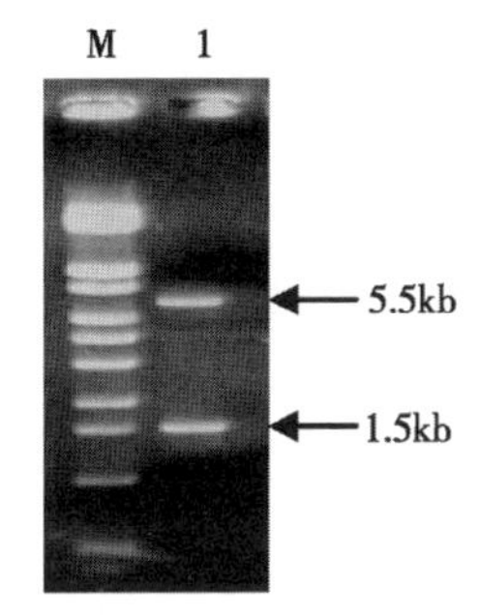

图 2-29　pCI-NP 重组质粒的酶切鉴定

M：λ-EcoT14 I marker

Lane1：pCI-NP/EcoR I + Sal I

2.3　间接免疫荧光试验

pCI-M、pCI-NP、pCI-F 及 pCI-HN 单独瞬时转染 BHK-21 细胞，通过间接免疫荧光试验确定 4 个重组质粒是否能够正确表达。试验结果表明，瞬时转染后 M、NP、F 及 HN 基因均能够表达并且与抗 NDV 阳性血清发生免疫反应，荧光显微镜下可以观察到明显荧光。pCI-neo 空载体转染 BHK-21 细胞，与抗 NDV 的阳性血清不发生免疫反应，无可见荧光（图 2-32）。

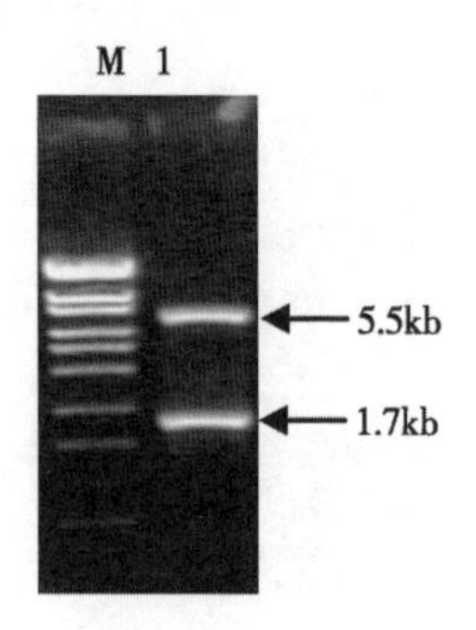

图 2－30　pCI－HN 重组质粒的酶切鉴定

M：λ－EcoT14 I marker

Lane1：pCI－HN /EcoR I＋Sal I

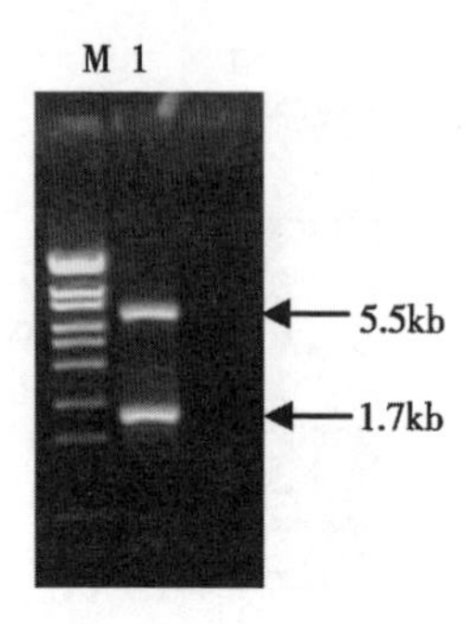

图 2－31　pCI－F 重组质粒的酶切鉴定

M：λ－EcoT14 I marker

Lane1：pCI－F / Xba I＋Sal I

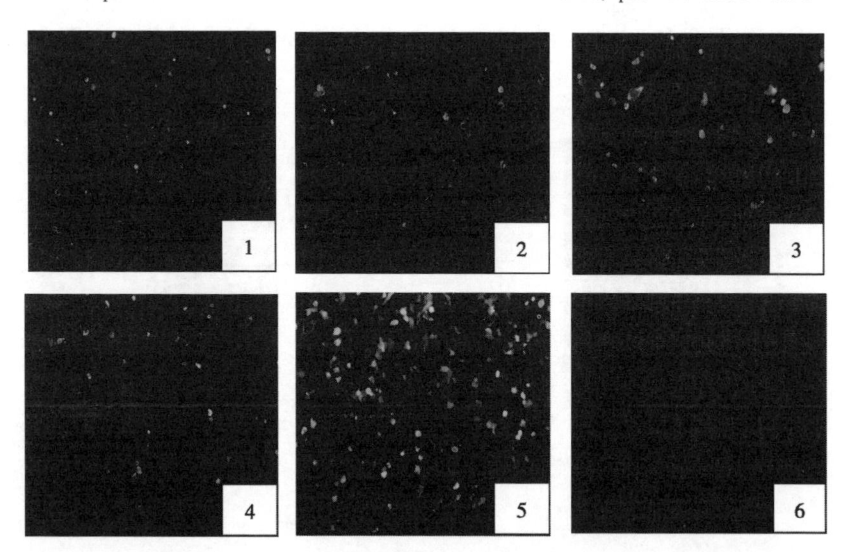

图 2－32　重组质粒转染 BHK-21 细胞的间接免疫荧光试验结果（免疫荧光，100×）

1：pCI-M 转染 BHK-21 细胞；2：pCI-F 转染 BHK-21 细胞；3：pCI-NP 转染 BHK-21 细胞；
4：pCI-HN 转染 BHK-21 细胞；5：NDV 感染 BHK-21 细胞；6：pCI-neo 空载体转染 BHK-21 细胞

3　讨　论

3.1　NDV NP、M、F 及 HN 蛋白基因的结构与功能

由于 NDV 基因组是负链 RNA，这就决定其基因组不能直接作为模板，而必

须被 NP 蛋白包裹形成核衣壳结构后才能起到模板作用。NP 的主要功能是与 P 和 L 蛋白结合包裹病毒基因组 RNA 形成一个螺旋棒状的核糖核蛋白复合体（RNP），该复合体既是 NDV 基因组转录和复制的模板，又可以保护病毒基因组不受 RNA 酶的攻击，在基因组转录和复制中起重要作用。由于在核糖核蛋白复合物的装配和生物学活性方面 NP 的多折叠衔接作用，这样 NP 的大部分是病毒复制绝对必需的。NP 有两个主要区域，一是氨基（N）端区域，约占 NP 蛋白的 2/3，它与 RNA 直接结合；另一端是羧基（C）端区域，裸露在装配后的核衣壳表面，胰蛋白酶处理后可以从核衣壳上解离下来，但有学者通过对副黏病毒 Sendai 株的研究表明，NP 的 C 端作为模板功能也是需要的。TL1 株 NP 蛋白基因的 1～402、414～420、441～460、480～489 区域内氨基酸保守性较高；403～413、421～440、461～479 区域内的氨基酸各毒株间差异较大。NP 蛋白的 N 末端是碱性的，C 末端是酸性的，N 末端的碱性正好适宜于与酸性的病毒基因组结合，来保证 NP 蛋白一旦合成就能与 RNA 紧密结合，从而启动病毒的复制并保护基因组 RNA 不被降解。4 个半胱氨酸残基位点均分布在 N 末端，4 个色氨酸残基位点 2 个在 N 末端，2 个在 C 末端，这种保守氨基酸残基位点的分布可能与 NP 在基因组转录和复制中起重要作用有着某种必然的联系。

M 蛋白是非糖基化膜相关蛋白，位于囊膜的内表面，构成病毒囊膜的支架，主要介导核衣壳与囊膜的识别，维持病毒粒子结构的完整性及对病毒起重要的保护作用。M 蛋白和 F 蛋白的相互作用对于形成感染性的病毒粒子是至关重要的，在病毒感染过程中，大量的 M 蛋白集中在被感染的细胞核分泌区，而 NDV 其他蛋白存在于细胞浆中。此外，M 蛋白还可通过抑制宿主细胞蛋白的合成在协同 F 和 HN 蛋白的致病作用方面起着重要作用。NDV M 基因多肽由 364 个氨基酸组成，分子中含有 6 个 Cys 残基，分别位于第 93、110、117、141、301 和 321 位，其中前 5 个 Cys 在各株中保守，第 321 位的 Cys 在部分毒株中突变为 Arg、Tyr 或 His，TL1 株第 321 位为 His。McGinnes L W 等认为，在 NDV M 蛋白中有 8 对由 Arg 和 Lys 组成的碱性氨基酸，陈玉栋等发现 HB92 株 M 基因有 9 对由 Arg 和 Lys 组成的碱性氨基酸，而本研究通过对 TL1 株 M 蛋白分析发现其有 7 对这样组成的碱性氨基酸，分别位于 34～35、118～119、183～184、247～248、250～251、262～263、363～364 位。HB92 株 M 基因中 83～84（K-R）、259～260（R-K）位的碱性氨基酸对在 TL1 中已变为 R-H、E-K。在 M 蛋白的第 247 和 263 氨基酸残基之间存在一个由两组相互依赖的碱性氨基酸团簇构成的细胞核定位信号（Nuclear localization signal，NLS），对该蛋白在病毒感染期细胞核和核仁中浓集起着重要作用，对 TL1 株 M 蛋白分析发现，由于第 259 位氨基酸由 R 变为 E，所以 TL1 株 M 蛋白在第 247 和 263 氨基酸残基之间只存在 3 对碱性氨基酸，而不是两组，这种氨基酸残基位点的改变，是否会对 M 蛋白在细胞核中积累造成一定影响，仍需进一步探讨。以上 Cys 残基和碱性氨基酸残基的改变和毒力的演变存在某种必然的联系，需对多株不同来源的 NDV 毒株进行分析进而加以阐明。

F 蛋白和 HN 蛋白分别构成新城疫病毒囊膜表面的大小纤突，在免疫应答和致病过程中，起着极其重要的作用。通过对 TL1 株 F 基因氨基酸序列分析，根据 NDV 基因分型的方法，发现 TL1 病毒具有基因 VII 型 NDV 的典型特征，即 K 和 V。HN 蛋白翻译的多肽链长短不一，根据其编码区的多肽长度可将其分为 3 种亚型，长度分别为 1 713nt（如 ITA/45、MIH/51 等）、1 731nt（如 BEA/45、TEX/48 等）、1 848nt（如 D26. 76、QUE/66、ULS/67 等），分别编码 571、577、616 个氨基酸。其中阅读框较短的基因是由阅读框较长的 HN_0 基因其 C 端发生变异而产生的。这些变异与 NDV 不同株的致病性相平行，完全无毒力的毒株以 HN_0，即 HN 的前体形式存在，而随着毒力的加强，则 HN 多肽逐渐变小，尤其是 AUS/32，毒力最强，与其他毒株比较显然在 185 位点处缺失了一个编码酪氨酸（Try）的密码子。本研究测定的 TL1 基因编码区的长度为 571 个氨基酸，与 NDV 毒株如 MIH/51、HER/33、ITA/45 等毒株的 HN 序列长度一致。

通过对 4 个结构蛋白的分析，发现 TL1 株 F、HN 蛋白明显具有强毒株的特征，与 GenBank 登录的一些参考毒株差异不大，而 NP、M 蛋白基因的结构相对于传统理论发生了一些变化，这些变化对于病毒的复制、NDV 的致病机理以及 VLP 形成和病毒的出芽有何影响，尚需进一步研究。

3.2 TL1 株 NP、M、F 及 HN 蛋白基因表达载体的构建与鉴定

新城疫病毒核心是由 NP、L 和 P 蛋白结合基因组 RNA 组成的。其外层被脂质囊膜所包裹，囊膜内层为 M 蛋白包被，中间有 HN 和 F 纤突，此外还有少量的 V 蛋白和 W 蛋白。目前，人们对于新城疫病毒正常组装和出芽的必需成分尚不完全消楚，只知道病毒的 M 蛋白结合于脂质膜内表面形成高电子密度层，可能包含病毒出芽的全部信息。糖蛋白胞质尾也影响病毒粒子的出芽，改变了糖蛋白胞质尾的多种重组副黏病毒的出芽效率明显降低。另外有研究表明 NP 蛋白在体外表达可组装成核壳样结构，副黏病毒 SV5 的 NP 蛋白在转染的细胞中仅有极少数未组装成核壳样结构，在有 NP 蛋白的参与下，SV5 VLP 出芽效率大大提高，这表明 VLP 的出芽可能依赖于 NP 蛋白组装成的核壳样结构。

外源基因导入哺乳动物细胞中的方法有多种，包括逆转录病毒载体的体内转染、脂质体包埋 DNA 技术、DNA 结合特异蛋白载体的导入、单独质粒导入等。

这些方法导入的 DNA 均能诱发机体的免疫应答反应，目前，核酸疫苗主要采用裸 DNA 重组质粒直接导入及其他载体介导的免疫方法。为高效迅速验证外源基因是否能在哺乳动物细胞中表达，本研究采用脂质体介导的转染贴壁细胞法。脂质体系统结构多样，Lipofectamine™是一种特制的阳离子脂质试剂，其与靶 DNA 的磷酸骨架结合而生成的混合物具有能轻易通过细胞膜而完成转染过程的特性。与经典的磷酸钙介导的转染法相比，具有转染效率高，操作简单、省时等优点。本研究借鉴仙台病毒的 VLP 形成和出芽机理，构建了 TL1 株的 NP、M、F 及 HN 蛋白基因的真核表达载体，通过 PCR、酶切及测序验证，4 个表达载体均构建正确。通过脂质体转染法，间接免疫荧光试验证明构建的 4 个表达载体都可以在 BHK-21 细胞中成功表达，但总体上荧光强度不高，其原因可能跟所选用的细胞系、表达载体的选取及其生长情况有关，也可能是质粒的纯度不高或量不够等原因。由于时间等原因的限制，本实验没有选用另外的细胞系进行重复试验，如 COS-7、Vero、HeLa 等，也没有采取更为直观的 Western Blotting 方法来鉴定表达产物，但是本部分的间接免疫荧光试验结果还是能客观反映表达蛋白的免疫反应性的。

第八部分　新城疫病毒 TL1 株 F、HN 蛋白基因共表达对细胞融合的影响

新城疫病毒基因组包含 6 个基因，基因的排列方式为 3′ - NP - P - M - F - HN - L - 5′，分别编码 6 个蛋白质（核衣壳蛋白、磷蛋白、膜蛋白、融合蛋白、血凝素蛋白 - 神经氨酸酶蛋白和大分子蛋白）。F 和 HN 是两个重要的囊膜糖蛋白，F 蛋白具有促进病毒囊膜与宿主细胞膜融合，从而使病毒基因组进入宿主细胞的功能，而 HN 不但具有识别、吸附受体的功能，而且还具有促融合的功能，目前已从 HN 蛋白的 HA 活性中分离出促融合活性。

在新城疫的防治中，传统疫苗发挥着巨大作用，但也存在着不可避免的缺陷。病毒样颗粒（Virus-Like Particles，VLP）技术的出现给病毒性疾病的防治提供了新的视野，VLP 保留了天然病毒粒子的空间构象和诱导中和抗体的抗原表位，免疫性强，不但能激发体液免疫，而且可以激发细胞免疫和黏膜免疫应答，具有安全、高效的特点，一些 VLP 疫苗已在临床使用，因此 VLP 有望成为很有发展前景的新的候选疫苗。本研究对已构建的新城疫病毒 TL1 株 pCI-M、pCI-NP、pCI-F 及 pCI-HN 4 个真核表达载体分两种组合转染了 BHK-21 细胞，对 HN 蛋白基因的促融合功能进行了分析、验证，并成功表达出了 ND-VLP。这为 NDV 致病机理和新型疫苗的研究奠定了基础。

1　材料与方法

1.1　材　料

1.1.1　菌株、质粒和细胞

含有 NDV 强毒 TL1 株的 M、NP、F 和 HN 基因的重组质粒 pCI-M、pCI-NP、pCI-F 及 pCI-HN 4 个真核表达载体见第三部分，大肠埃希氏菌 JM 109 菌种、BHK-21 细胞由本实验室保存。

1.1.2　细胞培养及转染试剂

细胞基础培养基 DMEM 购自 Gibco 公司；无血清培养基 Opti-MEM 购自 Invitrogen 公司；转染级超纯质粒抽提试剂盒 High Purity Plasmid Purification Systems 购自 Marligen 公司；脂质体转染试剂 Lipofectamine™ 2000 购自 Invitrogen 公司；犊牛血清购自 Hyclone 公司；其他试剂均为进口或国产分析纯试剂。

1.1.3　细胞培养用试剂

本实验中使用的是无钙无镁 Hank′s 液（又称 D-Hank′s 液）。配方如下：NaCl 8.00 g、KCl 0.40 g、$Na_2HPO_4 \cdot 12H_2O$ 0.134g、$NaHCO_3$ 0.35g、1% 酚红 2ml，加去离子水至 1 000ml。121℃高压灭菌 20min，0～4℃储存备用。0.25% 胰酶的配方如下：NaCl 8.00g、KCl 0.40g、柠檬酸钠 $\cdot 5H_2O$ 1.12g、$Na_2PO_4 \cdot 2H_2O$ 0.056g、$NaHCO_3$ 1.00g、葡萄糖 1g、胰酶 2.5g，加去离子水至 1 000ml。用滤器过滤除菌，分装后置 -20℃备用。

1.1.4　主要仪器和设备

E400 倒置荧光显微镜（日本 NIKON 公司）、HEAL FORCE HF90 CO_2 培养箱（香港力康公司）、3K15 型低温离心机（美国 Sigma 公司）、生物安全柜（美国 Thermo Forma 公司）、CL-32L 型全自动高压灭菌器（日本 ALP 公司）、AVPS 804 型过滤式储存箱（法国 Captair 公司）、超低温冰箱（德国 Kendro 公司）、SW-CJ-1F 型净化工作台（苏州安泰空气技术有限公司）、HZS-H 型恒温摇床（哈尔滨东联仪器厂）、JEM 1220 型透射电镜（日本电子公司）、Ultraspec R3000 紫外分光光度计（Pharmacia Biotech INC 公司）。

1.2 方　法

1.2.1　转染级超纯度真核表达质粒的制备

超纯质粒的制备按 Marligen 公司提供的 High Purity Plasmid Purification Systems 说明书进行，具体步骤参见第七部分 1.2.7。

1.2.2　BHK-21 细胞传代

转染前一天，在 24 孔细胞培养板上接种 1×10^4 个细胞于 100μl 含胎牛血清不含抗生素的 DMEM 培养基（注：如果用了含血清又含抗生素的 DMEM，则在转染前应该先吸去细胞孔中培养液，然后用 0.01mol/L PBS 多漂洗细胞几次），37℃ 5% CO_2 培养箱培养 18～24h 至 90%～95% 的细胞融合。

1.2.3　重组质粒共转染 BHK-21 细胞

在 6 孔细胞培养板上将 pCI-M + pCI-NP + pCI-F 和 pCI-M + pCI-NP + pCI-F + pCI-HN 两种组合分别共转染 BHK-21 细胞。每种质粒的用量分别为：1μg pCI-

M，0.5μg pCI-NP，1μg pCI-F，0.5μg pCI-HN，每孔转染的质粒总量为3μg，若每孔质粒总量达不到3μg时用空载体 pCI-neo 补足。转染后 48h 观察细胞形态变化。转染过程按 Invitrogen 公司的 Lipofectamine™2000 说明书进行，具体步骤见第七部分 1.2.8。

1.2.4 透射电镜样品的制备

转染前一天，铺 2×10^5 个/ml BHK-21 细胞于 $25cm^2$ 细胞培养瓶中，待细胞长到 90% ~95% 时，即可进行转染。将 pCI-M + pCI-NP + pCI-F 和 pCI-M + pCI-NP + pCI-F + pCI-HN 两种组合分别共转染 BHK-21 细胞。每种质粒的用量分别为：10μg pCI-M，5μg pCI-NP，10μg pCI-F，5μg pCI-HN，每孔转染的质粒总量为 30μg，若每孔质粒总量达不到 30μg 时用空载体 pCI-neo 补足。转染过程同 1.2.3。转染后 48h，收集转染上清超速离心后，重悬沉淀，电镜观察有无 ND-VLP。

2 结 果

2.1 共转染 BHK-21 细胞

在 6 孔细胞培养板上，将 pCI-M + pCI-NP + pCI-F 和 pCI-M + pCI-NP + pCI-F + pCI-HN 两种组合分别共转染 BHK-21 细胞。转染 48h 后进行观察，pCI-M + pCI-NP + pCI-F + pCI-HN 组合共转染中，可以观察到明显的细胞融合现象（图 2 –33），而 pCI-M + pCI-NP + pCI-F 组合共转染 BHK-21 细胞则没有出现细胞融合现象（图 2 –34）。

2.2 透射电镜结果

共转染的细胞于转染 48h 后收集细胞培养上清，经超速离心，重悬沉淀，电镜观察沉淀中的 ND-VLP。两种组合共转染都形成了 ND-VLP，pCI-M + pCI-NP + pCI-F 组合共转染形成的病毒样粒子直径接近 120nm，4 种重组质粒组合共转染形成的病毒样粒子直径在 120 ~200nm 之间，说明包括 HN 蛋白基因的 4 种重组质粒组合共转染形成的病毒样粒子更接近于真实的病毒粒子。如图 2 –35，箭头所指的就是类似于新城疫病毒的颗粒。

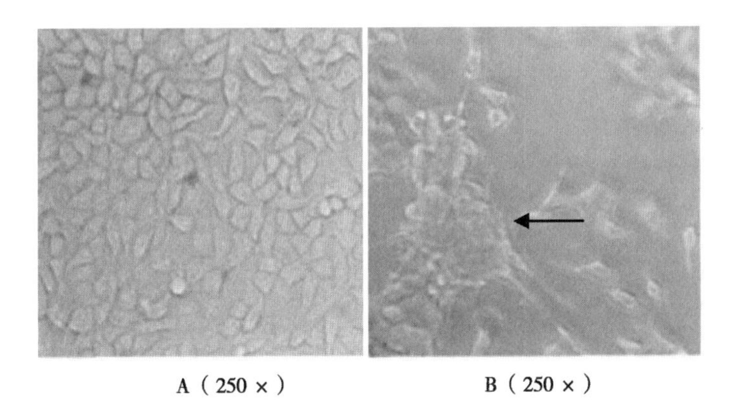

图 2－33　pCI-M、pCI-NP、pCI-F 与 pCI-HN 组合共转染 BHK-21 细胞

A：正常 BHK-21 细胞；B：pCI-M、pCI-NP、pCI-F 与 pCI-HN 重组质粒共转染 BHK-21 细胞

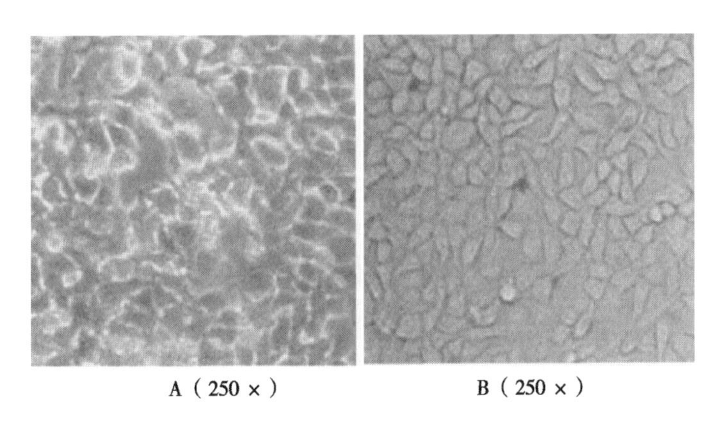

图 2－34　pCI-M、pCI-NP 与 pCI-F 组合共转染 BHK-21 细胞

A：pCI-M、pCI-NP 与 pCI-F 重组质粒共转染 BHK-21 细胞；B：正常 BHK-21 细胞

3　讨　论

3.1　F 蛋白和 HN 蛋白的协同作用

哺乳动物细胞用于重组蛋白质的表达具有显著的优点。由于不同真核细胞的转录、转译和转译后的修饰的保守性，在真核细胞中表达的重组蛋白具备功能性，可进行结构与功能的分析以及蛋白质对细胞功能生理效应的分析。在哺乳动物细胞中表达重组蛋白质已经成为蛋白质生产和分析的重要部分。具备对特殊蛋

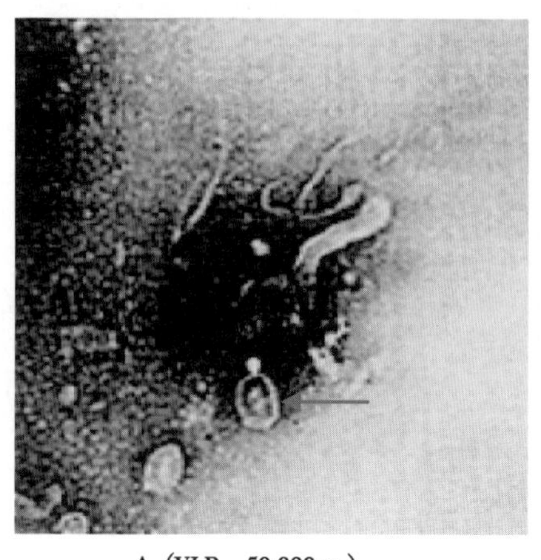
A（VLP，50 000×）

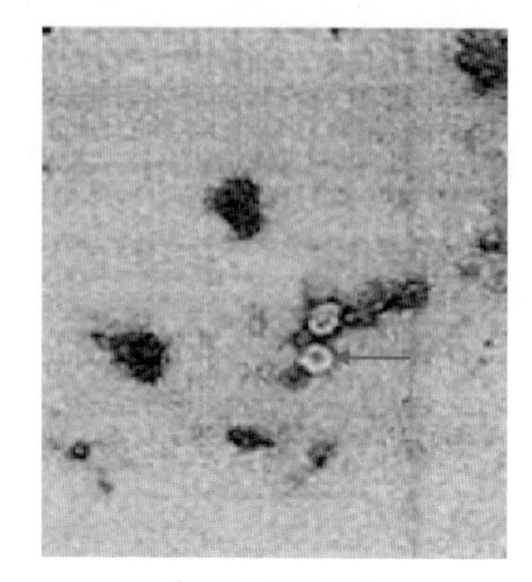
B（VLP，50 000×）

图 2－35　共转染 48h 后 BHK-21 细胞上清中 ND-VLP

A：pCI-M + pCI-NP + pCI-F + pCI-HN；B：pCI-M + pCI-NP + pCI-F

白何时表达和如何表达进行控制的能力，使得研究寄主系统的时间和浓度依赖性效应及表达毒性蛋白质成为可能。对某一蛋白质存在和缺失时寄主细胞的应答进行研究，有助于对该蛋白质功能的理解。原核表达系统尽管可以使外源蛋白高水平的表达，但是表达产物一般都是以包涵体的形式存在，蛋白的空间构象和生物学活性与天然蛋白差异较大，不适合进行多个蛋白之间相互作用的研究。因此，选择哺乳动物细胞作为外源蛋白表达的宿主，能够使外源蛋白充分的糖基化、磷酸化以及其他化学修饰，使蛋白的物理特性和生物学活性与天然蛋白更加的接近。

NDV 感染细胞的基本过程是：首先 HN 蛋白介导病毒识别并吸附于细胞受体，然后 F 蛋白促进病毒囊膜与宿主细胞膜融合，从而使病毒基因组进入宿主细胞。Sergel 等以免疫荧光技术研究 F 蛋白和 HN 蛋白介导的合胞体形成效果，发现只表达 F 蛋白或只表达 HN 蛋白的细胞，均以单核形式存在，而共同表达两基因的细胞则以含 4～50 个核的合胞体形式存在。Iorio RM 等还证实同源 F 蛋白与 HN 蛋白能相互作用、产生活性，而异源 F 蛋白与 HN 蛋白不能相互影响产生融合活性。2002 年，Mc Ginnes LW 等在 COS-7 细胞上用抗 F 蛋白 HR 1 区抗体研究了 F 蛋白在激活融合过程中的构象变化和 HN 蛋白在这些变化中所起的作用。他们证明在 F 蛋白裂解和 HN 蛋白黏附到受体之前，HN 蛋白对 F 蛋白构象是有影响的。结果显示，表达了未裂解 F-K115G 蛋白和 HN 蛋白的细胞与抗 HR1 抗体有很强的阳性反应；表达了未裂解 F 蛋白和 HN 蛋白的细胞也是如此，表明与 HN 蛋白共表达改变了 F 蛋白在细胞表面的构象。

本研究将 pCI-M、pCI-NP、pCI-F 和 pCI-HN 组合共转染 BHK-21 细胞时，可见明显的细胞融合，而缺少 pCI-HN 重组质粒的组合转染细胞则无明显的细胞形态学变化，说明对于 BHK-21 细胞来说，仅 F 蛋白不足以诱导细胞融合，其功能的发挥仍需 HN 蛋白的协同作用。此结果同时也验证了 pCI-F 和 pCI-HN 重组质粒转染细胞后，能够正确表达，可以行使蛋白的功能。这为进一步探求新城疫病毒强毒株 TL1 株的致病机理及 VLP 形成和病毒出芽机制的研究奠定了理论基础。

3.2　电镜检测共转染的细胞上清及 VLP 作用

VLP 是指含有某种病毒的一个或多个结构蛋白的空心颗粒，不含有病毒核酸，不能自主复制，其在形态上与真正病毒粒子相同或相似，俗称为伪病毒颗粒或假病毒颗粒。目前多数病毒的 VLP 在多种表达系统内都能够有效地实现自发装配。此技术已广泛应用于病毒的基因治疗和免疫特性的研究，尤其在人免疫缺陷病毒、人乳头瘤病毒、乙型肝炎病毒及戊型肝炎病毒疫苗的研制方面将会成为很有发展前景的候选疫苗。

VLP 可以直接用于蛋白和蛋白之间相互作用的研究，在形态上 VLP 类似于真实的病毒粒子，在立体结构上与天然病毒相同或类似（尤其是构象依赖性抗原表位）。VLP 可以模拟病毒感染过程，通过 VLP 来研究病毒与细胞受体相互作用的关系和机制；也可以用来研究病毒粒子与细胞内蛋白之间相互作用的机制，寻找细胞内与病毒粒子相互作用的蛋白质或小分子；研究细胞生活周期中，病毒的复制、组装以及子代病毒粒子释放的详细过程；VLP 还可以用来研究病毒粒子或者病毒粒子中某个结构蛋白与其他蛋白之间的相互作用关系。因此，VLP 技术和反向遗传操作技术一并成为研究基因功能和蛋白功能的重要手段。

本研究用两种不同组合的重组质粒共转染 BHK-21 细胞，转染后进行了电镜检测，发现两种组合均可以形成 VLP，且包含 HN 基因的组合形成的 VLP 稍大些，更接近于真实的病毒粒子，说明 NDV TL1 株 HN 蛋白能够影响 VLP 的大小，在病毒侵入细胞方面发挥着重要的作用。人副流感病毒和麻疹病毒的单独表达即可形成 VLP，并以出芽的形式释放，该类病毒的 M 蛋白已包含病毒出芽所必需的全部信息。仙台病毒 M 蛋白的单独表达也可以形成 VLP，是构成病毒出芽的主要驱动力，仙台病毒的 F 蛋白有促进出芽的作用，不过 HN 蛋白能够提高所组装的 VLP 的完整性。猿猴病毒 5 型需要在 M、NP、F 和 HN 蛋白共表达的情况下才能装配成 VLP。同是副黏病毒科的不同成员但采用了不同的机制来完成病毒粒子的出芽过程，说明某些结构蛋白在病毒的出芽过程中发挥着重要的作用。闻晓波等发现 NDV 国内标准强毒株 $F_{48}E_9$ 株病毒的出芽机制与副黏病毒科的副流感病毒、仙台病毒、麻疹病毒相似，而与猿猴病毒 5 型的出芽机制存在差异。NDV TL1 株的 M 基因已发生较大变异，其出芽机制与 $F_{48}E_9$ 株是否完全相同有待于进一步研究。